GEOLOGIE
FÜR
AMATEURE

GEOLOGIE FÜR AMATEURE

Dougal Dixon

Raymond L. Bernor

KÖNEMANN

INHALT

This book was designed
and produced by
Quarto Publishing plc
The Old Brewery
6 Blundell Street
London N7 9BH

Original Title: The Practical Geologist

Senior Editor: Caroline Beattie
Editor: Richard Jones
Designer: Nick Clark
Picture Manager:
Sarah Risley
Illustrators: Dave Kemp,
Janos Marffy, Rob Shone
Art Director: Moira Clinch
Publishing Director: Janet Slingsby

© 1998 für die deutsche Ausgabe
Könemann Verlagsgesellschaft mbH
Bonner Str. 126, D-50968 Köln
Übersetzung aus dem Englischen
(für Agents-Producers-Editors):
Werner Horwath
Redaktion und Satz
der deutschen Ausgabe:
Agents-Producers-Editors, Overath
Druck und Bindung:
Sing Cheong Printing Co., Ltd.
Printed in Hong Kong, China
ISBN 3–8290–0324–2

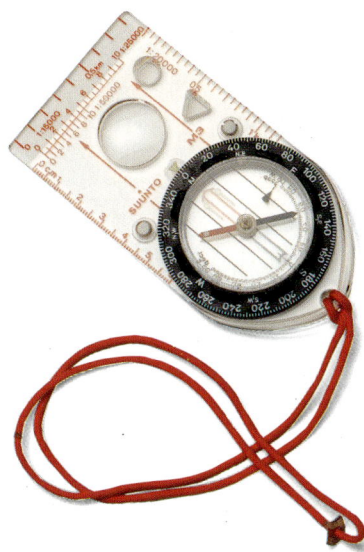

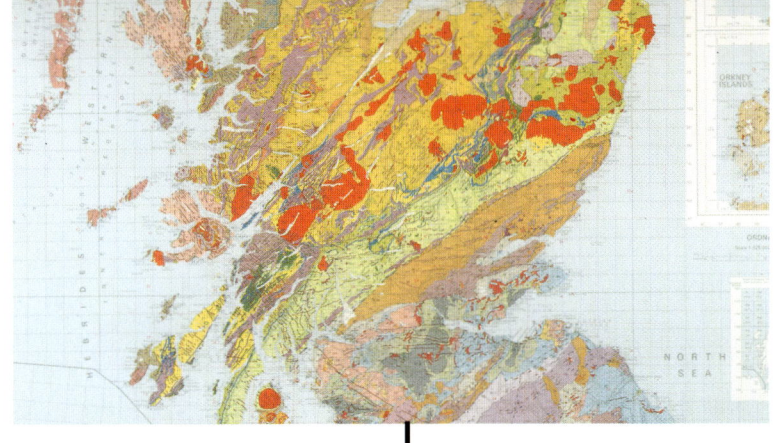

ROCK COLLECTION
NAME: PLAGIOCLASE FELDSPAR

Was ist Geologie?

Geologie ist die Wissenschaft von der Erde. Sie bildet ein breites Forschungsfeld, das viele andere Wissenschaften in einem umgreifenden Fach miteinander verbindet.

Walter Scotts *Sankt Ronans Brunnen* (1823) ist einer der ersten Romane, in denen die Geologie erwähnt wird. Die reizbare Wirtin Meg Dodds redet über Gäste, die

»bergauf und bergab laufen, die klotzigen Steine mit ihren Hämmern in Stücke schlagen, nur um zu sehen, wie die Welt entstanden ist …«

Sir Arthur Conan Doyle läßt in seinem Roman *Studie in Scharlachrot* (1887) Dr. Watson die Fähigkeiten von Sherlock Holmes aufzählen. Dort lesen wir:

»Geologie: Praktische Erfahrung, aber beschränktes theoretisches Wissen. Unterscheidet auf den ersten Blick Erd- und Gesteinsarten. Zeigt mir nach Spaziergängen die Spritzer auf seinen Hosen. Auf Grund ihrer Farbe und Beschaffenheit stellt er fest, aus welchen Stadtteilen sie stammen.«

Unten: Eine Landschaft stellt den Geologen vor zahlreiche Fragen. Einige sind leicht zu beantworten, andere verlangen dagegen viel Hintergrundwissen und erfordern manchmal auch Untersuchungen im freien Gelände.

Warum sind die Anbauflächen hier und nicht dort?

Worin unterscheidet sich dieser Höhenzug vom Rest der Landschaft?

Wurden diese Häuser aus in der Gegend vorkommendem Stein errichtet und, falls ja, um welchen handelt es sich?

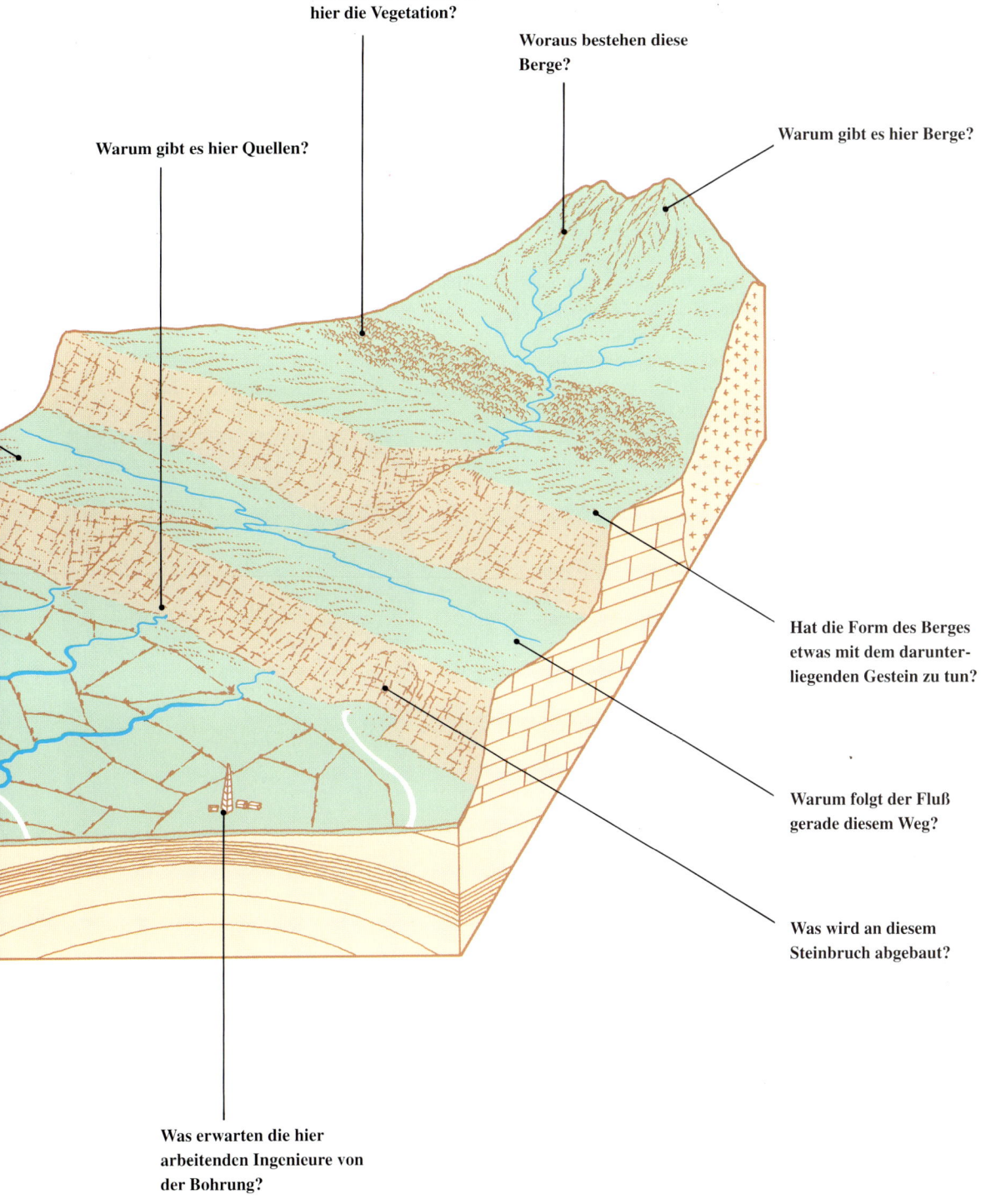

Warum verändert sich
hier die Vegetation?

Woraus bestehen diese
Berge?

Warum gibt es hier Berge?

Warum gibt es hier Quellen?

Hat die Form des Berges
etwas mit dem darunter-
liegenden Gestein zu tun?

Warum folgt der Fluß
gerade diesem Weg?

Was wird an diesem
Steinbruch abgebaut?

Was erwarten die hier
arbeitenden Ingenieure von
der Bohrung?

Wir begegnen hier zwei Ausformungen der geologischen Wissenschaft: der akademischen und der angewandten. In ersterer geht es um Kenntnis um ihrer selbst willen, während sie bei letzterer einem Zweck dient. In beiden Fällen ist jedoch die praktische Erfahrung unabdingbar, und die gewinnt man, indem man ins Gelände geht, um sich dort das Wissen anzueignen.

Die geologische Beobachtung hat eine lange Geschichte. Griechische Gelehrte wie Pythagoras (um 570–um 497/496 v. Chr.) und Herodot (um 490–um 425/420 v. Chr.) wußten vom Vorkommen fossiler Muscheln auf hohen Bergen und schlossen daraus, daß die Erde in der Vergangenheit ein völlig anderes Erscheinungsbild hatte. Dieses frühe Interesse verlor sich im Mittelalter und lebte im Abendland erst im 15. Jahrhundert zur Zeit der Renaissance wieder auf. Damals erlebten Wissenschaft, Technik und Kunst einen enormen Aufschwung, der zu einer großen Nachfrage nach diversen Rohstoffen führte – womit auch das Interesse an Mineralstoffen zunahm. Im Jahr 1556 wurde das Werk *De re metallica* des deutschen Mineralogen Georgius Agricola (1494–1555) veröffentlicht, in dem er die Formation von Metallerzen in Gesteinsgängen auf eine für seine Zeit überaus fortschrittliche Weise erklärte.

In den folgenden Jahrhunderten führten die Beobachtungen zu manch falscher Theorie. Die Kristallvorkommen in einigen Vulkangesteinen veranlaßten Abraham Gottlob Werner (1749–1817), Professor für Bergbau und Mineralogie in Freiberg, zu der Annahme, daß alle Gesteine aus gelösten Stoffen bestünden, die sich nach Verdunstung eines Urmeeres am Boden abgelagert hätten. Diese als ›Neptunismus‹ bekannte Auffassung entwickelte sich zu einer allgemeinen geologischen Konvention.

Die Bedeutung der Arbeit im Gelände

Im Lauf der Geschichte wurden die Beobachtungen über Aufbau und Zusammensetzung der Erde oft falsch interpretiert. Erst durch sorgfältige Geländearbeit und immer präzisere Experimente gelang es, Theorien zu entwickeln, die der Wirklichkeit entsprechen.

Ein Pionier der Geologie war der englische Ingenieur William Smith (1769–1839). Bei Kanalbauarbeiten erkannte er, daß die diversen Gesteinsschichten anhand der in ihnen enthaltenen Fossilien identifiziert werden können. Diese Information ermöglichte es ihm, die erste geologische Karte zu entwerfen, und mit seinem Buch *Strata Identified by Organized Fossils* legte er den Grundstein zur modernen Stratigraphie.

Inzwischen hat sich die klassische geologische Forschung durch Einbeziehung verwandter Disziplinen wie Meteorologie, Ozeanographie, Astronomie, Geophysik und Geochemie zu einer fachübergreifenden Wissenschaft von der Erde entwickelt. Berufsgeologen nutzen eine hochentwickelte Ausrüstung für ihre Arbeit. Mit Bohrern durchdringen sie die Erdoberfläche und holen Gesteinsproben aus den Tiefen der Erdkruste empor. Leistungsfähige Computer berechnen die Struktur des Tiefengesteins anhand unterirdischer Explosionen und der davon verursachten Stoßwellen. Infrarotluftbilder und -satellitenbilder weisen auf chemische Unterschiede bei der Vegetation hin, die von der Zusammensetzung des Grundgesteins herrühren. Mit Hilfe reflektierter Schallwellen gewinnt man Bilder von der Oberfläche der Meeresböden, und spezielle Meßgeräte analysieren die elektrischen Eigenschaf-

James Hutton

Im ausgehenden 18. Jahrhundert entwickelte sich Schottland zur Wiege der Geologie. Wenn wir auf eine geologische Weltkarte blicken, sehen wir auch, warum. Auf seinen 79 000 km² finden sich fast alle möglichen geologischen Strukturen und Gesteinsalter. Als Begründer der modernen Geologie gilt James Hutton (1726–1797) aus Edinburgh. Aufgrund seiner Untersuchungen anstehenden Gesteins formulierte er diverse Theorien über die formgebenden Verhältnisse in der Vergangenheit. Er stellte sich eine unveränderliche Erde vor, auf der sich die gesteinsbildenden und die zerstörenden Kräfte ausgleichen – ein Widerspruch zur neptunischen Lehre.

ten von Boden und Gestein und stellen etwa fest, ob sich darunter nutzbare Wasserreserven befinden. Andere Instrumente können winzige Veränderungen im Schwerefeld der Erde ausmachen und so auf Vorkommen abbaubarer Metallagerstätten hinweisen – mit »Hammer« und »Spritzern« an der Kleidung hat dies alles nur noch sehr entfernt zu tun!

Der rasante wissenschaftliche Fortschritt im 20. Jahrhundert und die Flut an Büchern über die Erde – sowohl akademischer als auch populärer Art – machten es möglich, alles über die Natur und die Vorgänge in der Erde zu erfahren, ohne die warme Stube verlassen zu müssen. Dennoch ist die Geologie im Gelände für Amateure noch lange nicht tot. Untersuchungen zu-

tageliegender Gesteine und das unermüdliche Sammeln von Gesteinsproben lassen uns die Erde immer besser verstehen.

Außerdem ist nur wenig vergleichbar mit dem Vergnügen, einen Berg zu erklimmen und dort die Falten und Verwerfungen im Gestein zu erkunden, oder mit der Freude, einen Stein zu spalten und darin eine Druse mit Kristallen oder einen fossilen Trilobiten zu entdecken, der noch nie zuvor dem Tageslicht ausgesetzt war.

Geologie in Schottland

Eine weitere Annäherung an die angewandte Geologie leistet die experimentelle Wissenschaft. Pionier auf diesem Gebiet war Sir James Hall (1761–1832) – nicht der bekannte amerikanische Geologe gleichen Namens, sondern ein weiterer Schotte aus Edinburgh. Hall schmolz Gesteinsproben im Schmelzofen einer Eisengießerei und beobachtete, was nach der Abkühlung entstand. Er führte auch Versuche

zur Bildung unterschiedlicher Gesteinsstrukturen durch, indem er Tonschichten hohem Druck aussetzte. Die meisten dieser Experimente fanden nach Huttons Tod statt, der ihnen völlig ablehnend gegenüberstand. Bissig schrieb Hutton einmal über diejenigen, die mittels praktischer Experimente versuchten, »die großen Prozesse des Königreichs der Minerale (zu) beurteilen, indem sie Feuer entfachen und auf den

Boden eines Schmelztiegels blicken«. Da Schmelzöfen auch für die meisten unserer Leser kaum zugänglich sein dürften, sind die Versuche, die wir in diesem Buch anregen, wesentlich einfacher aufgebaut.

Geologische Karte von Schottland

Die Geschichte der Erde

Die Erde besteht aus kosmischem Staub – alles auf ihr, uns eingeschlossen. Wir können die Geschichte der Erde zwar nicht völlig nachvollziehen, aber wir wissen ungefähr, welche Entwicklung sie genommen hat.

Die Entstehung des Sonnensystems

Vor der unvorstellbar langen Zeit von etwa 15 Milliarden Jahren existierte in einem Spiralarm unserer Galaxie eine gewaltige Wolke aus Staub und Gas, die sich im Lauf der Jahrmillionen immer weiter zusammenzog. Die Räume zwischen den Sternen sind auch heute nicht leer: Sie enthalten Gase und winzige Staubteilchen in unterschiedlichster Konzentration. Auch die verschiedenen Arme der Galaxie sind nicht starr, sondern rotieren, pulsieren und verformen sich wellenartig, wenn auch nach unseren Maßstäben sehr langsam. Vielleicht wurde eine zufällige Anballung von Gas und Staub, die von einer solchen Welle erfaßt wurde, dabei so stark gestaucht, daß die winzigen Gravitationskräfte zwischen den Partikeln plötzlich ausreichten, daß sie sich gegenseitig anzogen. Die Folge wäre gewesen, daß die ursprüngliche Bewegung der Wolke auf ihrer galaktischen Bahn die kontraktierende Masse in Rotation versetzt hätte.

Nun kamen zwei Kräfte ins Spiel: zum einen die Gravitationskraft zwischen den Partikeln, die die gesamte Materie ins Zentrum zog, wo die größte Dichte herrschte. Zum anderen wirkte die Zentrifugalkraft, die die Materie auf einer senkrecht zur Rotationsachse verlaufenden Ebene nach außen wirbelte. Im Ergebnis schufen beide Kräfte eine breite, rotierende Scheibe – unser Sonnensystem war geboren.

Die größte Materiemasse bündelte sich im Zentrum, und die Energie, die beim Zusammenstoß und der Verdichtung der Partikel entstand, führte dazu, daß sie sich immer weiter aufheizte. Das dauerte lediglich ein paar Millionen Jahre – aus geologischer Sicht eine sehr kurze Zeit –, und die Sonne war ›angeschaltet‹.

Die Materiescheibe war jedoch nicht stabil. An mehreren Stellen entstanden Wirbel, das heißt, dort änderte sich die Rotationsgeschwindigkeit. Im Inneren dieser Wirbel kreiste die Materie als Folge dessen mit geringerer Winkelgeschwindigkeit und bewegte sich dank der Gravitationskraft in Richtung der Protosonne, während sich die Materie im Randbereich schneller bewegte und durch die Zentrifugalkraft weiter nach außen getragen wurde. So teilte sich die Masse der Scheibe in mehrere einzelne Ringe um die Protosonne auf, ähnlich den Ringen um einige unserer heutigen Planeten. Die Entstehung dieses Ringsystems vollzog sich in der astronomisch gesehen unglaublich kurzen Zeit von nur wenigen hunderttausend Jahren – und aus diesem System entwickelten sich im Lauf der Zeit die neun Planeten unseres Sonnensystems.

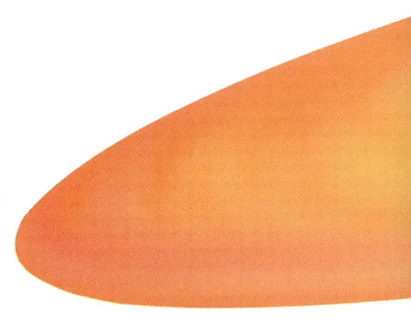

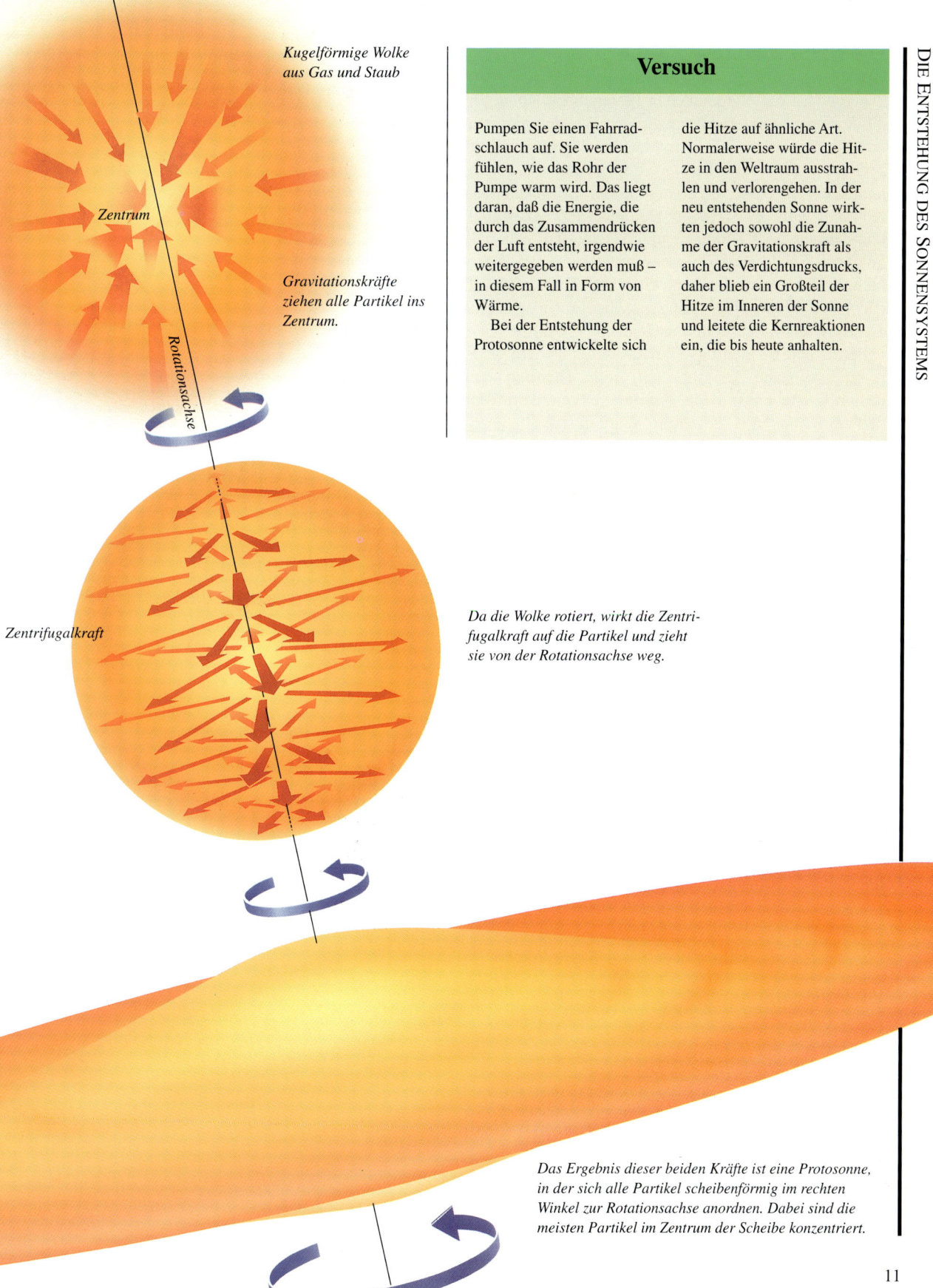

*Kugelförmige Wolke
aus Gas und Staub*

Zentrum

*Gravitationskräfte
ziehen alle Partikel ins
Zentrum.*

Rotationsachse

Versuch

Pumpen Sie einen Fahrrad-
schlauch auf. Sie werden
fühlen, wie das Rohr der
Pumpe warm wird. Das liegt
daran, daß die Energie, die
durch das Zusammendrücken
der Luft entsteht, irgendwie
weitergegeben werden muß –
in diesem Fall in Form von
Wärme.

Bei der Entstehung der
Protosonne entwickelte sich
die Hitze auf ähnliche Art.
Normalerweise würde die Hitze in den Weltraum ausstrahlen und verlorengehen. In der
neu entstehenden Sonne wirkten jedoch sowohl die Zunahme der Gravitationskraft als
auch des Verdichtungsdrucks,
daher blieb ein Großteil der
Hitze im Inneren der Sonne
und leitete die Kernreaktionen
ein, die bis heute anhalten.

Zentrifugalkraft

*Da die Wolke rotiert, wirkt die Zentri-
fugalkraft auf die Partikel und zieht
sie von der Rotationsachse weg.*

*Das Ergebnis dieser beiden Kräfte ist eine Protosonne,
in der sich alle Partikel scheibenförmig im rechten
Winkel zur Rotationsachse anordnen. Dabei sind die
meisten Partikel im Zentrum der Scheibe konzentriert.*

11

Die Erde wird fest

Die aus Gas und Staubteilchen bestehenden Ringe um die Protosonne unterlagen denselben Wellenwirkungen wie die Arme der Galaxien, und überall, wo die Konzentration besonders dicht wurde, begann die Anziehungskraft der Materie zu wirken, und es bildeten sich Klumpen von etwa 100 m Durchmesser. Schließlich kollidierten diese Klumpen und vereinigten sich. Die größeren Anhäufungen nahmen auf ihrer Bahn innerhalb des Ringes immer mehr kleinere Klumpen auf, so daß sich die Masse jedes Ringes schließlich in einer einzigen großen Masse, dem Planetesimal, vereinigte.

Betrachten wir nun das Planetesimal, aus dem unsere Erde entstand. Es gibt zwei große Theorien über dessen Entstehungsprozeß. Nach der ersten, dem ›Modell der homogenen Akkretion‹, häuften sich alle Partikel in einer zufälligen Masse an, wobei im gesamten Planetesimal kein geordnetes Muster erkennbar war. Genau wie in der Protosonne entwickelte sich auch in der neugeborenen Erde Hitze. Durch sie schmolzen das in der Masse befindliche Eisen und der Nickel, und das schwere Schmelzprodukt sank ins Zentrum ab. Die leichteren Gesteinsmaterialien, die Silikate, blieben dagegen an der Oberfläche.

Die zweite Theorie – das ›Modell der inhomogenen Akkretion‹ – geht davon aus, daß sich Eisen und Nickel zum ersten Planetesimal zusammensetzten, während die Silikate als Reste des Ringes weiter durch das All trieben, bis sie sich im Lauf der Zeit an der Oberfläche des Planetesimals ansammelten.

Wie es auch abgelaufen sein mag, es entstand dabei eine aus mehreren Schalen aufgebaute Erde: mit einem inneren Kern aus festem Eisen und Nickel, einem äußeren Kern aus zähflüssigem Eisen und Nickel, einem Mantel aus festen Silikaten und einer Kruste aus leichteren Silikaten.

Unser nächster Nachbar im All, der Mond, bereitet den Wissenschaftlern, die sich mit der Erdgeschichte befassen, einige Probleme. Die Astronauten der Apollo-Missionen Ende der 60er und Anfang der 70er Jahre brachten Gesteinsproben mit, deren Alter sich auf vier Milliarden Jahre beläuft – sie stammen also aus der Zeit, als die Erde langsam fest wurde. Sind nun Erde und Mond zur selben Zeit entstanden und, wenn ja, wie? Auch hierzu wurden einige Theorien aufgestellt, von denen bislang keine ganz gesichert ist. Der Mond scheint fast völlig aus einem Mantel mit einem ziemlich kleinen, eisenreichen Kern zu bestehen. Vielleicht löste sich ein Klumpen aus dem Erdmantel, bevor dieser fest wurde. Eine andere Theorie geht davon aus, daß der Mond zur Zeit der Entstehung des Sonnen-

Oben: Aus den Tiefen des Alls sieht man von der Erde nicht mehr als Wolken und Dunstschleier. Wegen der Reflexion der Atmosphäre und der Meere erscheint sie als blauer Planet. Durch die Wolkendecke kann man die Umrisse der Kontinente

systems ein in der Erdumlaufbahn befindliches Planetesimal gewesen ist. Oder er entstand aus einer über-
wiegend aus Silikatpartikeln bestehenden Wolke, die
sich langsam um das Eisen-Nickel-Planetesimal der
Erde ansammelte (sofern das Modell der inhomogenen
Akkretion zutrifft).

Seither hatte der Mond eine bei weitem weniger bewegte Geschichte als die Erde. In den ersten 600 Millionen Jahren seiner Existenz war er einem starken
Meteoritenbeschuß ausgesetzt, dem er vermutlich seine letzten Bestandteile verdankt. Dadurch entstand
auch die von Kratern übersäte Mondoberfläche. Kurz
danach erwärmte er sich, glutflüssiges Gestein brach
aus und ergoß sich über die Oberfläche, wobei die
dunklen Gruben, ›Maria‹ (Singular: ›Mare‹) genannt,
entstanden, die man früher als Meere deutete. All dies
geschah vor etwa drei Milliarden Jahren. Seitdem hat
sich auf dem Mond nichts mehr ereignet – jedenfalls
nicht im Vergleich zur wechselvollen Geschichte der
Erde.

erkennen. Aus einer niedrigen
Umlaufbahn können Astronauten
auch Gebirgszüge, Flußläufe und
Inselketten ausmachen. Für den
Geologen auf der Erde sind ihre
Bausteine dagegen greifbar –
somit kann er Folgerungen über
die Erdgeschichte aufstellen.

Versuch

Das Modell der homogenen
Akkretion läßt sich leicht
simulieren, indem man einen
durchsichtigen Plastikbehälter
mit Partikeln unterschiedlicher
Dichte auffüllt. Nehmen Sie
ein Stück Styropor und zerkleinern Sie es soweit wie
möglich (die statische Elektri-
zität, die die Styroporkügel-
chen nun an den Händen haf-
ten läßt, kann mit den Gravita-
tionskräften verglichen werden, die auf die Wolkenparti-
kel wirkten – aber das ist nicht
Gegenstand dieses Versuches).
Geben Sie nun die Styropor-
kügelchen mit ein paar kleinen
Steinen in das Gefäß. Wenn
Sie das Ganze durchschütteln,
sammeln sich die schwereren
Steinchen bald am Boden.

Das Modell der inhomoge-
nen Akkretion kann man darstellen, indem man zuerst die
Steinchen in das Gefäß gibt
und dann das Styropor
hinzufügt.

Das Erdinnere

Die Erde besteht aus Schalen mit unterschiedlichen physikalischen und chemischen Eigenschaften. Die chemische Zusammensetzung kann leicht mit derjenigen gewöhnlicher Mineralien verglichen werden, auf die wir später im Buch zurückkommen werden.

Kontinentale Kruste
● Die äußeren 25–90 km bilden die kontinentale Masse.
● Ihre Zusammensetzung ist außerordentlich komplex, im Durchschnitt entspricht sie jedoch der von Granit. Sie hat einen hohen Anteil von Silizium und Aluminium, daher die Bezeichnung SIAL. Mehr Silizium als in der ozeanischen Kruste.

● Dichte ca. 2500 kg/m³, etwa 2,5mal dichter als Wasser – sie hängt jedoch stark vom jeweiligen Gestein ab.
● Temperatur 700–0 °C
● Die Kruste macht nur 0,7 % der gesamten Erdmasse aus.
● Viele dieser Angaben sind Annahmen, die auf den Ergebnissen zahlreicher geophysikalischer Versuche beruhen, die man anstellte, um das Erdinnere zu erforschen.

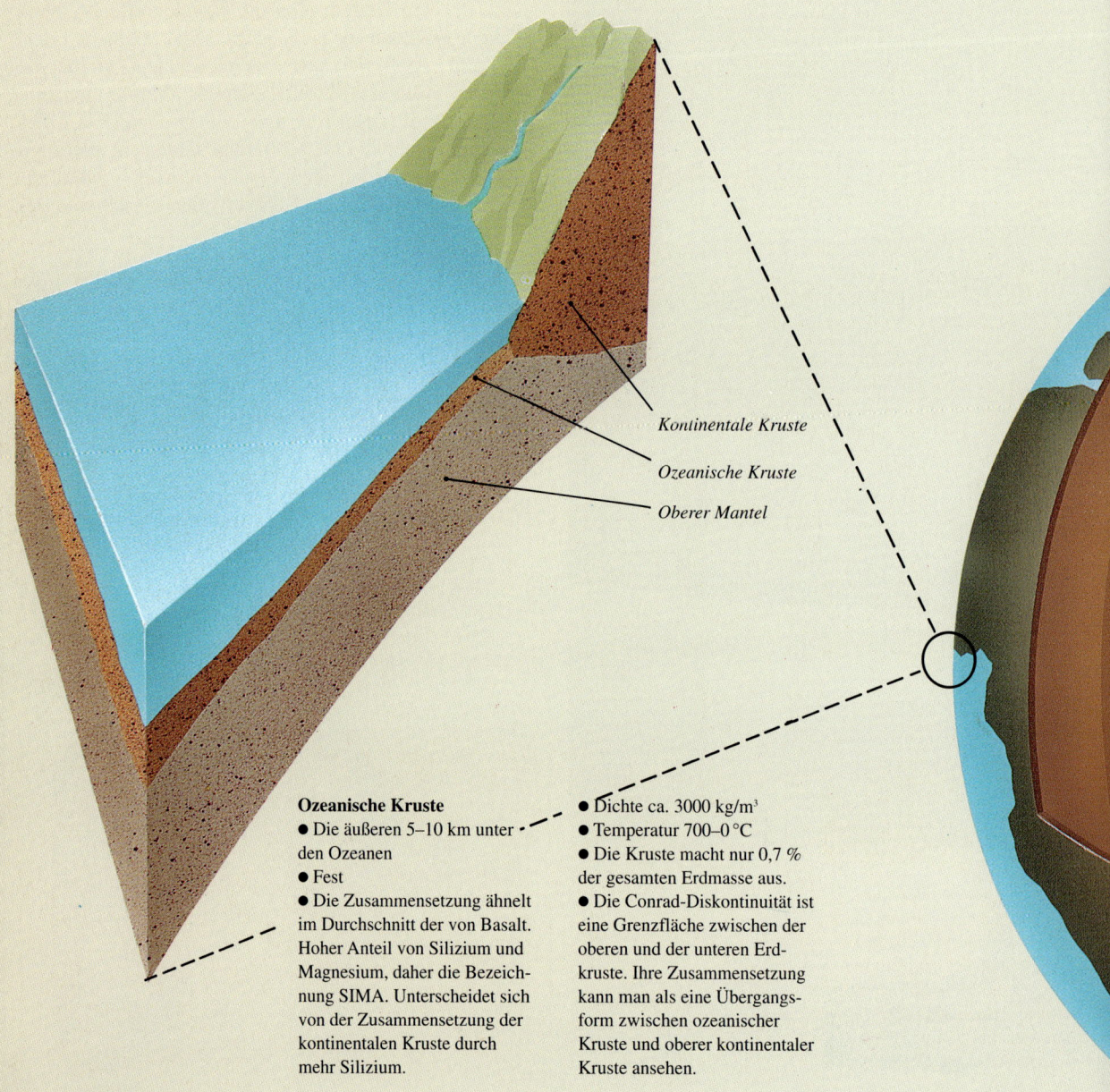

Kontinentale Kruste

Ozeanische Kruste

Oberer Mantel

Ozeanische Kruste
● Die äußeren 5–10 km unter den Ozeanen
● Fest
● Die Zusammensetzung ähnelt im Durchschnitt der von Basalt. Hoher Anteil von Silizium und Magnesium, daher die Bezeichnung SIMA. Unterscheidet sich von der Zusammensetzung der kontinentalen Kruste durch mehr Silizium.

● Dichte ca. 3000 kg/m³
● Temperatur 700–0 °C
● Die Kruste macht nur 0,7 % der gesamten Erdmasse aus.
● Die Conrad-Diskontinuität ist eine Grenzfläche zwischen der oberen und der unteren Erdkruste. Ihre Zusammensetzung kann man als eine Übergangsform zwischen ozeanischer Kruste und oberer kontinentaler Kruste ansehen.

Oberer Mantel
● Zwischen 400 km und 90–25 km unter den Kontinenten und bis zu 5 km unter den Meeren
● Fest bis auf eine breiartige Schicht an der Außenseite, vor allem unter den Ozeanen, wo einige Mineralien geschmolzen sind.
● Ähnliche Zusammensetzung wie der Rest des Mantels, aber reicher am Mineral Olivin

● Leicht erkennbare Mineralien, wie Spinell und Granat, manchmal auch als Vulkanausstoß
● Dichte um 3000 kg/m³
● Temperatur 1300–700 °C
● Veränderung der Zusammensetzung an der Mohorovičić-Diskontinuität (Moho)

Übergangszone
● 1050–400 km
● Fest
● Ähnliche Zusammensetzung wie der Rest des Mantels, Wechsel vom sehr kompakten Mineralienzustand zu einem lockereren Zustand mit geringerer Dichte
● Dichte um 4600–3380 kg/m³
● Temperatur 1800–1300 °C

Unterer Mantel
● 2885–1050 km
● Fest
● Mineralische Zusammensetzung aus ungefähr 60 % Olivin, 30 % Pyroxen und 10 % Feldspat; ziemlich gleichmäßige Verteilung im ganzen Bereich
● Dichte um 5400–4600 kg/m³
● Temperatur 2800–1800 °C
● Der ganze Mantel macht 68,3 % der gesamten Erdmasse aus.

Äußerer Kern
● 5155–2885 km
● Flüssig; Konvektionsströmung, aus der das Magnetfeld der Erde resultiert
● Eisen-Schwefel-Gemisch
● Dichte um 12 200–9900 kg/m³
● Temperatur 3200 °C
● 29,3 % der gesamten Erdmasse
● Starke Veränderung der Zusammensetzung und der Dichte an der Gutenberg-Diskontinuität

Innerer Kern
Der Erdmittelpunkt
● 6370–5155 km
● Fest
● Eisen-Nickel-Gemisch
● Dichte um 13 000 kg/m³ – entspricht etwa der 13fachen Dichte von Wasser
● Temperatur 4500 °C
● 1,7 % der gesamten Erdmasse
● Unstetigkeitsfläche als Übergang vom flüssigen zum festen Zustand; darunter sprunghafte Zunahme der Dichte

Bestätigung der Theorien

Das Erdinnere ist für uns genauso unzugänglich wie das Innere des Mondes. Es gibt jedoch indirekte Wege, um Informationen über den Untergrund unseres Planeten zu erhalten.

Meteoritenbeweise

Noch heute fallen ständig Partikel des planetarischen Nebels, aus dem die Erde und das übrige Sonnensystem hervorgegangen sind, auf die Erdoberfläche. Hin und wieder sind die herabstürzenden Brocken so groß, daß sie die zerstörerische Reibungshitze beim Fall durch die Atmosphäre überstehen und als Meteoriten aufprallen. Davon kennen wir zwei Arten: Meteoriten aus Eisen und Meteoriten aus Stein. Die Eisenmeteoriten kann man als Überreste der Substanzen ansehen, aus denen sich der Erdkern bildete, und die Steinmeteoriten stehen für das Material des Erdmantels. Diese beiden Meteoritenarten treten in einem ähnlichen Verhältnis zueinander auf wie der Erdkern zum Erdmantel.

Ausbrüche von Mantelmaterial an der Oberfläche

Solche Ausbrüche kommen zwar selten vor, sie bieten uns aber die Möglichkeit, das Mantelmaterial direkt zu untersuchen. Manchmal treten in der basaltischen Lava von untermeerischen Vulkanen Knollen aus Mantelgestein auf. Das Material für die basaltische Lava wurde vom Mantel aus emporgepreßt, durch Abkühlen und Druckabnahme nahe der Oberfläche veränderte es sich jedoch völlig. Die unveränderten Knollen aus Mantelgestein, die hier eingeschlossen sind, enthalten Kieselsäure (Siliziumdioxid) – aber in viel geringerem Anteil als die Krustengesteine. Andere Knollen, Peridotiten genannt, kommen in besonders alten Vulkanerscheinungen, den sogenannten Kimberlit-Pipes, vor. Diese Tiefengesteinsknollen sind aus wirtschaftlicher Sicht besonders wertvoll, denn sie enthalten Diamanten, die in etwa 150 km Tiefe entstanden sind.

Seismische Messungen

Die Brechung von Stoßwellen kann man in bestimmten Bereichen untersuchen, indem man künstliche Erd-

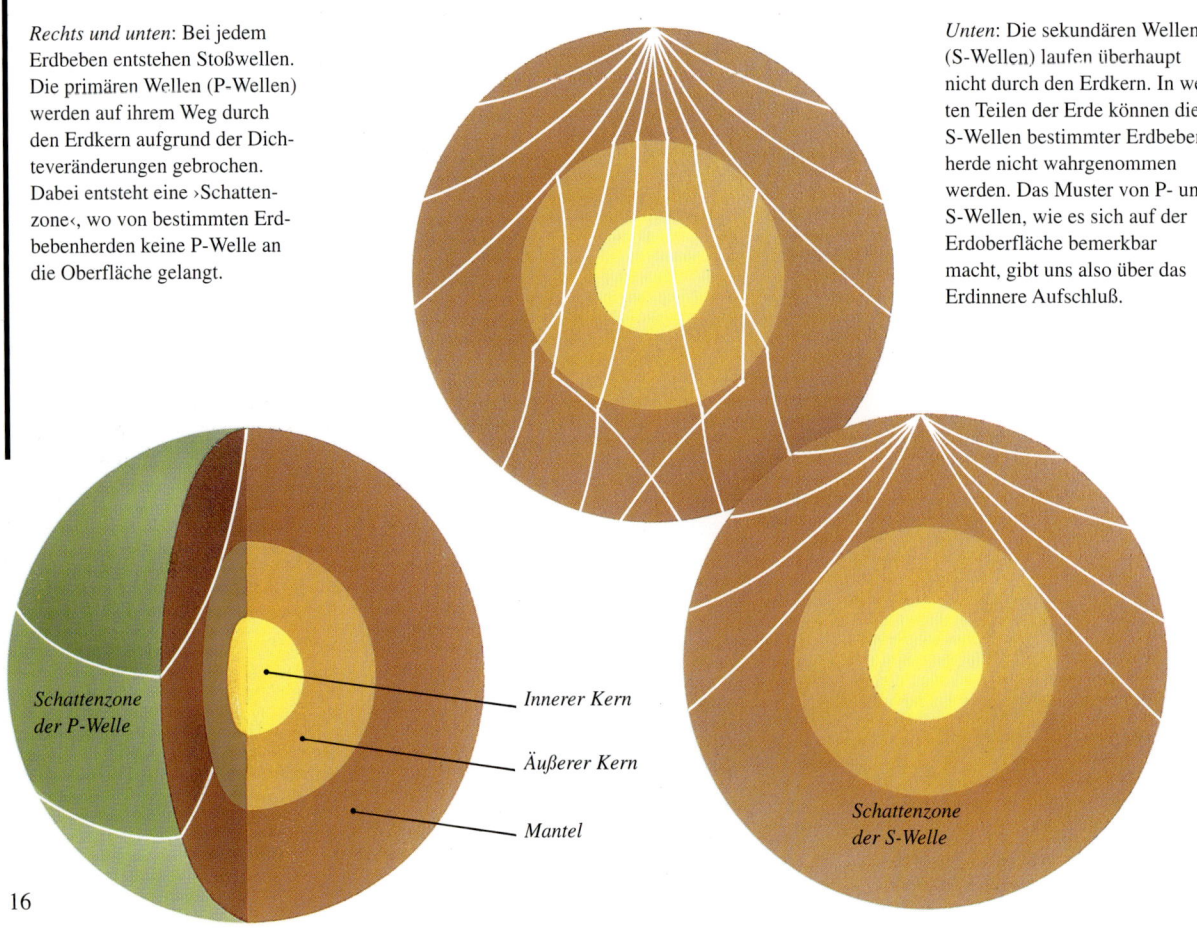

Rechts und unten: Bei jedem Erdbeben entstehen Stoßwellen. Die primären Wellen (P-Wellen) werden auf ihrem Weg durch den Erdkern aufgrund der Dichteveränderungen gebrochen. Dabei entsteht eine ›Schattenzone‹, wo von bestimmten Erdbebenherden keine P-Welle an die Oberfläche gelangt.

Unten: Die sekundären Wellen (S-Wellen) laufen überhaupt nicht durch den Erdkern. In weiten Teilen der Erde können die S-Wellen bestimmter Erdbebenherde nicht wahrgenommen werden. Das Muster von P- und S-Wellen, wie es sich auf der Erdoberfläche bemerkbar macht, gibt uns also über das Erdinnere Aufschluß.

Schattenzone der P-Welle

Innerer Kern

Äußerer Kern

Mantel

Schattenzone der S-Welle

Links: Das Big Hole in Kimberley, Südafrika, wurde während des Diamantrausches im späten 19. Jahrhundert gegraben. Es wirkt zwar gewaltig groß, ist aber mit seiner Tiefe von 300 m für die Erdkruste nicht mehr als ein kleiner Nadelstich. Direkte Untersuchungen von Material aus dem Erdinnern sind unmöglich, doch mit Hilfe zahlreicher physikalischer und chemischer Techniken kann der Untergrund wenigstens zum Teil erforscht werden.

beben erzeugt. Dazu werden kontrollierte Explosionen gezündet und die Schwingungen, die sich durch die verschiedenen Schichten der Kruste fortpflanzen, mit Geophonen aufgezeichnet und per Computer analysiert. In kleinerem Maßstab wird anstelle der seismischen Brechung die Technik der seismischen Reflexion angewandt, die viel genauere Ergebnisse bringt. Hierbei prallen die Stoßwellen an den verschiedenen Schichten innerhalb der Kruste ab. Heutzutage werden weniger heftige, aber besser kontrollierte Stoßwellen von speziell ausgestatteten Straßenfahrzeugen erzeugt.

Bohrungen

Das tiefste Loch in die Erdkruste wurde in der zu Rußland gehörenden Halbinsel Kola gebohrt. Es reicht bis in eine Tiefe von 12 km und soll nach Plänen russischer Wissenschaftler noch bis in 15 km Tiefe gebohrt werden. Wie tief das auch erscheinen mag – für die Erdoberfläche ist es nicht mehr als ein Nadelstich. Ein internationales Team unter Leitung der USA hat seit 1969 Bohrungen in der viel dünneren ozeanischen Kruste durchgeführt. Doch bisher ist es noch nicht gelungen, bis zur Mohorovičić-Diskontinuität (Moho), der Grenze zwischen Erdkruste und Erdmantel, durchzudringen.

Wissenschaftler können an solchen Bohrlöchern unterschiedliche Erkenntnisse sammeln: die Gesteinspro-

ben aus der Tiefe analysieren und Instrumente hinunterlassen, um die elektrischen Eigenschaften der verschiedenen Schichten zu testen. Man kann auch ein Echolot als Klangquelle für akustische Bohrlochmessungen, die im Prinzip der seismischen Brechung ähneln, oder Sensoren hinunterlassen, um Unterschiede in der natürlichen Radioaktivität zwischen den Schichten aufzuzeichnen. In der Praxis kombiniert man all diese Techniken, um ein möglichst komplettes Ergebnis zu erzielen.

Gravitationsmessungen

Mit der Dichte des Materials nimmt auch seine Gravitationskraft zu. Um einen Unterschied der Gravitation an zwei verschiedenen Stellen (eine sogenannte Schwereanomalie) festzustellen, benötigt man zwar ein sehr empfindliches Gerät, aber es ist machbar. Abweichungen in der Umlaufbahn eines Satelliten können herangezogen werden, um starke Abweichungen auf dem Globus festzustellen. Solch starke Abweichungen resultieren aus der Tatsache, daß die Erde keine regelmäßige Kugel ist.

Am Boden können die Anomalien mit Hilfe einer Senkschnur gemessen werden. Sobald das Gewicht in die Nähe einer schweren Masse kommt, wird es ganz leicht angezogen. Sir George Everest entdeckte dies bereits Mitte des 19. Jahrhunderts, als er in Indien Forschungen anstellte. In den Ebenen nördlich des Ganges und des Indus wurde sein Pendel nach Norden in Richtung des Himalaya abgelenkt. Er erkannte sofort, warum, aber durch Messungen fand er heraus, daß die Ablenkung nicht so groß war, wie man aufgrund der Gebirgsmasse annehmen sollte. Hierzu wurden verschiedene Erklärungsansätze formuliert, und selbst in den 1920er Jahren wurde in einigen Büchern noch angemerkt, daß der besonders schwere Boden der Flußniederungen das Pendel wieder vom Gebirge zurückzöge. Die richtige Interpretation stellte in den 1850er Jahren der Astronom Sir George Airy auf. Er erkannte,

daß die Kontinentalkruste unter Gebirgen dicker ist und tiefer in den Mantel hineinreicht als sonst. Daher befand sich nördlich des Mount Everest eine große Masse leichteren Materials, das eine geringere Anziehungskraft ausübte, als wenn der schwerere Mantel hier wie erwartet der Erdoberfläche näher gewesen wäre – also eine negative Schwereanomalie.

Solche Situationen untersucht man mit Hilfe eines sogenannten Gravimeters, das aus einem an einer Feder aufgehängten Gewicht besteht. In einem Gebiet mit hoher Gravitation – einer positiven Anomalie – werden Gewicht und Feder stärker nach unten gezogen

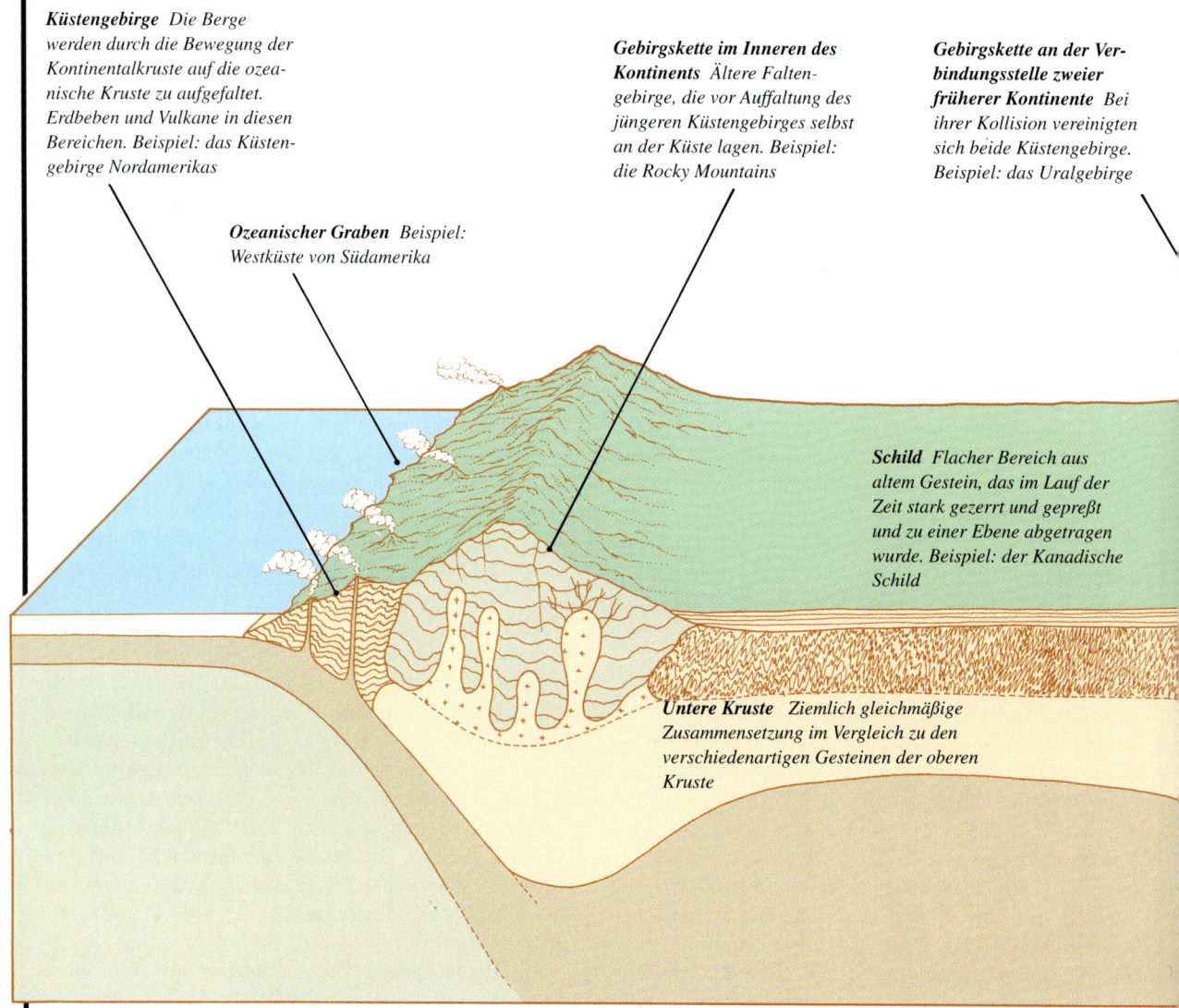

Küstengebirge *Die Berge werden durch die Bewegung der Kontinentalkruste auf die ozeanische Kruste zu aufgefaltet. Erdbeben und Vulkane in diesen Bereichen. Beispiel: das Küstengebirge Nordamerikas*

Ozeanischer Graben *Beispiel: Westküste von Südamerika*

Gebirgskette im Inneren des Kontinents *Ältere Faltengebirge, die vor Auffaltung des jüngeren Küstengebirges selbst an der Küste lagen. Beispiel: die Rocky Mountains*

Gebirgskette an der Verbindungsstelle zweier früherer Kontinente *Bei ihrer Kollision vereinigten sich beide Küstengebirge. Beispiel: das Uralgebirge*

Schild *Flacher Bereich aus altem Gestein, das im Lauf der Zeit stark gezerrt und gepreßt und zu einer Ebene abgetragen wurde. Beispiel: der Kanadische Schild*

Untere Kruste *Ziemlich gleichmäßige Zusammensetzung im Vergleich zu den verschiedenartigen Gesteinen der oberen Kruste*

als bei negativer Anomalie: Dieser Unterschied läßt sich messen.

Die sorgfältige Interpretation der unterschiedlichen geophysikalischen Untersuchungsergebnisse zeigt, daß die Kruste unter den Meeren dünner und dichter ist. Im Bereich der Kontinente ist sie dicker und leichter. Ein typischer Kontinent besteht aus einer festen Masse mit äußerst altem Gestein in seinen zentralen Bereichen – oft als Schild bezeichnet wie z. B. der Kanadische Schild in Nordamerika. Dieser ist von zunehmend jüngeren Gebirgszügen, wie z. B. den Rocky Mountains, und einem ganz jungen Randgebirge, etwa dem Kü-

stengebirge an der kanadischen Westküste, umgeben. Die alten Gebirge laufen quer durch den Kontinent und trennen einen Schild vom anderen, so wie der Ural zwischen Europa und Asien. In einigen Bereichen scheint der Kontinent auseinanderzubrechen, wie entlang des Ostafrikanischen Grabens. Und einige Küsten, so die südamerikanische Atlantikküste, sehen aus, als hätten sie sich von einem anderen Kontinent entfernt. So läßt sich ein Kontinent knapp als ein Gefüge aus Gesteinen beschreiben – und diese Gesteine sind eigentlicher Gegenstand dieses Buches.

Unten: Ein typischer Kontinent setzt sich aus mehreren Teilen zusammen – meist einem Kern aus altem, metamorphem Gestein, der von den Überresten älterer Gebirgszüge umgeben ist. Nicht alle Kontinente weisen jedoch sämtliche hier dargestellten Merkmale auf. Der Aufbau eines jeden Kontinents spiegelt dessen ureigene Geschichte wider.

Bruchschollengebirge
Entstand durch Brechen und Verwerfung der Kruste entlang einer Grabensenke

Grabensenke *Hier wird der Kontinent durch Bewegungen der Erdkruste auseinandergerissen. Erdbeben und Vulkanausbrüche treten häufig auf. Beispiel: Ostafrikanischer Graben*

Kontinentalschelf *Der Rand eines Kontinents, der eine Seite eines Grabenbruchs darstellt. Die andere wurde fortgerissen. Die Kontinentalmasse ist stufenförmig zerbrochen und wird von jüngerem Gestein und flachem Meer bedeckt. Beispiel: die Küste der Britischen Inseln*

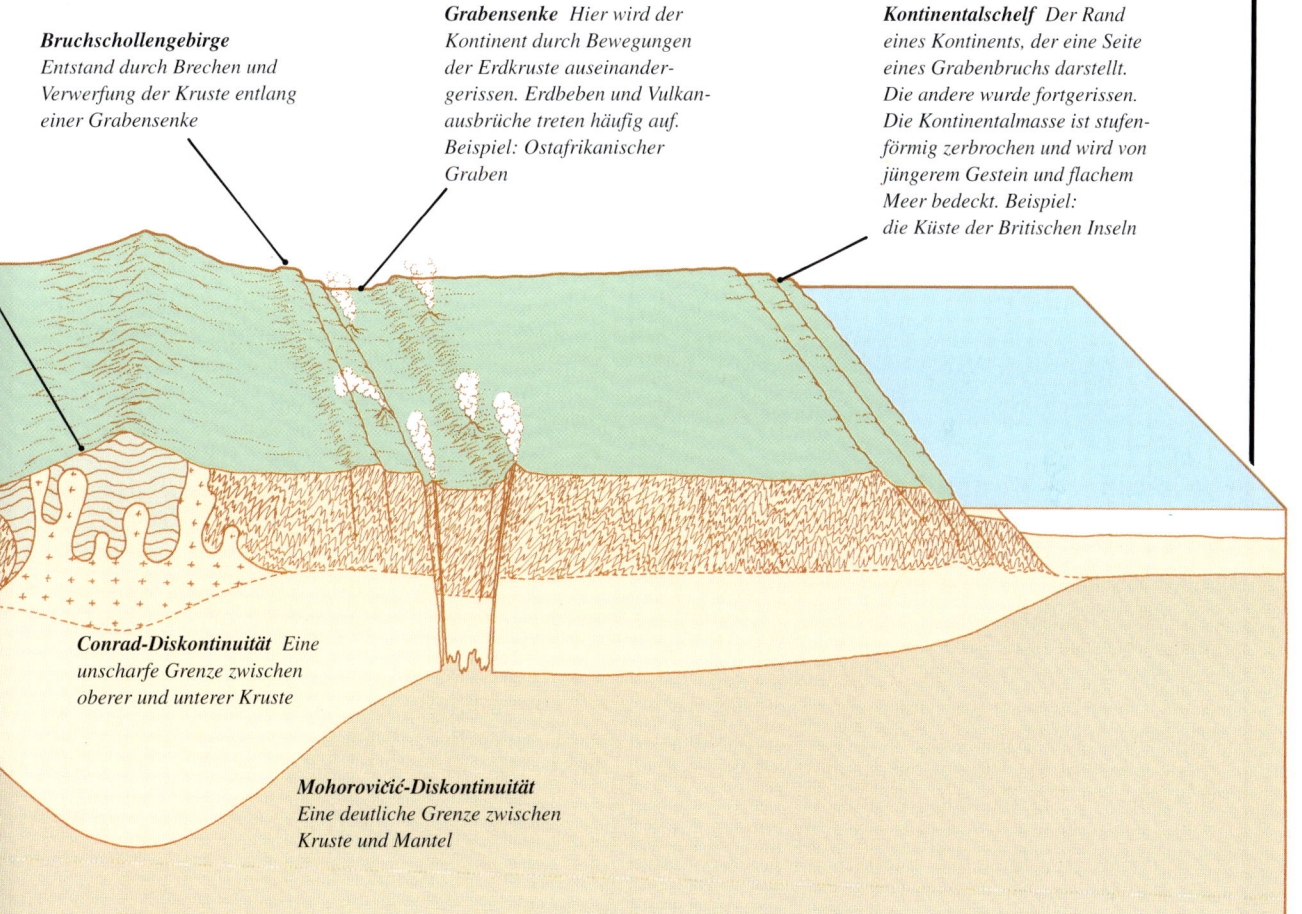

Conrad-Diskontinuität *Eine unscharfe Grenze zwischen oberer und unterer Kruste*

Mohorovičić-Diskontinuität *Eine deutliche Grenze zwischen Kruste und Mantel*

Der Baustoff der Erde

Wenn Sie einen Stein aufheben, halten Sie ein Stück Erdkruste in der Hand – zusammengesetzt aus Mineralien, die sich bei den chemischen Reaktionen während der Geburt unserer Erde gebildet haben.

Mineralien – Bestandteile des Gesteins

Wenn Sie irgendeinen Stein nehmen und ihn mit einer Lupe oder unter einem Mikroskop betrachten, sehen Sie, daß er aus einem Mosaik miteinander verbundener Partikel besteht. In manchen Gesteinen, z. B. in Granit, sind diese so groß, daß man sie mit bloßem Auge erkennt. Diese Partikel sind Mineralien – natürlich vorkommende, homogene Feststoffe, die sich anorganisch gebildet haben. Sie haben eine bestimmte chemische Zusammensetzung und atomare Struktur.

Bei der Entstehung eines Gesteins verbinden sich die Chemikalien zu zahlreichen unterschiedlichen Mineralien. Es gibt Hunderte verschiedener Arten, und jede setzt sich chemisch anders zusammen. Auch die Häufigkeit des Vorkommens ist sehr unterschiedlich. Jedes Gestein besteht aus einem Gemisch mehrerer Mineralien, die aber meist an einer Hand abzuzählen sind.

Zur Vereinfachung teilen wir die Mineralien in zwei grobe Klassen ein: in gesteinsbildende und Erzmineralien. An letztere denkt man meist zuerst, wenn man den Begriff Mineral hört. Sie werden abgebaut und verarbeitet. Dennoch stellen sie den selteneren Baustoff der Erdkruste dar.

Der am häufigsten vorkommende chemische Baustoff der Erde ist Kieselsäure (Siliziumdioxid, SiO_2), daher haben Silikate als gesteinsbildende Mineralien die weiteste Verbreitung. Kieselsäure kann an komplexen chemischen Reaktionen teilnehmen, daher gibt es so viele Arten von Silikatmineralien.

Das einfachste Silikatmineral ist Quarz, also reines Siliziumdioxid. Häufiger kommt Quarz in Verbindung mit metallischen Elementen vor. In der ozeanischen Kruste stellt Magnesium einen hohen Anteil dar, deshalb ist hier das Magnesium-Eisen-Silikatmineral Olivin ($(Mg,Fe)_2SiO_4$) weit verbreitet. Die Kontinentalkruste ist reich an Aluminium, daher sind kontinentale Gesteine reicher an Aluminium-Silikatmineralien, den sogenannten Feldspaten wie Orthoklas ($KAlSi_3O_8$) und Albit ($NaAlSi_3O_8$).

Auch Karbonate – die Salze der Kohlensäure – sind bedeutende gesteinsbildende Mineralien. Das wichtigste ist wohl Kalkspat ($CaCO_3$), der allerdings ziemlich instabil ist; daher verwittern Gesteine mit hohem Karbonatanteil schneller als Gesteine aus den widerstandsfähigeren Silikatmineralien.

Silikate enthalten Metalle, die jedoch aufgrund ihrer chemischen Natur fast nicht entfernt werden können. Aus diesem Grund läßt sich Magnesium auch nicht aus Olivin gewinnen, ebensowenig wie Aluminium aus Feldspaten. Erzmineralien müssen ein Metall enthalten, das leicht gewonnen werden kann. Es gibt aber auch einige Mineralien, die nur Metalle und sonst nichts enthalten. Zu solch ›gediegenen Erzen‹ gehören beispielsweise Goldklumpen.

Oxide – Metalle in Verbindung mit Sauerstoff – sind die eigentlich bedeutenden Erzmineralien. Die meisten Eisenerze sind Oxide, z. B. Magnetit (Fe_3O_4) und Hämatit (Fe_2O_3). Metalle in Verbindung mit Schwefel bilden Metallsulfide, von denen viele Erzmineralien sind. Dazu zählen Pyrit (FeS_2) und das Bleimineral Galenit (PbS).

Links: Bei genauer Betrachtung von Gesteinen erkennt man, daß sie aus vielen kleineren Bestandteilen aufgebaut sind. Mitunter bilden diese gut erkennbare Kristallformen, manchmal aber auch unregelmäßige Klumpen. Diese Bestandteile werden Mineralien genannt.

Atome und Moleküle

Bei den Buchstaben- und Zahlenkombinationen in der Klammer handelt es sich um die chemischen Formeln der einzelnen Mineralien. Die kleinste Einheit eines chemischen Stoffes ist das Molekül, und ein Molekül wiederum besteht aus den Atomen verschiedener Elemente. In der Chemie werden Elemente mit einem Zeichen, meist dem Anfangsbuchstaben oder einer Abkürzung seines lateinischen Namens – z. B. S für Schwefel (lat. ›Sulfur‹) oder Pb für Blei (lat. ›Plumbum‹) – dargestellt.

Die chemische Formel gibt die Zahl der unterschiedlichen Atome eines Moleküls an. Die chemische Formel für Quarz beispielsweise ist SiO_2. Das bedeutet, daß ein Quarzmolekül aus einem Siliziumatom (Si) besteht, das an zwei Sauerstoffatome (O_2) gebunden ist.

Weitere Elemente, die in diesem Buch häufig erwähnt werden, sind:
Eisen (Fe),
Aluminium (Al),
Beryllium (Be),
Chrom (Cr),
Fluor (F),
Kalium (K),
Kalzium (Ca),
Kupfer (Cu),
Magnesium (Mg),
Mangan (Mn),
Natrium (Na),
Titan (Ti)
Wasserstoff (H) und
Zirkonium (Zr).

Oben: Die sogenannten Erzmineralien haben große wirtschaftliche Bedeutung. Eisenerz beispielsweise kommt in verschiedenen Mineralformen vor, unter anderem im gelblichen, leicht zerreibbaren Limonit (*oben*) und im muscheligschuppigen Hämatit (*darunter*)

Links: Am häufigsten kommen jedoch gesteinsbildende Mineralien vor, da aus ihnen die Gesteinsmasse besteht. Ein sehr weit verbreitetes gesteinsbildendes Mineral ist Kalkspat, der jedoch nur selten so ausgeprägte Kristalle bildet wie hier im Bild.

Mineralien-Formen

Wenn ein Mineral ungehindert wachsen kann, entsteht ein charakteristisches, dreidimensionales Gebilde – ein sogenannter Kristall. Die Form des Kristalls spiegelt die Anordnung der Atome im Molekül wider. Wenn sich z. B. Quarz ansammelt, lagern sich die einzelnen Moleküle so an, wie es ihre Molekularstruktur erlaubt. Auf diese Weise fügen sich viele Millionen Moleküle nach einem regelmäßigen Muster an, das sich dann in der Form des fertigen Kristalls zeigt.

Anhand der Kristallform läßt sich meist auch das jeweilige Mineral identifizieren. Geologen unterscheiden zwischen sechs verschiedenen Kristallsystemen, wobei sich jedes System auf die Art der jeweiligen Symmetrieachsen bezieht. Eine Achse ist eine gedachte Linie durch den Mittelpunkt eines Kristalls. Kann man den Kristall um diese Achse drehen, und er sieht von mindestens zwei Seiten gleich aus, spricht man von einer Symmetrieachse.

Die Seiten eines Kristalls sind ebenflächig begrenzt und schneiden sich unter einem bestimmten Flächenwinkel: Dies ist eine Grundregel der Kristallographie. Ein Kristall wächst fast nie völlig gleichmäßig. Manchmal wächst eine Seitenfläche schneller als die anderen, weshalb der fertige Kristall dem theoretischen Kristalltyp gar nicht ähnlich zu sein scheint. Das Gesetz von der Konstanz der Flächenwinkel besagt jedoch, daß die Winkel zwischen den Seitenflächen immer identisch sind, egal, wie verformt der Kristall auch sein mag. Diese Winkel werden mit einem Goniometer gemessen.

Lassen Sie einen Kristall wachsen

Stellen Sie eine heiße, gesättigte Lösung eines löslichen chemischen Stoffes wie Alaun (siehe Abbildung) oder Kupfersulfat her. Hängen Sie einen Faden hinein und lassen Sie die Lösung langsam abkühlen. Am Faden und an den Rändern des Behälters entwickeln sich Kristalle. Suchen Sie den größten aus. Lassen Sie diesen am Faden und entfernen Sie alle anderen. Wiederholen Sie den Vorgang: Fangen Sie wieder mit dem Erhitzen der Lösung an und hängen Sie den ausgewählten Kristall hinein. Durch ständiges Wiederholen können Sie den Kristall so groß werden lassen, wie Sie wollen. In der Natur findet dieser Vorgang nur dort statt, wo geschmolzenes Gestein langsam abkühlt und immer noch genügend Flüssigkeit vorhanden ist oder wenn heiße Flüssigkeit durch Gesteinslöcher dringt.

Stellen Sie Ihr eigenes Goniometer her

Wenn Sie einen großen Kristall haben, den Sie abmessen wollen, können Sie sich ein einfaches Anlegegoniometer aus einem Papp-Halbkreis bauen. Tragen Sie die Winkel wie hier gezeigt auf und befestigen Sie in der Mitte einen drehbaren Zeiger. So können Sie den Winkel zwischen den Seitenflächen direkt ablesen.

Bei professionell eingesetzten Goniometern wird der Kristall auf einer Drehscheibe befestigt. Mit Hilfe des von den Seitenflächen reflektierten Lichts mißt man den Winkel, um den der Kristall gedreht werden muß, damit eine zweite Reflexion genau auf die Position der ersten fällt.

Im engen Zusammenhang mit der Kristallstruktur steht eine Eigenschaft, die man als Spaltbarkeit bezeichnet. Schwächezonen im Kristallgitter wirken sich dahingehend aus, daß der Kristall in einer bestimmten Richtung gespalten werden kann. Ein Mineral wie Glimmer ($KAl_2(AlSi_3)O_{10}(OH,F)_2$), in dem die Silikatmoleküle in flachen Schichten angeordnet sind, kann fast wie ein Buch aufgeblättert werden. Andere, etwa Kalkspat ($CaCO_3$), besitzen mehr als eine Spaltfläche und zerbersten daher beim Brechen in viele Kleinkristalle.

Ein Kristall kann auch von einer Seitenfläche aus in zwei Richtungen wachsen. Das Ergebnis bezeichnet man als Kristallzwilling. Solche Kristallzwillinge erkennt man an den einspringenden Winkeln, die bei einfachen Kristallen nicht auftreten.

Zum Leid der Geologen bilden Mineralien nur äußerst selten gute Kristalle aus. Bei der Gesteinsbildung ordnen sich alle chemischen Bestandteile zu Mineralien an, die dicht aneinandergedrängt weiterwachsen. Nur wenn sich ein Mineral in einer Flüssigkeit ohne Berührung mit einem anderen festen Stoff entwickeln kann, entsteht eine ausgeprägte Kristallform.

Die Kristallsysteme

Kristalle werden anhand folgender Systeme klassifiziert:

Kubisches System

Der Kristall hat drei Achsen, alle im rechten Winkel zueinander und gleich lang. Pyrit (FeS_2) kristallisiert nach dem kubischen System.

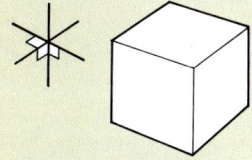

Tetragonales System

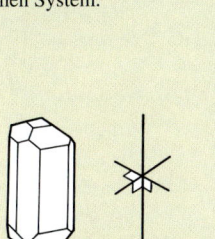

Der Kristall hat drei Achsen, alle im rechten Winkel zueinander, zwei Achsen sind gleich lang. Kupferkies ($CuFeS_2$) hat einen tetragonalen Kristall.

Hexagonales System

Der Kristall hat vier Achsen, drei davon mit gleicher Länge, die sich unter 120° schneiden, und eine vierte im rechten Winkel dazu. Ein Beispiel ist der Edelstein Beryll ($Be_3Al_2Si_6O_{18}$), ein Berylliumsilikat.

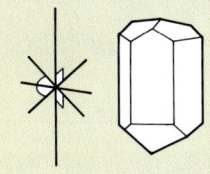

Rhombisches System

Der Kristall hat drei Achsen, alle im rechten Winkel zueinander, aber mit unterschiedlicher Länge. Topas – ein fluorhaltiges Aluminiumsilikat ($Al_2F_2SiO_4$) – kristallisiert nach dem rhombischen System.

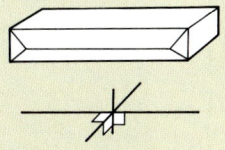

Monoklines System

Der Kristall hat drei Achsen, eine davon schneidet die anderen nicht im rechten Winkel, alle sind unterschiedlich lang. Das Kalziummagnesiumsilikat Augit ($(Ca,Mg,Fe,Al)_2(Al,Si)_2O_6$) hat einen monoklinen Kristall.

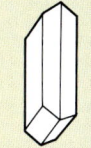
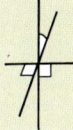

Triklines System

Der Kristall hat drei Achsen, von denen sich keine im rechten Winkel mit einer anderen schneidet, und alle sind verschieden lang. Albit (Natronfeldspat, $NaAlSi_3O_8$) ist ein typisches Beispiel.

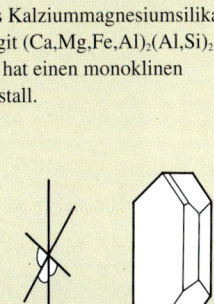

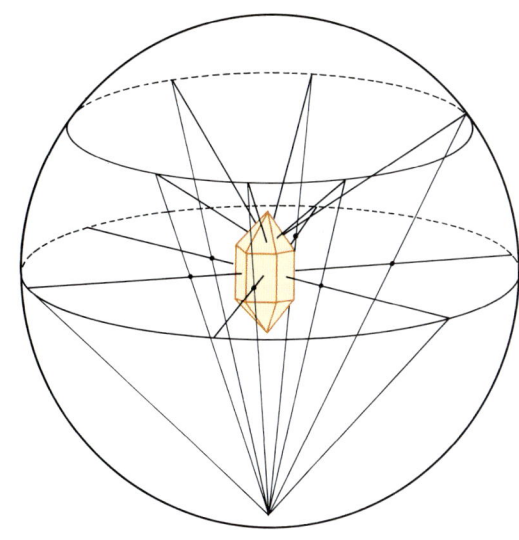

Die Seitenflächen eines Kristalls können auf eine Ebene projiziert werden. Die Berechnungen dazu sind zwar kompliziert, aber der Grundgedanke ist einfach: Stellen Sie sich einen Kristall im Zentrum einer Kugel vor (*oben*). Lassen Sie nun vom Zentrum Linien ausstrahlen, die jede Kristallseitenfläche lotrecht schneiden und die dann bis zur Kugeloberfläche weiterführen. Verbinden Sie jeden dieser Oberflächenpunkte mit dem ›Südpol‹ der Kugel. Das Muster, das dort entsteht, wo diese Linien die ›Äquatorfläche‹ der Kugel schneiden, ist die stereographische Projektion. Wie der Kristall auch geformt sein mag, die stereographische Projektion ist aufgrund der konstanten Flächenwinkel immer ebenso geformt.

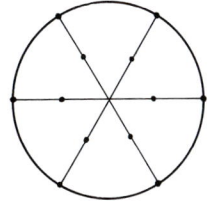

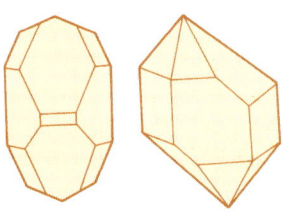

In der Praxis werden stereographische Projektionen auf einem kreisrunden Diagramm, dem Wulffschen Netz, eingetragen.

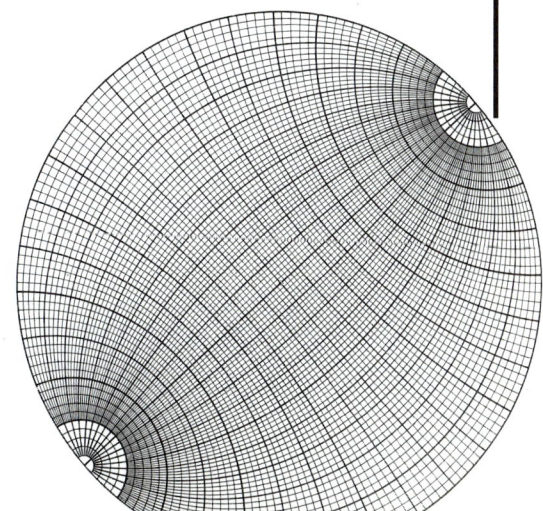

Bestimmung von Mineralien

Eine Mineralprobe, die man in der Hand halten und untersuchen kann, bezeichnet man passenderweise als Handstück. Ist ein solches Handstück nicht aufgrund seiner Kristallform identifizierbar, so gibt es verschiedene Techniken, mit deren Hilfe man es bestimmen kann.

Härte

Verschiedene Mineralien haben unterschiedliche Härten. Diese werden nach der Mohs'schen Härteskala gemessen. Die Skala besitzt folgende Stufen:

1	Talk
2	Gips
3	Kalkspat
4	Flußspat
5	Apatit
6	Feldspat
7	Quarz
8	Topas
9	Korund
10	Diamant

Dies ist eine eher willkürliche Skala, die lediglich auf der Tatsache beruht, daß ein Mineral ein anderes, weicheres ritzen kann und selbst von einem härteren Mineral geritzt wird. Für einen Amateur ist es nicht unbedingt erforderlich, eine Sammlung all dieser Mineralien zu besitzen. Auch die Härte einiger alltäglicher Dinge kann statt dessen herangezogen werden:

2,5	Fingernagel
4	Kupfermünze
5	Glas
5,5	Klinge eines Taschenmessers
6,5	Stahlfeile

Strich

Lassen Sie sich nicht von der Farbe eines Minerals irreführen. Sehr häufig wird die Farbe von Beimengungen oder durch Unreinheiten an der Oberfläche des Handstücks beeinflußt. Wenn das Mineral jedoch über eine unglasierte, weiße Porzellantafel gezogen wird, hinterläßt es einen Strich, aus dem sich meist zuverlässig seine Zusammensetzung ermitteln läßt. Besorgen Sie sich eine solche Tafel (auch die Kante einer zerbro-

Links: Der Bruch ist für das jeweilige Mineral charakteristisch. Muscheliger Bruch wie bei diesem Obsidian erzeugt ein Muster aus konzentrischen Linien.

Unten: Einige Mineralien kann man anhand ihres Glanzes bestimmen – diese Pyrit-Kristalle etwa an ihrem metallischen Glanz.

Links: Seidenglanz, z. B. bei diesem Gips-Handstück, ist typisch für Mineralien, die sich aus unzähligen winzigen, faserigen Kristallen zusammensetzen.

Oben: Fettglanz, wie er bei einigen Feldspaten auftritt, erzeugt manchmal den Eindruck von Plastik. Die Art, wie ein Mineral Licht reflektiert, ist für seine Bestimmung von großer Bedeutung.

chenen Untertasse tut ihren Dienst) und legen Sie sie zu Ihrer Mineralogie-Ausstattung. Hämatit etwa, ein Eisenerzmineral, hinterläßt einen kirschroten Strich, Pyrite dagegen ergeben einen grünlichen oder bräunlich-schwarzen Strich.

Dichte

Die Dichte ist das Gewicht eines Minerals im Vergleich zum Gewicht von Wasser mit demselben Volumen. Das Handstück wird normalerweise zuerst in der Luft gewogen. Danach wird es in Wasser getaucht, das dabei verdrängte Wasser wird aufgefangen und ebenfalls gewogen. Teilt man das Mineralgewicht durch das des Wassers, erhält man den Dichtewert. Das ist zwar eine ziemlich beschwerliche Prozedur, aber mit etwas Erfahrung können Sie die Dichte ungefähr abschätzen, wenn Sie das Mineral in der Hand wiegen. Alles mit einer Dichte von über 3, wie z. B. Flußspat, ist bemerkenswert – und ein Mineral wie Galenit mit einer Dichte von 7,6 ist schon sehr leicht zu erkennen.

Bruch

Mineralien mit ausgeprägten Spaltenflächen brechen entlang dieser Flächen, während andere willkürlich brechen oder eine bestimmte Art von Bruch aufweisen.

Muscheliger Bruch ist leicht zu erkennen, da er konzentrische, an Muscheln erinnernde Muster zeigt. Quarz hat einen muscheligen Bruch.

Splittriger Bruch zeigt eine ungleichmäßige Oberfläche. Gediegene Metalle haben meist einen splittrigen Bruch.

Poröser Bruch äußert sich in pulveriger Form. Meerschaum, ein Magnesiumsilikat, zeigt einen solchen porösen Bruch.

Glanz

Die Oberfläche eines Minerals reflektiert das Licht auf eine besondere Weise, die man als Glanz bezeichnet. Die unterschiedlichen Glanzarten werden mit dem Glanz alltäglicher Gegenstände verglichen.

Metallglanz erinnert natürlich an den Glanz von Metallen. Viele Erzmineralien haben Metallglanz.

Glasglanz erinnert an den Glanz von Glas. Die meisten Silikatmineralien haben Glasglanz.

Fettglanz ähnelt dem Glanz von Plastik.

Perlmutterglanz – der Begriff spricht für sich selbst.

Seidenglanz tritt bei Mineralien auf, die sich aus winzigen, faserigen Kristallen zusammensetzen. Solche Kristalle erzeugen einen seidenartigen Glanz.

Mineralbestimmung mit Hilfe von Licht

Wenn man Gesteine oder Mineralien in ganz dünne Scheiben schneidet, sind sie lichtdurchlässig. Diese sogenannten Dünnschliffe lassen sich mit einem speziellen Mikroskop untersuchen – eine Technik, die Berufsgeologen zur Mineral- und Gesteinsbestimmung am häufigsten anwenden.

Ein Polarisationsmikroskop ist im Grunde ein herkömmliches Lichtmikroskop mit Zusatzausrüstung. Unter dem Objekttisch befindet sich ein Polarisationsfilter, damit nur polarisiertes Licht den Dünnschliff durchdringt. Im Tubus des Mikroskops ist ein zweiter, beweglicher Polarisationsfilter, lotrecht zum ersten angebracht, der Analysator, der das in den Tubus einfallende polarisierte Licht absorbiert. Daher ist hier kein Licht sichtbar. Ein Mineraldünnschliff auf dem Objekttisch wirkt sich jedoch auf die Polarisation des durchfallenden Lichts aus und wird für den Betrachter sichtbar – allerdings in Falschfarben, den sogenannten Interferenzfarben. Diese Repolarisation des Lichts durch das Mineral hängt von dessen Kristallsymmetrie und dem Winkel ab, in dem die Kristalle betrachtet werden. Der Objekttisch eines Polarisationsmikroskops ist drehbar, damit auch der Effekt untersucht werden kann, der bei einer Drehung des Dünnschliffs auftritt.

Brechungsindex

Die Ermittlung des Brechungsindex erfolgt ohne Analysator. Das von einem Medium ins andere übergehende Licht wird an der Grenze zum dichteren Medium gebrochen. Das Prinzip ist dasselbe wie bei der Untersuchung von Stoßwellen, die sich bei einem Erdbeben im Erdinneren fortpflanzen (S. 16f.). Wie stark das Licht beim Eintritt in das Mineral gebrochen wird, hängt vom sogenannten Brechungsindex ab. In einem Dünnschliff, wo Mineralien mit unterschiedlichen Brechungsindizes aneinander grenzen, wird das durchfal-

Rechts: Dünnschliff von kristallinem Schiefer. Im polarisierten Licht treten die einzelnen Mineralien deutlich hervor. Bestimmte Glimmerarten erscheinen braun, während die großen, unregelmäßigen Granatkristalle rosa-gräulich wirken. Die undurchsichtigen, schwarzen Kristalle sind winzige Einsprenkelungen von Eisenerz.

Granat:
hoher Brechungsindex, sticht
deshalb hervor; pleochroitisch

Dunkler Glimmer:
pleochroitisch; braun

Eisenerz: undurchsichtig,
daher schwarz

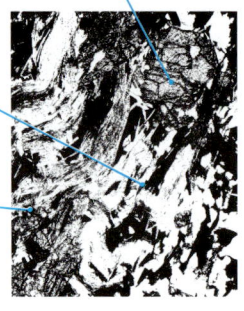

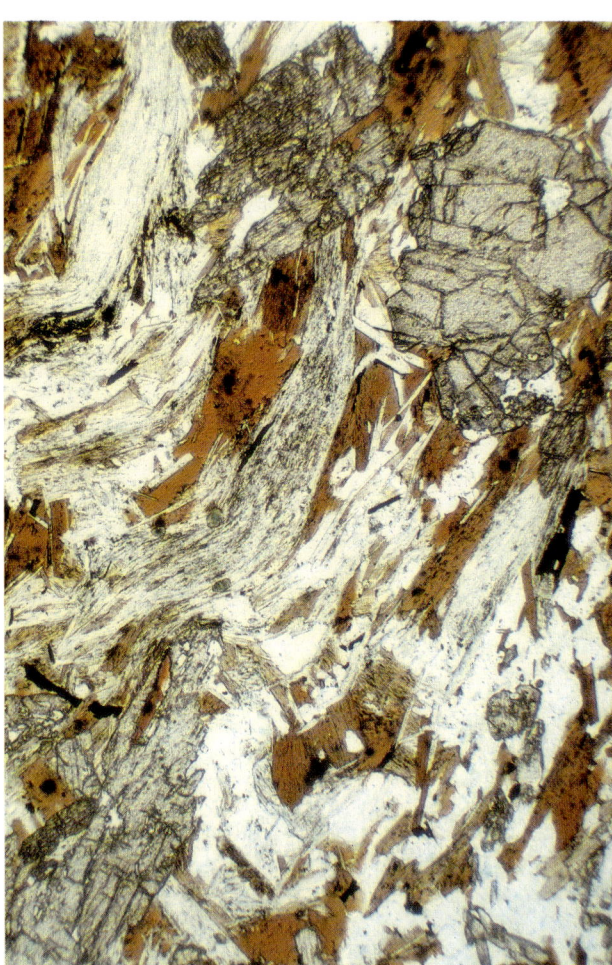

lende Licht zum Mineral mit dem höheren Brechungsindex gebrochen. Aus diesem Grund treten bei Mineralien mit höherem Brechungsindex hellere Innenränder auf, sogenannte Becke-Linien.

Pleochroismus (Mehrfarbigkeit)

Betrachtet man ein Mineral ohne Analysator, zeigt es eine bestimmte Farbe. Die Farbe kann sich durch Drehen des Objekttisches ändern. In diesem Fall bezeichnet man ein Mineral als pleochroitisch. Bei dunklem Glimmer beispielsweise ändert sich die Farbe durch Drehen von dunkelbraun nach gelb.

Isotropische Mineralien

Die Dünnschliffe einiger Mineralien beeinflussen die Polarität des durchfallenden Lichts nicht. Das durch sie hindurchfallende polarisierte Licht wird erst vom Analysator absorbiert – daher erscheinen sie als schwarze Schatten. Dieser Effekt tritt bei Mineralien

auf, die nach dem kubischen System kristallisieren. Man nennt sie isotropisch.

Anisotropische Mineralien

Die meisten Mineralien beeinflussen jedoch das durch sie fallende polarisierte Licht und erscheinen in ihren Interferenzfarben. Wird ein solches Mineral auf eine bestimmte Weise gedreht, nimmt der Einfluß auf die Polarität ab, und das Mineral wird dunkler. Dreht man den Objekttisch bis zum Auslöschungswinkel, wirkt das wie das Ausknipsen eines Lichtschalters. Einige Mineralien werden dunkel, wenn sie parallel zur Polarisation des Lichts angeordnet sind: Sie zeigen eine gerade Auslöschung. Andere verdunkeln, wenn der Kristall in einem bestimmten Winkel zur Polarisation liegt: Das bezeichnet man als schiefe Auslöschung. Die Untersuchung dieser Winkel ist für die Bestimmung einzelner Mineralien von Bedeutung, die Details würden jedoch den Rahmen dieses Buches sprengen.

Links: Wenn ein Polarisationsfilter das Licht beeinflußt, das den Dünnschliff bereits passiert hat, erscheinen die meisten Mineralien in Falschfarben, anhand derer sie auch bestimmt werden können. Granat wird völlig schwarz, und die verdrehten Glimmerkristalle lassen die auf das Gestein wirkende Dehnung erahnen. Eine Ansammlung von Quarzkristallen erscheint als Mosaik aus grauen Kristallen.

Glimmer (hell und dunkel): gedrehte Kristalle; auffällige Interferenzfarben

Granat: isotropisch gleich dunkel

Quarz: ohne innere Struktur; Interferenzfarben immer im grauen Bereich

Eisenerz: auch hier schwarz

Häufig vorkommende Mineralien

Hornblende

Silikat von Magnesium, Eisen und Kalzium, mit Wasser in der chemischen Formel; allgemeine Formel $(Mg,Fe)_{7-8}(Si_4O_{11})_2(OH)_2$

Kristallsystem: mit Magnesium rhombisch, mit Magnesium und Eisen monoklin

Härte: 5–6

Dichte: 3–3,5; mit dem Eisengehalt zunehmend

Glanz: Glasglanz

Varietäten: viele unterschiedliche Spielarten, u. a. Aktinolith, Tremolit und Asbest

Vorkommen: Erstarrungsgesteine und daraus hervorgegangene metamorphe Gesteine

Anhydrit

Sulfat von Kalzium – $CaSO_4$ (identisch mit Gips, aber ohne Wasser am $CaSO_4$-Molekül)

Kristallsystem: rhombisch

Härte: 3–3,5

Dichte: 2,93

Glanz: Perlmutter- bis Glasglanz

Bruch: uneben und splitterig

Vorkommen: genauso wie Gips (Gips kann sich durch Metamorphose in Anhydrit-Horizonten bilden.)

Apatit

Phosphat von Kalzium – $Ca_5F(PO_4)_3$ oder $Ca_5Cl(PO_4)_3$

Kristallsystem: hexagonal

Härte: 5

Dichte: 3,17–3,23

Glanz: Glasglanz

Strich: weiß

Vorkommen: kleine Mengen in den meisten Erstarrungsgesteinen; Sedimentgestein aus reinem Apatit wird als Dünger abgebaut. Fossile Knochen bestehen meist aus Apatit.

Kalkspat

Karbonat von Kalzium – $CaCO_3$

Kristallsystem: hexagonal

Härte: 3

Dichte: 2,71

Glanz: Glasglanz

Strich: weiß

Bruch: muschelig, aber schwer erkennbar, da es leicht spaltet.

Kupferkies

Sulfid von Kupfer und Eisen – $CuFeS_2$

Kristallsystem: tetragonal

Varietäten: isländischer Doppelspat, eine sehr klare Form mit perfekter Spaltbarkeit; zeigt eine doppelte Refraktion, so daß beim Hindurchblicken ein Doppelbild entsteht. Atlasspat, dessen Oberfläche wegen der sehr fein-faserigen Kristalle samtig wirkt, sowie verschiedene andere Kristallformen, die an Hundezähne oder Nagelköpfe erinnern

Vorkommen: Hauptbestandteil von Kalkstein; aufgrund seiner Löslichkeit wird er häufig weggeschwemmt und lagert sich an anderen Stellen an, z. B. an Stalaktiten und Stalagmiten, am Boden von Karen und am Rand von Mineralquellen.

Härte: 3,5–4

Dichte: 4,1–4,3

Glanz: Metallglanz

Strich: grünlich-schwarz

Bruch: muschelig

Vorkommen: meist in Gesteinsgängen; bedeutendstes Kupfererz

Korund

Oxid von Aluminium – Al_2O_3

Kristallsystem: hexagonal

Härte: 9

Dichte: 3,9–4,1

Glanz: Glasglanz

Bruch: muschelig oder ungleichmäßig

Varietäten: Schmirgel, wird als Schleifmittel verwendet. Rubin, Saphir und Topas sind durch Unreinheiten verfärbt und werden zu Edelsteinen verarbeitet.

Vorkommen: meist in Kontaktgesteinen (S. 36f.)

Dolomit

Karbonat von Kalzium und Magnesium – $CaMg(CO_3)_2$

Kristallsystem: hexagonal

Härte: 3,5–4

Dichte: 2,8–2,9

Glanz: Kristalle mit Glasglanz bis zu Perlmutterglanz; große Anhäufungen sind stumpf.

Bruch: muschelig oder ungleichmäßig

Varietäten: Perlspat, Braunspat oder Rhombenspat – je nach Kristallform und Farbe

Kalkspat

Vorkommen: als magnesiumreicher Kalkstein, wie Kalkspat, aber weniger löslich

Feldspat

Silikat von Aluminium und Kalium, Natrium oder Kalzium – $KAlSi_3O_8$ oder $NaAlSi_3O_8$ oder $CaAl_2Si_2O_8$
Kristallsystem: Kalium kristallisiert monoklin, der Rest triklin.
Härte: 6–6,5
Dichte: 2,56–2,67
Glanz: Perlmutter- oder Fettglanz.
Varietäten: Kalium bildet Orthoklas oder Mikroklin, Natrium bildet Albit,

Zwillingskristalle von Feldspat

und Kalzium bildet Anorthit.
Vorkommen: fast alle Feldspate finden sich in Erstarrungsgesteinen. Manchmal entstehen große, milchige Kristalle.

Flußspat

Fluorid von Kalzium – CaF_2
Kristallsystem: kubisch
Härte: 4
Dichte: 3–3,25
Glanz: Glasglanz
Strich: weiß

Flußspat

Bruch: muschelig bis ungleichmäßig
Varietäten: Blauer Flußspat ist eine violette, schmucke Spielart.
Vorkommen: meist in Gesteinsgängen, zusammen mit Quarz und einigen Erzmineralien; oft findet man gut ausgebildete, kubische Kristalle.

Galenit (Bleiglanz)

Sulfid von Blei – PbS
Kristallsystem: kubisch
Härte: 2,5
Dichte: 7,4–7,6
Glanz: Metallglanz, häufig jedoch stumpf
Strich: bleigrau
Bruch: flach
Vorkommen: meist in Gesteinsgängen, bildet

Galenit

die bedeutendsten Bleierze; häufig gut ausgebildete, kubische Kristalle mit abgestuften Unregelmäßigkeiten an den Seitenflächen

Granat

Granat

Silikat von Kalzium, Magnesium, Eisen oder Mangan – allgemeine Formel $X_3Y_2(SiO_4)_3$, wobei X = Ca, Mg, Fe oder Mn; Y = Fe, Al, Cr oder Ti sein kann
Kristallsystem: kubisch
Härte: 6,5–7,5
Dichte: 3,5–4,3
Glanz: Glasglanz
Strich: weiß

Varietäten: mehrere Spielarten, darunter Grossular, Pyrop, Almandin, Spessartin, Andradit und Uwarowit – abhängig vom jeweiligen X und Y. Die meisten werden als Schleifmittel oder als Schmuckstein verwendet.
Vorkommen: meist in metamorphen Gesteinen, wo sie häufig als dunkelrote Kristalle auftreten, die zum Teil Erbsengröße erreichen

Gips

Sulfat von Kalzium – $CaSO_4 \cdot 2H_2O$
Kristallsystem: monoklin
Härte: 1,5–2
Dichte: 2,3
Glanz: Perlmutter-, Glas- oder Seidenglanz
Varietäten: Selenit, gut ausgebildete Kristalle; Alabaster, kompakt und massiv; Atlasspat, faserig und seidig
Vorkommen: als chemisches Sedimentgestein oder in Tonlagerstätten (S. 34)

Gips

29

Hämatit

Hämatit

Oxid von Eisen – Fe_2O_3
Kristallsystem: hexago-
nal, tritt selten als gut
ausgebildeter Kristall auf.
Härte: 5,5–6,5
Dichte: 4,9–5,3
Glanz: Seidenglanz
Strich: kirschrot
Bruch: ungleichmäßig
Varietäten: Glanzeisen-
erz, schwarze Kristalle;
Nierenerz, faserige, strah-
lenförmige Struktur, ähn-
lich einer Niere; beides
wertvolle Eisenerze
Vorkommen: Einschlüsse
im Kalkstein

Halit (Steinsalz)

Chlorid von Natrium –
$NaCl$
Kristallsystem: kubisch
Härte: 2–2,5
Dichte: 2,2
Glanz: Glasglanz
Bruch: muschelig, sprö-
de; läßt sich in perfekte
Würfel spalten
Vorkommen: als chemi-
sches Sedimentgestein
dort, wo Salzwasser ver-
dunstet; manchmal ent-
stehen große, kubische
Kristalle mit abgestuft-
konkaven Seitenflächen –
sogenannte sargdeckel-
förmige Kristalle.

Halit

Limonit

Oxid von Eisen –
$2Fe_2O_3 \cdot 3H_2O$ oder
$Fe_2O_3 \cdot nH_2O$; wie Hämatit,
aber an Wassermoleküle
gebunden
Kristallsystem: keines;
bildet eher Klumpen als
Kristalle
Härte: 5–5,5
Dichte: 3–6,4
Glanz: Metallglanz oder
stumpf
Strich: gelblich braun
Varietäten: Eisenerz,
Bohnerz und Ocker, letz-
teres wird aufgrund seiner
bräunlich-gelben Farbe
als Farbstoff verwendet.
Vorkommen: Gemenge
anderer Eisenerze

Magnetit (Magneteisenstein)

Ein Oxid von Eisen –
Fe_2O_4
Kristallsystem: kubisch
Härte: 5,5–6,5
Dichte: 5,18
Glanz: Metallglanz
Strich: schwarz
Bruch: fast muschelig
Vorkommen: sehr kleine
Kristalle in den meisten
Erstarrungsgesteinen;
manchmal konzentriert in
Gesteinsgängen oder in
Sanden; in großen Men-
gen ein wertvolles Eisen-
erz; große Brocken
wirken als natürliche
Magnete.

Malachit

Karbonat von Kupfer –
$Cu_2(OH)_2CO_3$
Kristallsystem: monoklin
Härte: 3,5–4
Dichte: 3,9–4
Glanz: Seidenglanz oder
stumpf
Strich: blaßgrün

Vorkommen: in rund-
lichen grünen, fast trau-
benförmigen Massen, wo
andere Kupfermineralien
verwittert sind

Glimmer

Glimmer

Silikat von Kalium,
Aluminium, Eisen oder
Magnesium –
$KAl_2(AlSi_3)O_{10}(OH,F)_2$
oder $K(Mg,Fe)_3(AlSi_3)O_{10}$
$(OH,F)_2$
Kristallsystem: monoklin,
erscheint aber wie hexa-
gonal
Härte: 2–3
Dichte: 2,7–3,1
Glanz: Perlmutterglanz
Varietäten: viele Spiel-
arten (wie die Komplexi-
tät und Unbestimmtheit

Pyrit

Pyrit (Eisenkies)

FeS_2
Kristallsystem: kubisch
Härte: 5,6–6
Dichte: 4,8–5,1
Glanz: Metallglanz
Strich: grünlich oder bräunlich-schwarz
Bruch: muschelig
Vorkommen: kann gut ausgebildete kubische Kristalle mit geriffelten Seitenflächen bilden; oft in Gesteinsgängen, wo das messingartige Aussehen das Vorhandensein von Gold vorzutäuschen vermag; aufgrund seines häufigen Auftretens wurde Pyrit volkstümlich als ›Katzengold‹ bezeichnet.

Pyroxen

Silikat von Magnesium, Eisen und Kalzium – $(Mg,Fe,Ca)_2(Al,Si)_2O_6$; große Ähnlichkeit mit Hornblende, aber ohne den Wasserbestandteil in der chemischen Formel. Auch Eigenschaften und Vorkommen sind denen von Hornblende sehr ähnlich.
Varietäten: Enstatit, Augit und Diopsid

Quarz

Siliziumdioxid – SiO_2
Kristallsystem: hexagonal; gut entwickelte Kristalle sind meist sechsseitige Prismen mit pyramidenähnlichen Endungen.
Härte: 7
Dichte: 2,65
Glanz: Glasglanz
Bruch: muschelig
Varietäten: in Reinform ist Quarz durchscheinend und wird als Bergkristall bezeichnet. Durch Ein-

schluß winziger Luftbläschen wird er trübe, daher der Name Milchquarz. Ist er durch mineralische Verunreinigungen braun, heißt er Rauchquarz oder Rauchtopas, ist er violett, nennt man ihn Amethyst.
Vorkommen: weite Verbreitung in manchen Erstarrungsgesteinen, den sogenannten sauren Ge-

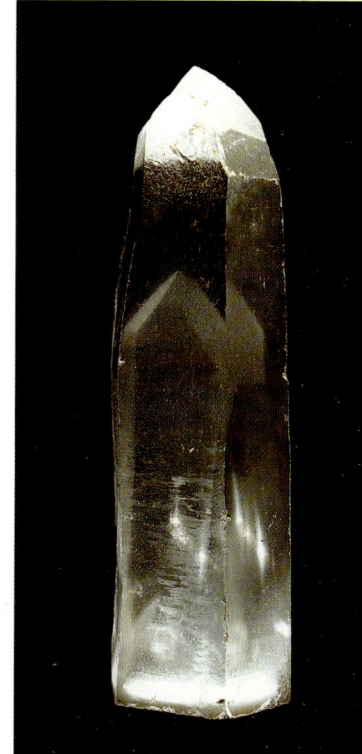

Oben: Geisterquarz – an diesem Quarzkristall lassen sich die einzelnen Wachstumsphasen nachvollziehen.

steinen (S. 32); häufiger Bestandteil von Sand und Sandstein; das häufigste Mineral von Gesteinsgängen und Gangfüllungen; ausgeprägte Kristalle kommen nur in Hohlräumen vor.

der chemischen Formel vermuten läßt); vorwiegend weißer Muskovit mit Kalium und schwarzer Biotit mit Eisen
Vorkommen: Vulkan- und metamorphe Gesteine; die Atome sind schichtartig angeordnet, daher läßt es sich sehr leicht spalten. Glimmerhaltiges Gestein glitzert oft im Sonnenlicht.

Olivin

Silikat von Magnesium oder Eisen oder einem Gemisch aus beiden – Mg_2SiO_4 oder Fe_2SiO_4,

meist ausgedrückt als $(Mg, Fe)_2SiO_4$.
Kristallsystem: rhombisch
Härte: 6–7
Dichte: 3,2–4,3
Glanz: Glasglanz
Strich: weiß
Bruch: muschelig
Varietäten: Magnesium-Spielart Forsterit; Eisenspielart Fayalit
Vorkommen: nur in basischen Erstarrungsgesteinen (S. 32f.); häufig als Kristalle, die sich entlang von Spalten in das Mineral Serpentin $(Mg_6Si_4O_{10}(OH)_8)$ verwandelt haben

Olivin

Gesteinskreislauf und Erstarrungsgesteine

Die Erdoberfläche unterliegt einem ständigen Prozeß von Aufbau und Zerstörung. Dies geschieht jedoch in einem für uns Menschen nicht wahrnehmbaren Zeitraum von Millionen, Zigmillionen, ja Hunderten von Millionen Jahren. Ununterbrochen wird die Oberfläche aus mineralischem Material aufgebaut, das zur gleichen Zeit aber auch wieder zerfällt. Dabei handelt es sich um das Material, das wir als Gestein bezeichnen.

Man kann entsprechend ihrer Entstehungsweise drei Hauptgesteinsarten unterscheiden.

Erstarrungsgesteine

Glutflüssige Materie aus dem Erdinneren, die an die Oberfläche quillt, kühlt ab und wird schließlich fest. Diese feste Masse bezeichnet man als Erstarrungsgestein. Es gibt zwei Arten von Erstarrungsgesteinen: Intrusivgestein und Extrusiv- oder Ergußgestein.

Intrusive Erstarrungsgesteine entstehen, wenn sich geschmolzenes Gesteinsmaterial zwischen den Gesteinen nach oben drückt, aber schon vor Erreichen der Oberfläche erstarrt. Kühlen solche Gesteine langsam ab, werden sie grobkörnig, und ihre Mineralien sind so groß, daß man sie mit bloßem Auge erkennen kann. Wenn sie aber schnell abkühlen, werden sie feinkörnig. Manchmal kühlt die Schmelzmasse anfangs langsam ab, und Kristalle eines Minerals entstehen, dann wird sie aber in einen Bereich geschoben, wo sie schnell kühlt. Dabei entsteht eine porphyrische Struktur mit großen Kristallen in einem feinkörnigen Grundgestein.

sauer	Gestein, das aus über 66% Kieselsäure besteht
intermediär	Kieselsäuregehalt zwischen 66 und 52%
basisch	Kieselsäuregehalt zwischen 52 und 45%
ultrabasisch	Gestein mit weniger als 45% Kieselsäure

Extrusivgesteine entstehen dagegen aus geschmolzenem Material, das sich über die Oberfläche ergossen hat, z. B. bei einem Vulkanausbruch. Sie sind immer feinkörniger als intrusive Gesteinsarten. Hierzu gehören alle Lavagesteine.

Erstarrungsgesteine lassen sich aber auch nach ihrer chemischen Zusammensetzung einteilen. Sie können etwa reich oder arm an Kieselsäure sein (wenngleich auch die kieselsäurearmen immer noch einen relativ ho-

Rechts: Extrusives Erstarrungsgestein entsteht, wenn geschmolzenes Material aus dem Untergrund an die Erdoberfläche tritt und erstarrt, wie hier beim Vulkan Stromboli im Mittelmeer.
Links: Intrusives Erstarrungsgestein erstarrt unter der Oberfläche und kommt erst zutage, wenn das darüberliegende Gestein abgetragen wurde. Das Foto zeigt eine Andesit-Säule, die durch die Erosion aus dem weicheren Umgebungsgestein ›herausgeschält‹ wurde (Wyoming, USA).

hen Kieselsäureanteil besitzen). Diese Einteilung bringt eine ziemlich irreführende Namengebung mit sich, die jedoch aus Gründen der Konvention weiterhin verwendet wird. Die Bezeichnungen entspringen der einstigen Annahme der Chemiker, daß Gesteine die Salze von Kieselsäure seien: Nach heutigem Verständnis ist das zwar völliger Unsinn, aber immerhin verdanken wir ihr eine nützliche und funktionierende Einteilung.

Durch Anwendung beider Klassifikationen und der Kombination von Korngröße mit chemischer Zusammensetzung lassen sich die verbreitetsten Erstarrungsgesteinsarten bestimmen. Saures Intrusivgestein weist große Kristalle auf, darunter viel Quarz. Aufgrund ihres Quarzgehalts tendieren saure Gesteine zu helleren Farben; basische und ultrabasische Gesteine dagegen sind dunkel. Allerdings gibt es keine ultrabasischen Extrusivgesteine – ultrabasische Gesteine an der Erdoberfläche sind ohnehin selten; im Mantel gehören sie jedoch vermutlich zu den Hauptbestandteilen.

	extrusiv	intrusiv
sauer	Rhyolith	Granit
intermediär	Andesit	Diorit
basisch	Basalt	Gabbro
ultrabasisch		Peridotit

Saure und intermediäre Gesteine entstehen in der Regel durch Erstarrung von geschmolzenem Krustenmaterial, während basische Gesteine eher aus geschmolzenem Material stammen, das aus dem Mantel emporgestiegen ist.

Dies ist jedoch nur eine vereinfachende Darstellung, die Wirklichkeit ist sehr viel komplizierter. Bevor das Schmelzprodukt zu Erstarrungsgestein wird, durchläuft es in einem Prozeß, den man als Fraktionierung bezeichnet, mehrere Phasen. Die ersten Mineralien, die bei der Abkühlung auskristallisieren, sind zumeist die mit relativ niedrigem Kieselsäuregehalt wie Olivin, Pyroxen und Hornblende. Diese können in die unteren Bereiche der Masse absinken, wobei sie eine relativ kieselsäurereiche Schmelzflüssigkeit zurücklassen, die an die Oberfläche tritt und dort saure Gesteine bildet. Aufgrund des abnehmenden Drucks entweichen Gase aus dem schmelzflüssigen, durch einen Vulkanschlot aufsteigenden Gestein, weshalb ein Vulkanausbruch häufig von gewaltigen Gas- und Dampffontänen begleitet wird. Die extrusiven Gesteinskörper, die dann entstehen, haben in ihrer chemischen Zusammensetzung nur noch wenig mit dem ursprünglichen Schmelzprodukt gemein.

Versuch

Lösen Sie Alaun oder Kupfersulfat in warmem Wasser auf und erzeugen Sie eine gesättigte Lösung wie bereits im Kristallisationsexperiment auf S. 22. Lassen Sie die Lösung so langsam wie möglich abkühlen. Dabei sollten sich große Kristalle bilden. Wiederholen Sie diesen Versuch, lassen Sie aber nun die Lösung schnell abkühlen. Die Kristalle sind jetzt so klein, daß man sie mit bloßem Auge nicht erkennen kann. Dieser Versuch demonstriert den Korngrößenunterschied zwischen intrusiven und extrusiven Erstarrungsgesteinen.

Gesteinskreislauf und Sedimentgesteine

Anstehendes Gestein ist unentwegt allen Unbilden des Wetters ausgesetzt: Der Regen dringt in die Poren ein, friert bei Frost und sprengt durch die Ausdehnung des Eises den Stein; im Regenwasser gelöste Säuren reagieren mit einigen Mineralien; durch die Sonnenhitze dehnt sich die Gesteinsoberfläche aus und zieht sich bei Abkühlung wieder zusammen; herabstürzende Gesteinsbrocken schlagen Splitter ab – früher oder später verwandelt sich so jedes Gestein in Schutt und Staub.

Aber es geht noch weiter: Schutt und Staub werden von Flüssen und vom Wind fortgetragen und schließlich woanders abgelagert. Dort verdichten sie sich und verwandeln sich wieder in festes Gestein. Auf diese Weise entsteht die zweite Art von Gestein: das Sedimentgestein.

Wie bei den Erstarrungsgesteinen gibt es auch bei den Sedimentgesteinen viele unterschiedliche Arten, von denen drei am wichtigsten sind:

Zunächst gibt es die *klastischen Sedimentgesteine* oder *Trümmergesteine*. Ihre Bildung verläuft wie oben beschrieben. Sie sind das Produkt einer Gesteinszersetzung, deren Einzelteile sich zu einem neuen Gestein zusammensetzen. Es gibt viele Arten klastischer Sedimentgesteine, die vor allem von der Größe ihrer Fragmente bestimmt werden.

Oben: Konglomerat ist ein grobkörniges, klastisches Sedimentgestein, das aus abgerundeten Gesteinstrümmern besteht, die bedeckt, zusammengepreßt und schließlich zu einem Ganzen verkittet wurden.

Unten: Kohle ist ein Beispiel für biogenes Sedimentgestein. Es besteht aus abgestorbenen Pflanzenbestandteilen.

Korndurchmesser
über 2 mm
Hierzu zählen Geröll, Grobkies und Kieselsteine. Als Sedimentgestein ergibt sich daraus Konglomerat bei abgerundetem oder Brekzie bei ungleichmäßigem Ausgangsmaterial.
0,63 bis 2 mm
Sande. Aus ihnen entwickeln sich die unterschiedlichen Sandsteine.
Unter 0,63 mm
In diese Größenkategorie fallen Schluff und Ton. Das daraus entstehende Gestein nennt man Tonschiefer bei ausgeprägter Schichtung, Tonstein bei feiner Körnung und Letten, wenn es keinerlei Struktur besitzt.

Die zweite Art ist *biogenes Sedimentgestein*, das sich aus den Resten lebender Organismen zusammensetzt. Am bekanntesten ist Kohle, die aus dem Kohlenstoff abgestorbener Pflanzenteile entstanden ist. Aber auch bestimmte Kalksteine bestehen fast gänzlich aus fossilen Muschelschalen oder sogar aus Korallen, die ein Riff bildeten.

Schließlich gibt es noch die *chemischen Sedimentgesteine*. Sie bestehen aus anorganischem chemischem Material, das sich am Grund von Seen oder Flüssen ab-

Oben: Sandstein ist ein mittelkörniges, klastisches Sedimentgestein, das aus Sand besteht. Dabei kann es sich um Strandsand, Flußsand oder, wie in diesem Fall, um Wüstensand handeln.

Unten: Oolithischer Kalkstein ist ein chemisches Sedimentgestein, das durch Anlagerung von gelöstem Kalkspat an Kristallisationskerne auf früheren Meeresböden entstanden ist.

Muschelschalen Kalkstein. Diesen Schritt, der oft zahlreiche Prozesse in sich vereinigt, nennt man Lithifikation. Zunächst wird die Schicht der Bruchstücke von weiteren Schichten überlagert, deren wachsendes Gewicht die Bruchstücke zusammenpreßt und die Luft entweichen läßt. Enthält das hindurchsickernde Grundwasser gelöste Mineralien wie etwa Kalkspat, setzen sich diese Substanzen als winzige Kristalle in den Freiräumen ab und bilden so ein natürliches Bindemittel zwischen den Gesteinsfragmenten. Das Grundwasser kann aber auch auf die Bruchstücke selbst einwirken und die darin enthaltenen Kristalle zum Wachsen anregen, bis sie eine einzige, fest verbundene Masse bilden. Dies geschieht mitunter bei Quarzkristallen im Sandstein.

Auf jeden Fall sind Sedimentgesteine im Gelände leicht zu erkennen, da sie in verschiedenen Schichten oder Lagen auftreten. Die Analyse der Zusammensetzung einzelner Schichten kann uns eine Menge über die Entwicklung der Erdoberfläche verraten (S. 58–69).

lagert und dann verfestigt. Gesteinssalze und Anhydrit treten auf, wenn Wasser verdunstet und sich die darin gelösten Salze absetzen. Bestimmte Kalksteine bestehen aus Kalkspat, das sich in flachem Wasser ablagert, wenn Strömungen kalkspatreiches Wasser in Gebiete mit unterschiedlicher Wasserzusammensetzung transportieren.

Es ist ein beträchtlicher Schritt, bis aus einer Schicht von Gesteinsbruchstücken Sedimentgestein wird – oder aus einer Sandbank Sandstein oder aus einem Haufen

Versuch

Nehmen Sie Sand und gebrannten Gips in gleichen Gewichtsanteilen. Füllen Sie diese etwa 2 cm hoch in einen durchsichtigen Plastikbehälter. Nun geben Sie eine Mischung aus Feinkies und Gips dazu. Wiederholen Sie dies mit verschiedenen Mischungen aus farbigem Sand und Kies sowie gebranntem Gips. Legen Sie in eine Schicht auch ein bis zwei Muschelschalen.

Füllen Sie den Behälter mit Wasser. Am nächsten Tag haben Sie selbst erzeugte Sedimentgesteine. Der Gips hat sich im Wasser umkristallisiert und die ganze Masse zementiert. Die Muschelschalen erscheinen dabei als ›Fossilien‹.

Gesteinskreislauf und metamorphe Gesteine

Zur dritten Hauptgesteinsart gehören die umgewandelten Gesteine. Die Mineralien im Ergußgestein oder die Bestandteile von Sedimentgesteinen sind zwar recht beständig, aber unter besonderen Umständen, z. B. unter extremen Druck- oder Temperaturverhältnissen, können sie sich verändern und umkristallisieren. Das dabei neu entstehende Gestein wird als metamorphes Gestein bezeichnet.

Es gibt zwei Arten metamorpher Gesteine. Zur ersten gehören regionalmetamorphe Gesteine, bei denen die Verwandlung mehr auf Druck als auf hohe Temperaturen zurückzuführen ist. Sie sind in der Tiefe unter Gebirgsketten anzutreffen. Aus ihnen bestehen vermutlich auch die unteren Bereiche der Erdkruste. Unterschiedlich starker Druck führt auch zu verschieden stark veränderten Gesteinen. Leichter Druck – ›leicht‹ natürlich nur als Ausdruck des Vergleichs – läßt ein Gestein entstehen, das nur wenig verändert ist und sich vom Ausgangsgestein lediglich darin unterscheidet, daß die Mineralien in einer anderen Richtung angeordnet sind. Dabei entstehen häufig flache Glimmerkristalle, deren Ausrichtung von der jeweiligen Druckrichtung abhängt. Das resultierende Gestein weist Schwächeflächen auf, die in eine Richtung verlaufen und entlang derer es sich leicht in flache Scheiben brechen läßt. Schiefer und Phyllit (S. 112f.) sind typische Beispiele einer schwachen Metamorphose. Bei sehr hohem Druck wird der mineralische Aufbau des Gesteins völlig verändert, und es findet eine starke Metamorphose statt. Die chemischen Bestandteile des Ausgangsgesteins kristallisieren zu völlig anderen Mineralien um und ordnen sich dabei in einzelnen Lagen an, die dann unter starkem Druck häufig gefaltet und gestaucht werden. Ein typisches Beispiel für eine starke Metamorphose mit solch ausgeprägter Bänderung ist etwa Gneis (S. 116f.).

Eine typische Gesteinsabfolge – von unverfestigten Ablagerungen über Sedimentgestein bis hin zu unterschiedlich stark umgewandelten metamorphen Gesteinen – zeigt die Tabelle auf dieser Seite.

Hornfels, das letztgenannte Gestein dieser Abfolge, gehört zur zweiten Art metamorpher Gesteine, den kontaktmetamorphen Gesteinen, die mitunter auch als thermometamorph bezeichnet werden. Bei Entstehung dieser Gesteine spielen hohe Temperaturen die wichtigste Rolle. Daher sind kontaktmetamorphe Gesteine auch seltener und in ihrem Verbreitungsgebiet eingeschränkter als ihre regionalmetamorphen Gegenstücke. Meist sind sie am Rand intrusiver Erstarrungsgesteine anzutreffen, wo die Hitze der abkühlenden Masse das angrenzende Gestein ›aufkochte‹. Dadurch entstand ein ›Kontakthof‹ um das Erstarrungsgestein herum, der jedoch nur einige Zentimeter breit ist. Anders als regionalmetamorphe weisen kontaktmetamorphe Gesteine keine innere Struktur auf und können leicht als Erstarrungsgestein mißdeutet werden.

Unterschiedliche Mineralien kristallisieren in einem Kontakthof auch bei unterschiedlichen Temperaturen; daher ist der mineralogische Aufbau des Gesteins nahe der Intrusion anders als in den weiter davon entfernten Bereichen. Auch die Wärmeenergie, die beim Abkühlen des Intrusionskörpers abgegeben wird, spielt eine große Rolle. Die chemische Zusammensetzung des Ausgangsgesteins bestimmt, welche neuen Mineralien gebildet werden. In einem nur aus Quarzpartikeln bestehenden Sandstein kristallisiert der Quarz zu einem kompakteren Mosaik um und bildet das kontaktmetamorphe Gestein Quarzit. In reinem Kalkstein kristallisiert der Kalkspat zu Marmor um.

Als Dislokations- oder Dynamometamorphose bezeichnet man eine Gesteinsumbildung, die durch Reibung zweier übereinandergleitender Gesteinsmassen hervorgerufen wird.

Es wird aber noch komplizierter: Metamorphes Gestein kann nämlich selbst auch wieder umgewandelt

Erdoberfläche
Schlick
5 km Tiefe
Tonschiefer (sedimentär)
10 km Tiefe
Schiefer (schwach metamorph); Entwicklung unterschiedlicher Arten von Glimmer
15 km Tiefe
Kristalliner Schiefer; Granat kommt hinzu
20 km Tiefe
Gneis (hochgradig metamorph); Bildung von Staurolith
25 km Tiefe
Hornfels; Auftreten seltener Mineralien wie Kordierit

Hier sehen Sie zwei Beispiele regionalmetamorpher Gesteine:
Rechts: Kristalliner Schiefer mit leicht zu erkennenden neuen Mineralien wie dem roten Staurolith und dem fahlblauen Cyanit, die durch intensive metamorphe Tätigkeit entstanden.
Unten: Am Gneis kann man erkennen, wie der enorme Druck, unter dem das Gestein entstand, neue Mineralien schuf und diesen eine längliche Textur verlieh.

werden. Bei diesem Vorgang spricht man dann von Polymetamorphose.

All diese komplexen Prozesse beruhen aber – das muß betont werden – auf ein und demselben Prinzip. Die Metamorphose findet in festem Gestein statt, und die Mineralien kristallisieren um, ohne dabei zu schmelzen. Falls sie sich doch verflüssigen, entsteht daraus kein metamorphes, sondern Erstarrungsgestein.

Versuch

Nehmen Sie eine Handvoll Schnee und formen Sie daraus einen Schneeball. Drücken Sie ihn so fest, daß er nicht mehr auseinanderfällt. In der Mitte des Schneeballs haben die lockeren Schneekristalle aufgrund des hohen Drucks eine kompaktere Form angenommen – so ähnlich geht das auch bei der Metamorphose von Gesteinen vor sich.

Bewegungen der Erdoberfläche

Die Erde ist nicht reglos. Ihre Oberfläche unterliegt einem ständigen Wandel. Auf sie wirken unaufhörlich Kräfte, die langsam neue Gebirge entstehen lassen und sie genauso langsam wieder abtragen.

Plattentektonik

Wenn Sie eine Suppe kochen, bildet sich Schaum, der sich infolge der in der Flüssigkeit herrschenden Konvektionsströme an der Oberfläche bewegt. Etwas Ähnliches wie bei dem Suppenschaum geschieht auch an der Erdoberfläche.

Die Erdkruste wird unablässig zerstört und wieder erneuert. Das gilt nicht nur für das Gestein der Kontinente, sondern für die gesamte äußere Schale. Stellen Sie sich die Erdoberfläche aus mehreren Platten zusammengesetzt vor, wobei entlang eines Plattenrandes glutflüssiges Gesteinsmaterial emporquillt, fest wird und sich so in neues Plattenmaterial verwandelt. Stellen Sie sich weiter vor, wie sich das neue Plattenmaterial immer weiter vom Plattenrand fortbewegt, bis es schließlich auf der anderen Seite abgleitet und wieder zerstört wird. Genau das geschieht mit der Erdoberfläche.

Diese Vorgänge, die am Grund der Meere stattfinden, wurden erst in den 60er Jahren entdeckt. Quer durch die Ozeane erstreckt sich ein System von Rükken – d. h. Stellen, an denen neues Oberflächenmaterial entsteht. In anderen Bereichen, und da besonders am Rande des Pazifiks, befinden sich tiefe Gräben. An

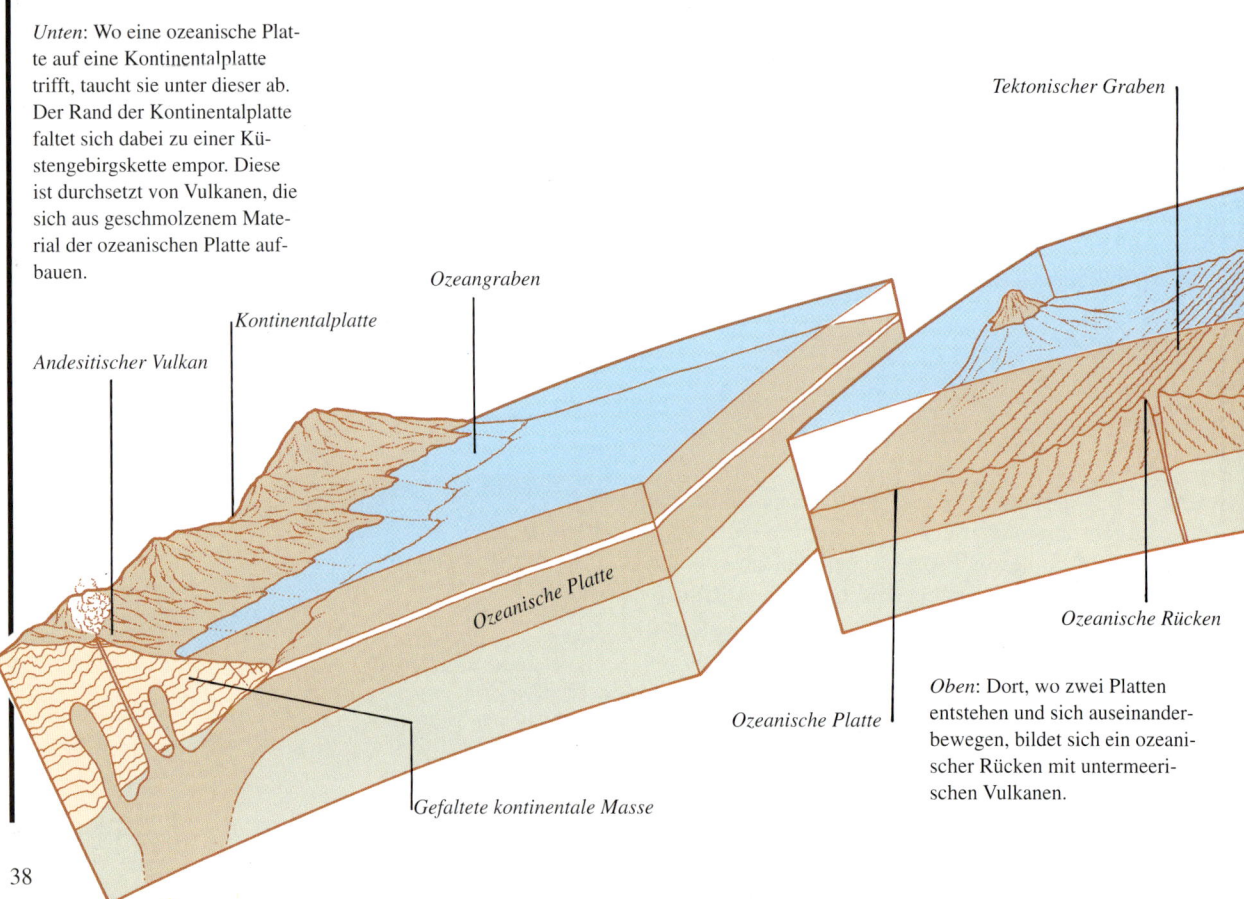

Unten: Wo eine ozeanische Platte auf eine Kontinentalplatte trifft, taucht sie unter dieser ab. Der Rand der Kontinentalplatte faltet sich dabei zu einer Küstengebirgskette empor. Diese ist durchsetzt von Vulkanen, die sich aus geschmolzenem Material der ozeanischen Platte aufbauen.

Tektonischer Graben

Ozeangraben

Kontinentalplatte

Andesitischer Vulkan

Ozeanische Platte

Ozeanische Rücken

Ozeanische Platte

Oben: Dort, wo zwei Platten entstehen und sich auseinanderbewegen, bildet sich ein ozeanischer Rücken mit untermeerischen Vulkanen.

Gefaltete kontinentale Masse

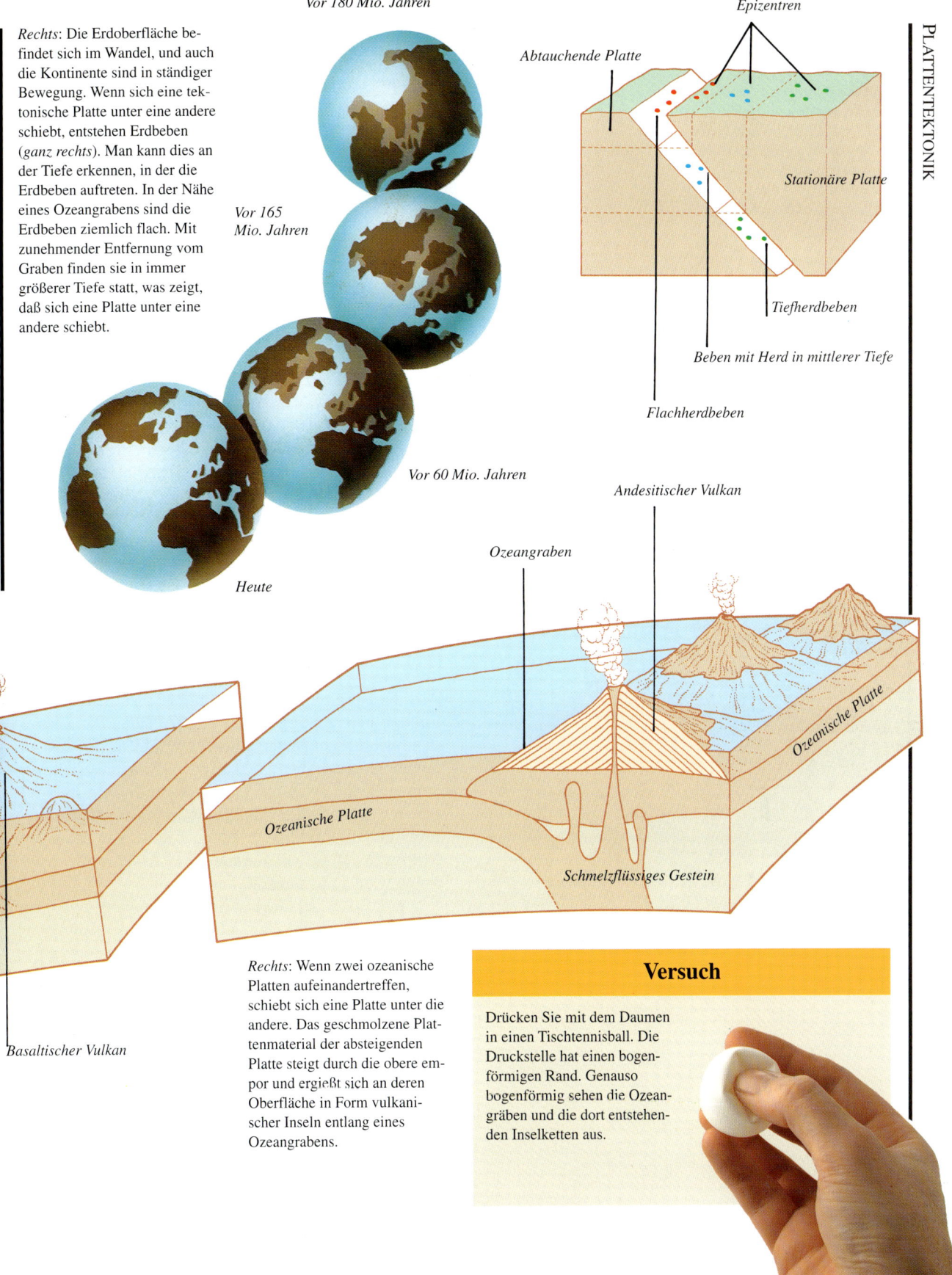

Rechts: Die Erdoberfläche befindet sich im Wandel, und auch die Kontinente sind in ständiger Bewegung. Wenn sich eine tektonische Platte unter eine andere schiebt, entstehen Erdbeben (*ganz rechts*). Man kann dies an der Tiefe erkennen, in der die Erdbeben auftreten. In der Nähe eines Ozeangrabens sind die Erdbeben ziemlich flach. Mit zunehmender Entfernung vom Graben finden sie in immer größerer Tiefe statt, was zeigt, daß sich eine Platte unter eine andere schiebt.

Vor 180 Mio. Jahren

Vor 165 Mio. Jahren

Vor 60 Mio. Jahren

Heute

Epizentren

Abtauchende Platte

Stationäre Platte

Tiefherdbeben

Beben mit Herd in mittlerer Tiefe

Flachherdbeben

Andesitischer Vulkan

Ozeangraben

Ozeanische Platte

Ozeanische Platte

Schmelzflüssiges Gestein

Basaltischer Vulkan

Rechts: Wenn zwei ozeanische Platten aufeinandertreffen, schiebt sich eine Platte unter die andere. Das geschmolzene Plattenmaterial der absteigenden Platte steigt durch die obere empor und ergießt sich an deren Oberfläche in Form vulkanischer Inseln entlang eines Ozeangrabens.

Versuch

Drücken Sie mit dem Daumen in einen Tischtennisball. Die Druckstelle hat einen bogenförmigen Rand. Genauso bogenförmig sehen die Ozeangräben und die dort entstehenden Inselketten aus.

Unten: Ein ozeanischer Rücken verläuft selten geradlinig, aber auch nicht in weiten, gleichmäßigen Bögen. Statt dessen bildet er ein stufenförmiges Zickzack-Muster, bei dem kleine Abschnitte gegeneinander versetzt und durch ›Seitenverschiebungen‹ miteinander verbunden sind. Dieses Muster entsteht durch Kräfte, die bei der beiderseits des Rückens erfolgenden Ausdehnung der Platten auftreten.

Geradliniger ozeanischer Rücken

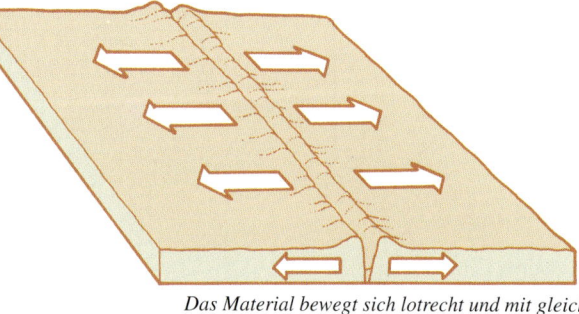

Das Material bewegt sich lotrecht und mit gleichbleibender Geschwindigkeit vom Rücken fort.

Gebogener ozeanischer Rücken

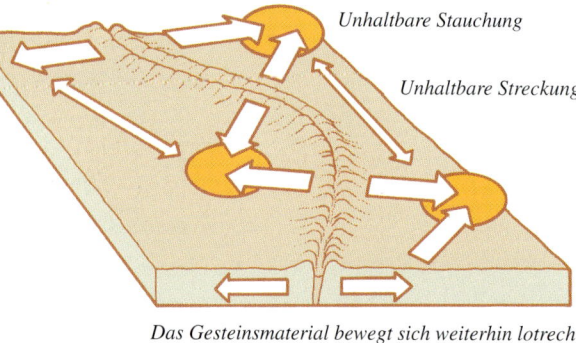

Unhaltbare Stauchung

Unhaltbare Streckung

Das Gesteinsmaterial bewegt sich weiterhin lotrecht und mit gleichbleibender Geschwindigkeit fort.

Die Spannungen lösen sich von selbst.

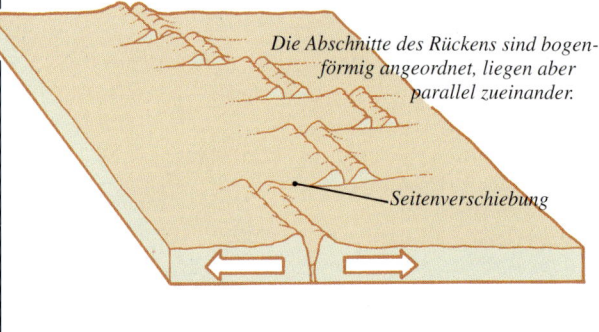

Die Abschnitte des Rückens sind bogenförmig angeordnet, liegen aber parallel zueinander.

Seitenverschiebung

diesen Stellen wird das Oberflächenmaterial nach unten gezogen und wieder zerstört. Die Kontinente sind in diese beweglichen Platten eingebettet und ändern aufgrund von deren Drift stetig ihre Lage.

Das Material dieser Platten besteht aus der Kruste und der oberen festen Schicht des Mantels, die man zusammen als Lithosphäre bezeichnet. Sie gleiten über einen breiartigen Bereich des Mantels (S. 14f.), der Asthenosphäre genannt wird.

Überall dort, wo neues Material entsteht und altes zerstört wird, sind Vulkane und Erdbeben nicht fern. Das neu geschaffene Plattenmaterial bildet den Meeresboden; daher ist der Meeresboden nirgendwo auf der Erde mehr als 200 Millionen Jahre alt. Die jüngsten Bereiche sind direkt an den ozeanischen Rücken anzutreffen. Wo eine ozeanische Platte unter einer anderen zerstört wird, steigt geschmolzenes Plattenmaterial empor und bildet Ketten vulkanischer Inseln wie beispielsweise in den Randbereichen des Pazifiks. Solche Inseln treten aufgrund der Erdkrümmung meist bogenförmig auf.

Die Kontinentalkruste, SIAL, schwimmt auf der ozeanischen Kruste oder SIMA, da sie eine geringere Dichte aufweist. Sie ist zu leicht, um in den Mantel hinabgedrückt zu werden, ähnlich wie ein Stück Brot in einem Spülbecken auch nicht in den Strudel des Ausgusses gezogen wird. Daher sinkt ein Kontinent, der sich auf einen ozeanischen Graben zubewegt, nicht ab, sondern faltet sich bei anhaltender Bewegung auf. Aus diesem Grund entstehen an manchen Kontinentalrändern hohe Gebirgsketten und Vulkane. Wenn zwei Kontinente aneinanderstoßen, vereinigen sie sich zu einem Superkontinent, und an der Verbindungsstelle erhebt sich eine gewaltige Gebirgskette. Ein Beispiel für ein sich so bildendes Gebirge ist der noch junge Himalaya. Das Uralgebirge entstand bereits vor etwa 300 Millionen Jahren auf dieselbe Weise und wird inzwischen wieder abgetragen.

Die Theorie der unentwegten Entstehung und Zerstörung von ozeanischer Kruste sowie der Kontinentaldrift klingt plausibel, aber läßt sie sich beweisen?

Schon seit Jahrhunderten gibt es Anhaltspunkte für diese Annahmen. Der englische Naturphilosoph Francis Bacon wies bereits 1620 auf die Entsprechung der Westküste Afrikas und der Ostküste Südamerikas hin. Aufgrund vieler Beobachtungen stellte 1912 der deutsche Meteorologe Alfred Wegener seine Kontinentalverschiebungstheorie auf. Er nahm an, daß alle Kontinente einst einen einzigen Superkontinent bildeten, der sich aufteilte und dessen Bruchteile im Lauf der Zeit ihre heutige Position einnahmen. Allerdings gelang es ihm noch nicht, den Mechanismus genau zu erklären.

Ausgleichsrücken und Seitenverschiebungen

Das an einem ozeanischen Rücken neu entstandene Gesteinsmaterial breitet sich beiderseits des Rückens im rechten Winkel zu diesem aus. Wenn der Rücken bogenförmig ist, zerbricht er in mehrere Stufen, und das neue Material, das an allen Stufen entsteht, kann sich so in dieselbe Richtung fortbewegen. Sie können die Bewegung mit diesem Papiermodell nachvollziehen. Vergrößern Sie beide Skizzen auf das Doppelte. Schneiden Sie im oberen Teil an den vorgegebenen Stellen Schlitze ein, die die versetzten Ergußzonen darstellen. Dann schneiden und falten Sie den unteren Teil wie angegeben. Er stellt das neue Krustenmaterial dar. Stecken Sie die Falten durch die Schlitze. Jetzt können Sie die Seiten auseinanderziehen: Das Papier tritt nun genauso aus den Schlitzen hervor wie das Gesteinsmaterial an den Ergußzonen. Die Art, wie die einzelnen Stauchungen gegeneinander versetzt sind, bezeichnet man als Seitenverschiebung.

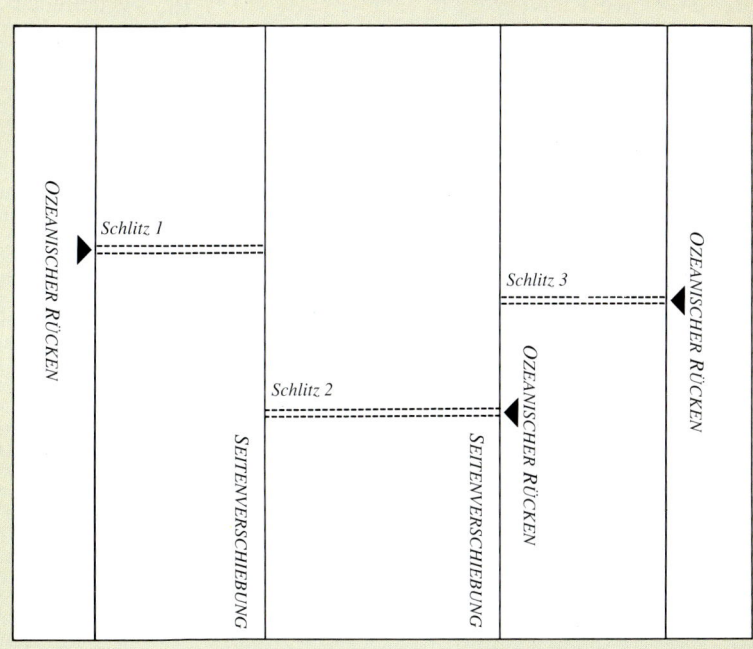

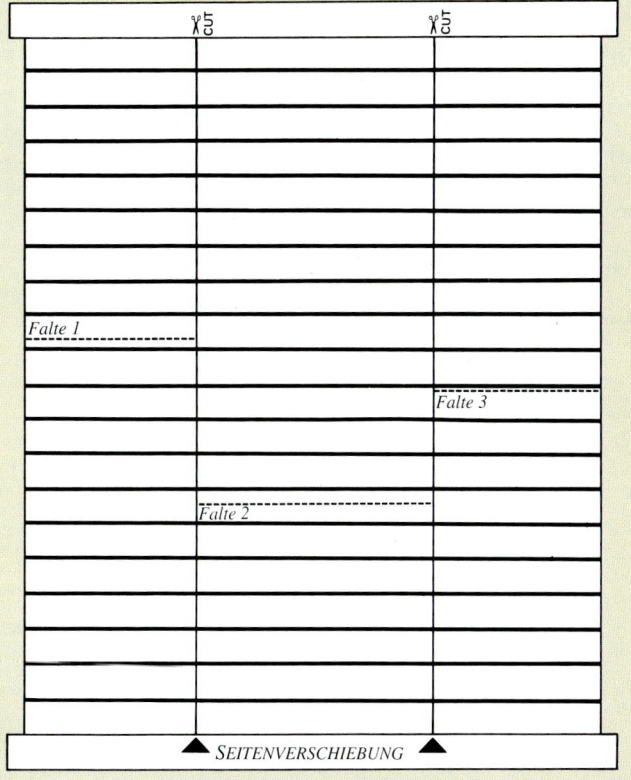

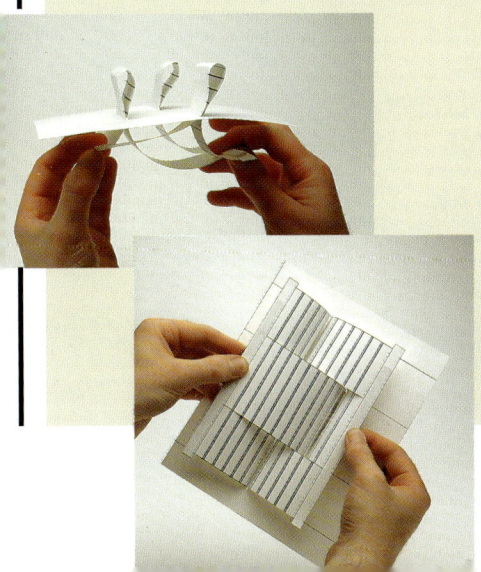

Doch schon Mitte des 20. Jahrhunderts gab es Beweise im Überfluß, denn die Forscher stellten die Übereinstimmung geologischer Strukturen zwischen weit voneinander entfernten Kontinenten fest und fanden auf den getrennten Landmassen identische Fossilien.

In den 60er Jahren untersuchten die britischen Geologen Fred Vine und Drummond Matthews den Meeresgrund. Dabei fanden sie heraus, daß die Gesteine an jeder Seite der Ozeanrücken mit zunehmender Entfernung immer älter werden, und sie stellten gleichzeitig fest, daß der Ozeanboden in Streifen eingeteilt ist, die jeweils in einer anderen Richtung magnetisiert sind. Das geht darauf zurück, daß sich im Lauf der Erdgeschichte das Magnetfeld wiederholt umgekehrt hat, was dazu führte, daß sich die magnetischen Partikel im

Gestein aus einer bestimmten Zeit nach der jeweils herrschenden Ausrichtung des Magnetfeldes ausrichteten. Da das Muster der Magnetisierung auf einer Seite des ozeanischen Rückens dem auf der anderen Seite exakt spiegelbildlich entspricht, folgerten Vine und Matthews, daß es eine kontinuierliche Fortbewegung des Ozeanbodens weg von den Rücken geben muß – ein Vorgang, den sie als ›Seafloor Spreading‹ (Spreizbewegung des Meeresbodens) bezeichneten.

Von da aus war es nur noch ein kleiner Schritt, die alte These der Kontinentalverschiebung mit der neuen des Seafloor Spreading zu kombinieren und beide in der Theorie der Plattentektonik zusammenzufassen.

Dieser Sachverhalt hat sich seither immer wieder bestätigt. Erdbeben an der Westküste Südamerikas und in

Versuch

Immer wieder gibt es Berichte über Erdbeben. Lokalisieren Sie diese, indem Sie nach uralter Methode kleine Zettel oder Markierungen auf eine Weltkarte stecken. Wenn Sie eine Karte haben, auf der auch die Plattengrenzen eingezeichnet sind, sehen Sie schon sehr bald, daß die Verteilung der Erdbeben mit dem Verlauf der Plattenränder zusammenhängt.

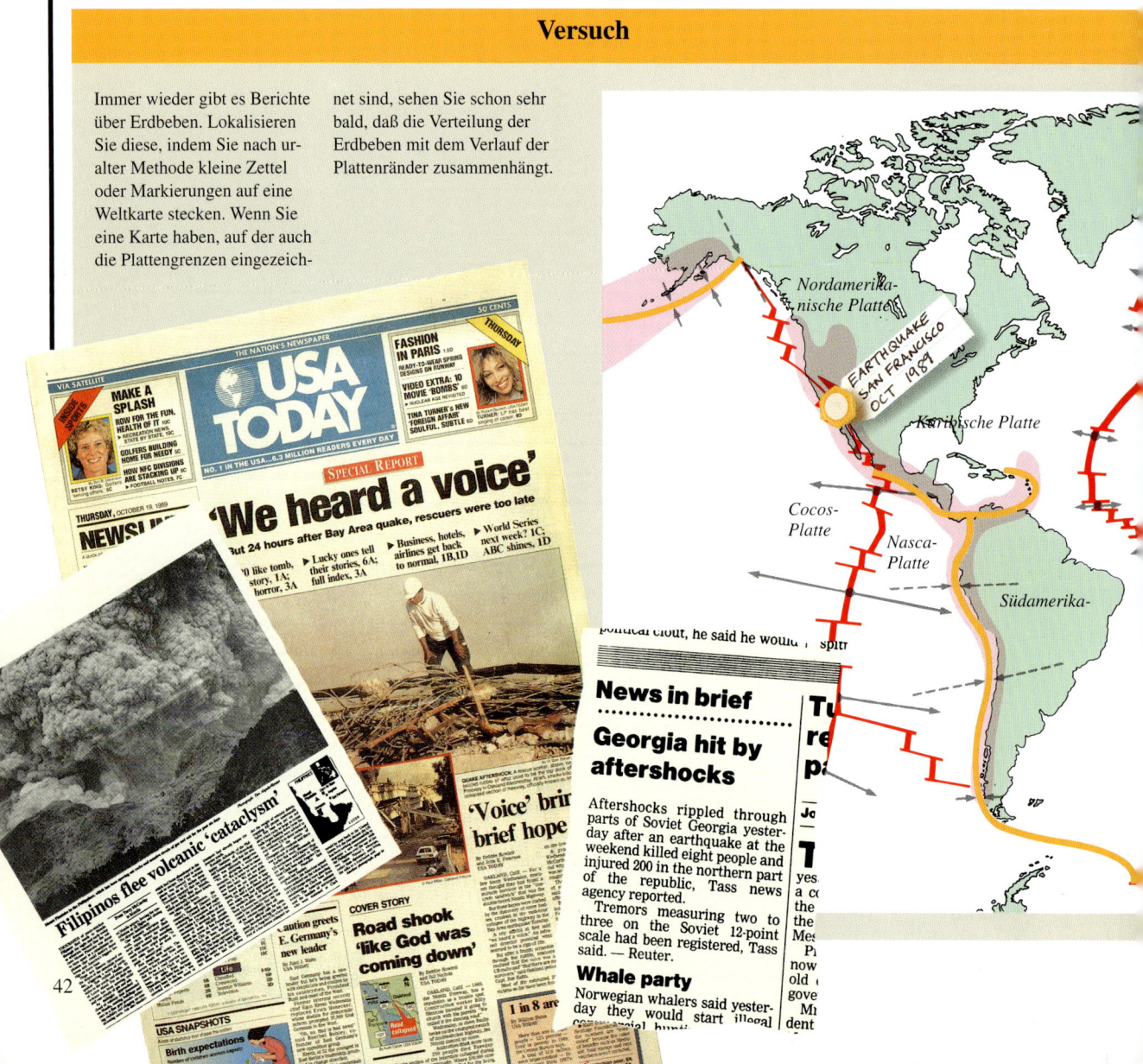

Japan treten im Bereich der jeweiligen Ozeangräben ziemlich flach auf, während sie weiter im Landesinneren zunehmend tiefer werden. Die größten Tiefen betragen etwa 700 km. Diese Beben weisen darauf hin, wo die absteigende Lithosphärenplatte zerstört wird. Den Bereich, in dem dies geschieht, bezeichnet man als Subduktions- oder auch Benioff-Zone. Auf untermeerischen Aufnahmen ist zu erkennen, daß das Gestein nahe den Ozeangräben rein und jung ist, sich in einiger Entfernung aber bereits Sediment angesammelt hat und schon in 10 km Entfernung vom Rücken völlig von Sediment überzogen ist, das in den letzten Jahrtausenden dort abgesunken ist.

Die weltweite Verteilung von Erdbebenherden und Vulkanausbrüchen hängt eng mit dem Auftreten konstruktiver und destruktiver Plattengrenzen zusammen. Solche Ereignisse zeugen von den unermeßlichen Kräften, die auf die Erdoberfläche wirken, wenn neues Material entsteht und altes zerstört wird.

Nur mittels äußerst exakter Messungen kann man die Geschwindigkeit tektonischer Bewegungen nachweisen. Am schnellsten wandert die Australische Platte, die den australischen Kontinent jährlich um 17 cm nach Nordwesten bewegt. Eher durchschnittlich sind die Bewegungen am Atlantischen Ozean mit 1–2 cm auf jeder Seite pro Jahr. Immerhin ist die Bewegung so spürbar, daß der Atlantik heute rund 10 m breiter ist als zu Columbus' Zeiten!

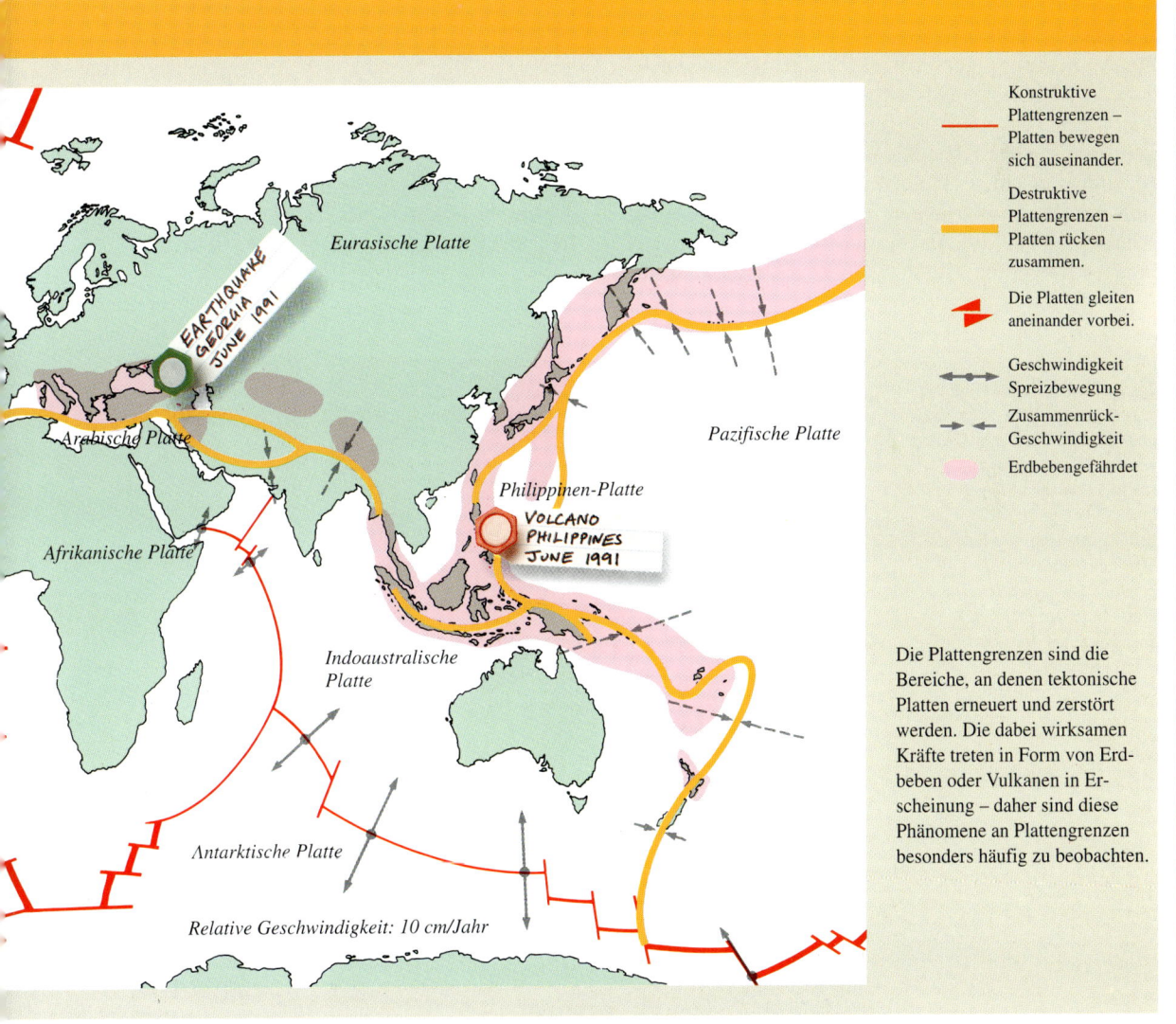

Konstruktive Plattengrenzen – Platten bewegen sich auseinander.

Destruktive Plattengrenzen – Platten rücken zusammen.

Die Platten gleiten aneinander vorbei.

Geschwindigkeit Spreizbewegung

Zusammenrück-Geschwindigkeit

Erdbebengefährdet

Die Plattengrenzen sind die Bereiche, an denen tektonische Platten erneuert und zerstört werden. Die dabei wirksamen Kräfte treten in Form von Erdbeben oder Vulkanen in Erscheinung – daher sind diese Phänomene an Plattengrenzen besonders häufig zu beobachten.

Eurasische Platte

Arabische Platte

Afrikanische Platte

Pazifische Platte

Philippinen-Platte

Indoaustralische Platte

Antarktische Platte

EARTHQUAKE GEORGIA JUNE 1991

VOLCANO PHILIPPINES JUNE 1991

Relative Geschwindigkeit: 10 cm/Jahr

Ausrüstung

Der im Gelände arbeitende Geologe sollte körperlich fit sein, mit widrigen Umweltbedingungen zurechtkommen und keine Scheu vor Camping haben. Außerdem ist Erfahrung im Bergsteigen und Felsklettern ebenso von Vorteil wie die Fähigkeit, einen Geländewagen mit Vierradantrieb zu fahren – oder sogar ein Pferd zu reiten.

Das klingt so, als müßte ein Geologe über das Training eines Pioniersoldaten oder zumindest eines Pfadfinders verfügen, was zwar sinnvoll für Geländearbeiten in einem Vulkankrater auf Island oder in Bereichen des Ostafrikanischen Grabens in Tansania wäre, für leichter zugängliche Gebiete, in denen ebenfalls sehr wertvolle Arbeit geleistet werden kann, ist ein Minimum an Vorbereitung jedoch völlig ausreichend.

Kleidung und Verpflegung

Zur Vorbereitung gehört zunächst die passende Kleidung. Sie benötigen wasserfeste Parkas und Hosen sowie warme Unterwäsche für kalte, nasse Gegenden, und leichte, helle Kleidung sowie Sonnenhüte für heiße, sonnige Gebiete. Benutzen Sie alte Kleidung, denn sie wird oft ziemlich schmutzig werden. Feste Wanderschuhe sind ein Muß, da Sie sicher auf unebenem, steinigem Untergrund laufen werden. Außerdem sollten Sie stets feste Handschuhe dabeihaben – Ihre Hände werden es Ihnen nach einem Tag Steinbearbeitung danken.

Wichtig ist auch die Verpflegung. Falls Sie in der Nähe einer Gaststätte arbeiten, ist das kein Problem. Da dies aber normalerweise nicht der Fall ist, sollten Sie ausreichend Lebensmittel einpacken.

Grundausstattung

Halten Sie Ihre Ausrüstung so gering wie möglich, vor allem, wenn Sie Gesteinsproben sammeln möchten – ein Rucksack voller Steine wird schwer!

Auf jeden Fall brauchen Sie einen Geologenhammer, den Sie gezielt einsetzen sollten. Durch wahlloses Einschlagen auf eine Felswand entlarvt sich der Amateur. Doch Sie müssen Gesteine öffnen können, um ihre wahren Eigenschaften zu erkennen: Jeder herumliegende Stein verwittert an der Oberfläche und ist mit Moosen und Flechten überzogen. Nur eine frisch aufgestoßene Fläche gibt über die eigentliche Natur des Steins Aufschluß. Vermeiden Sie jedoch, natürliche Kleinräume ohne wirklichen Grund zu zerstören: Vernichten Sie nach Möglichkeit keine Pflanzen (selbst Flechten sind von ökologischer Bedeutung).

Nehmen Sie stets ein Taschenmesser mit, um Schieferschichten und Glimmerkristalle zu trennen.

Im Gelände sollte der Geologe immer die für die jeweiligen Bedingungen passende Kleidung tragen. Für nasses, kaltes Wetter wie am Mount St. Helens (*rechts*) brauchen Sie wasserfeste Kleidung. In heißer Umgebung dagegen, wie hier auf den Philippinen (*rechts außen*) benötigen Sie leichtere Kleidung. In jedem Fall sind Sie aber auf gutes, festes Schuhwerk angewiesen.

1 Das viereckige Ende eines Geologenhammers dient zum Aufschlagen massiver Gesteine und zur Arbeit mit dem Meißel; mit dem anderen Ende werden sedimentäre Lagen gespalten. Am vielseitigsten verwendbar sind etwa 1 kg schwere Hämmer.

2 Hülle zum besseren Tragen des Hammers

3 Schrotmeißel eignen sich für feinere Spaltarbeiten.

4 Nadeln benötigt man zum Herausarbeiten einzelner Kristalle oder winziger Fossilien.

Zu Ihrer Sicherheit

Wenn Sie Steine aufschlagen, sollten Sie auf jeden Fall eine Schutzbrille tragen, um sich vor Splittern zu schützen. Tragen Sie einen Schutzhelm, wenn Sie unter einer Felswand arbeiten.

Nehmen Sie stets eine Trillerpfeife mit, um sich bei Gefahr lautstark bemerkbar machen zu können. Denken Sie außerdem an ein Erste-Hilfe-Paket!

Versuchen Sie erst gar nicht, einen Zimmermannshammer zu benutzen. Der Stahl ist zu weich, um das Gestein gezielt bearbeiten zu können. Setzen Sie den Kopf des Geologenhammers nie als Meißel ein, indem Sie mit einem zweiten darauf klopfen. Die Hämmer sind nicht dafür gemacht. Umherfliegende Stahlteile, die sich bei derartigem Mißbrauch lösen, können gefährliche Unfälle verursachen.

Umgang mit der Ausrüstung

Eine Reihe von kleineren Ausrüstungsgegenständen erfüllen besondere Zwecke.

Messen der Fallrichtung

Bei geologischen Forschungen spielt die sogenannte Fallrichtung eine wichtige Rolle. Damit bezeichnet man den Winkel, den eine Gesteinsschicht mit der Horizontalen bildet. Die Fallrichtung einer Oberfläche läßt sich leicht ermitteln, indem man den Wasserabfluß verfolgt. Den Winkel ermittelt man mit Hilfe eines Neigungsmessers. Das Instrument besteht meist aus einer geraden Kante, die am fallenden Gestein angelegt wird, und einem Pendelgewicht, das stets senkrecht hängt und so den Winkel zur Horizontalebene anzeigt. Viele der handelsüblichen Neigungsmesser oder Klinometer sind mit einem Kompaß kombiniert.

Messen der Streichrichtung

Ein Kompaß ist für Geologen ein nützliches Hilfsmittel. Man benötigt ihn vor allem, um die Karten einzunorden, kann damit aber auch die sogenannte Streichrichtung von Gesteinen feststellen. Die Streichrichtung steht senkrecht zur Fallrichtung. Man bezeichnet damit die Himmelsrichtung der Schnittlinie einer Gesteinsschicht mit der Horizontalebene. Besonders für die geologische Kartierung (S. 122–133) ist die Streichrichtung von Bedeutung.

Beobachten und Messen

Zu jeder Ausrüstung gehört auch unbedingt eine Lupe mit acht- bis zehnfacher Vergrößerung. Sehr praktisch sind Lupen, die sich in den Griff einklappen lassen und so gut gegen Kratzer geschützt sind. Haben Sie ein Mineralkristall oder ein winziges Fossil entdeckt, können Sie die Lupe schnell und einfach ausklappen. Halten Sie die Lupe vors Auge und bewegen Sie dann die Gesteinsprobe vor und zurück.

Auch das Messen mit Hilfe von Maßbändern ist unausweichlich. Ein sehr langes Maßband benötigen Sie allerdings nur bei detaillierten Geländeaufnahmen und Kartierungen. Am nützlichsten ist oft ein ganz normales Stahlmaßband oder ein schlichtes Schneidermaßband, das man überall gut verstauen kann.

Aufzeichnungen

Sie sollten Ihre Funde stets aufzeichnen. Dafür ist ein nicht zu großformatiges Notizheft unentbehrlich – ideal ist etwa DIN A5. In dieses Heft können Sie Ihre Beobachtungen und Skizzen eintragen. Für Skizzen bietet es sich manchmal auch an, auf lose Blätter zu

1

2

VEIN QUARTZ
Dyfed, Wales
(SM 860142)
Date: 2/3/91

3

4

NAME/DESCRIPTION
VEIN QUARTZ
HORIZON
LOCALITY WALES
DATE 2/3/91
REF NO GR
SM 860142
5/14

zeichnen, die an einem Klemmbrett befestigt sind. Das Klemmbrett leistet Ihnen auch für das Aufspannen Ihrer Karten gute Dienste. Darüber hinaus benötigen Sie eine größere Auswahl an Stiften. Falls Sie Ihre Aufzeichnungen durch Fotografien ergänzen wollen, benötigen Sie außer einer robusten Kamera die für diese Art Fotografie passenden Linsen und Filme. Heutzutage greifen professionelle Geologen allerdings immer häufiger auf ganz einfache ›Draufhaltekameras‹ zurück, da sie sehr einfach zu bedienen sind und das Gehäuse nicht allzu schmutzempfindlich ist.

Schließlich benötigen Sie noch Packmaterial für die Gesteinsproben. Lose in der Tasche transportierte Steine fallen durcheinander, stoßen ab und zerbröckeln leicht. Berufsgeologen verwenden einzelne Leinensäckchen, aber auch Zeitungspapier tut gute Dienste.

Die Tasche für Ausrüstung und Gesteinsproben sollte groß und robust sein, am besten aus Zeltleinen. Nylon reicht zwar auch, reißt aber leicht bei schwereren Gesteinsstücken.

Bauen Sie Ihren eigenen Neigungsmesser

Sie können einen Neigungsmesser auch leicht selbst herstellen. Kleben Sie zunächst einen Gradbogen auf ein Stück Karton, wobei die Horizontale des Gradbogens exakt im rechten Winkel zu einer geraden Seite des Kartons stehen muß. Bohren Sie in die Mitte des Gradbogens ein Loch und stecken Sie einen mit einem Gewicht beschwerten Faden hindurch.

Sie wenden den Neigungsmesser an, indem Sie die gerade Seite auf die Gesteinsoberfläche legen, die parallel zur Fallrichtung verläuft. Auf der Skala des Gradbogens können Sie nun den Winkel ablesen.

Die Ausrüstung sollte möglichst leicht und wenig umfangreich sein. Einige Dinge sind jedoch unentbehrlich:
1 eine handliche und wasserfeste Kartenhülle und ein Kompaß, wie er bei Orientierungsläufen verwendet wird
2 und **3** einzelne beschriftbare Säckchen oder Zeitungsstücke zur Aufbewahrung von Gesteinsproben
4 eine kleine Lupe für Untersuchungen vor Ort
5 leicht verstaubare Ausrüstungsgegenstände
6 robuste und leicht tragbare Tasche.

Vorbereitung des Geländebuches

Ihr Geländebuch sollte robust sein und einen festen, am besten auch wasserabweisenden Umschlag besitzen. Es gibt nichts Schlimmeres, als im Regen zu stehen und zu versuchen, seine Beobachtungen auf durchweichte, auseinanderfallende Blätter zu bannen, vielleicht noch mit Tinte, die sofort verläuft.

Es bringt nicht viel, im Gelände grobe Notizen zu machen, um sie danach zu präzisieren. Solche Notizen sind oft unklar, und ihre Aussagekraft verschwimmt, wenn die Beobachtungen später rekonstruiert werden sollen. Schreiben Sie daher soviel wie möglich auf, wenn Sie das Gestein in seiner natürlichen Umgebung noch direkt vor sich haben. Die Einträge im Geländebuch müssen auch dann noch verständlich sein, wenn Sie Jahre später an dieselbe Stelle zurückkehren oder wenn Sie das Buch einem anderen Geologen geben, der Ihre Arbeit am selben Ort weiterführen will.

Zunächst ist es wichtig, die genaue Lage des Ortes anzugeben. Dazu verwenden Sie am besten eine topographische Karte mit möglichst großem Maßstab (diese werden in Deutschland von den Landesvermessungsämtern der Bundesländer herausgegeben) oder die Amtliche Geologische Karte im Maßstab 1:25 000 (herausgegeben von den örtlich zuständigen Geologischen Landesämtern).

Zeichnen Sie das Gelände auf. Neben Skizzen von Aufschlüssen sind auch Kartenskizzen vom Untersuchungsgebiet von großem Nutzen.

Auf separaten Blättern können Sie noch detailliertere Skizzen anfertigen, die Sie dann an Ihre Feldkarte anfügen (siehe »Kartierung«).

Wenn Sie all diese Aufzeichnungen zusammenfassen, erhalten Sie ein leicht verständliches Bild von der Geologie eines Gebietes, das schließlich zur Erstellung des Endberichtes herangezogen werden kann.

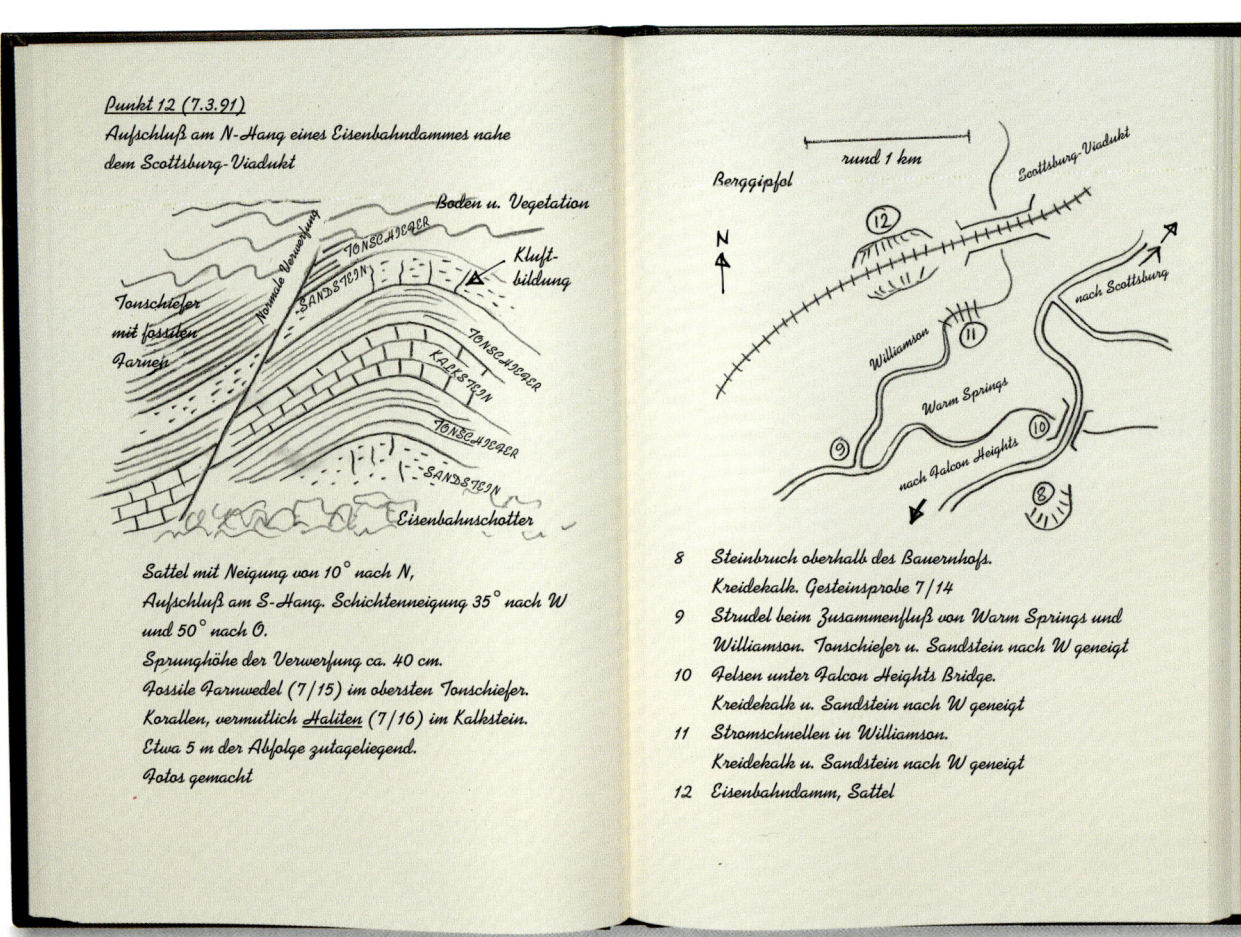

Punkt 12 (7.3.91)
Aufschluß am N-Hang eines Eisenbahndammes nahe dem Scottsburg-Viadukt

Boden u. Vegetation
Kluftbildung
Tonschiefer mit fossilen Farnen
TONSCHIEFER
SANDSTEIN
Normale Verwerfung
TONSCHIEFER
KALKSTEIN
TONSCHIEFER
SANDSTEIN
Eisenbahnschotter

Sattel mit Neigung von 10° nach N,
Aufschluß am S-Hang. Schichtenneigung 35° nach W
und 50° nach O.
Sprunghöhe der Verwerfung ca. 40 cm.
Fossile Farnwedel (7/15) im obersten Tonschiefer.
Korallen, vermutlich Haliten (7/16) im Kalkstein.
Etwa 5 m der Abfolge zutageliegend.
Fotos gemacht

Berggipfel
rund 1 km
Scottsburg-Viadukt
N
nach Scottsburg
Williamson
Warm Springs
nach Falcon Heights

8   Steinbruch oberhalb des Bauernhofs.
     Kreidekalk. Gesteinsprobe 7/14
9   Strudel beim Zusammenfluß von Warm Springs und
     Williamson. Tonschiefer u. Sandstein nach W geneigt
10 Felsen unter Falcon Heights Bridge.
     Kreidekalk u. Sandstein nach W geneigt
11 Stromschnellen in Williamson.
     Kreidekalk u. Sandstein nach W geneigt
12 Eisenbahndamm, Sattel

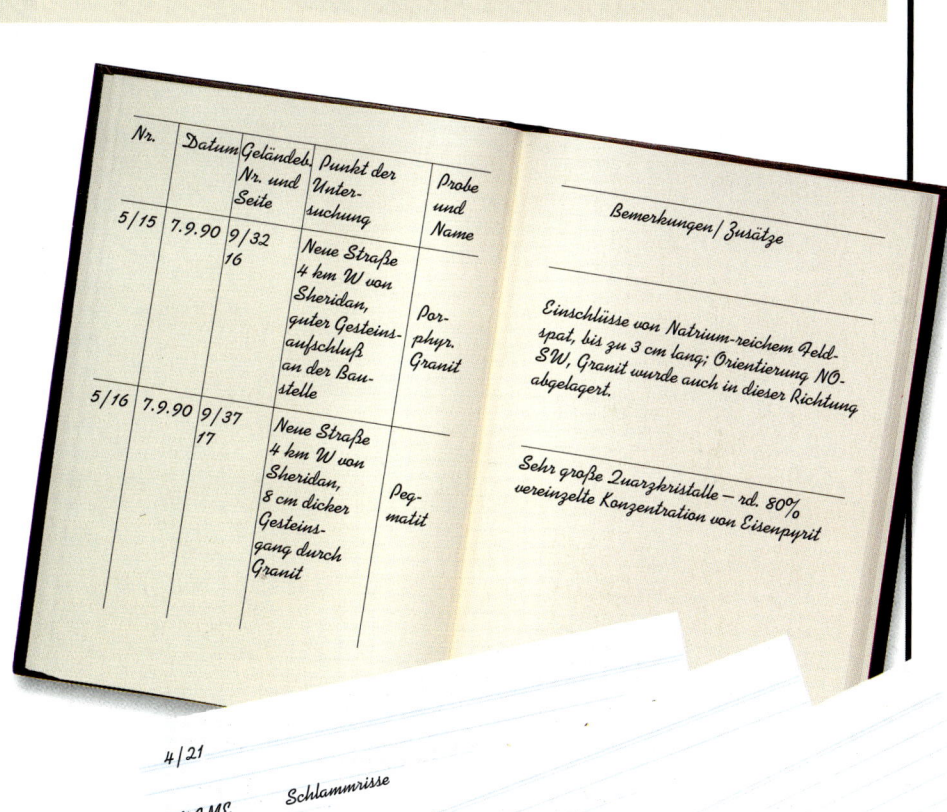

Bestimmung des eigenen Standortes

Die meisten Karten basieren auf einem Gitternetz horizontaler und vertikaler Linien, die die jeweiligen Breiten- und Längenkreise darstellen. Jeder dieser Linien ist eine Gradzahl zugeordnet. Durch die Nennung der Gradzahlen eines Breiten- und eines Längenkreises bezeichnet man einen bestimmten Punkt auf der Karte. Da sich ein Grad in 60 Gradminuten (60') zu je 60 Gradsekunden (60") unterteilt, läßt sich jeder Standpunkt mit Hilfe des Schnittpunktes zweier Linien exakt definieren, wobei zuerst die Länge, dann die Breite angegeben wird: So bezeichnet etwa 10° 31' 15,8414" östl. Länge, 52° 16' 09,4416" nördl. Breite die Turmspitze der Andreaskirche in Braunschweig.

Nach diesem System können auch Sie vorgehen. Auf Karten mit großem Maßstab (etwa 1: 25 000) sind am Kartenrand bereits die Gradminuten angegeben. Wenn Sie diese in Gradsekunden unterteilen, können Sie auch Ihren Standort genau festlegen und in Ihr Geländebuch eintragen.

Links und *rechts*: Das Geländebuch muß alle Beobachtungen enthalten, die Sie vor Ort machen, sowie Karten, Skizzen und Diagramme von allem, was Ihnen wichtig erscheint. Denken Sie daran, daß es sich dabei um ein Dokument handelt, auf das Sie später einmal zurückgreifen wollen: Daher sollten Sie alle Informationen so aufzeichnen, daß sie verständlich sind – sowohl für Sie selbst als auch für andere, die mit Ihren Unterlagen arbeiten.

Auf Karteikarten sollten Sie eine Katalogisierungsnummer, eine kurze Beschreibung der Gesteinsprobe, den genauen Fundort und das Datum des Fundes eintragen.

Nr.	Datum	Geländeb. Nr. und Seite	Punkt der Untersuchung	Probe und Name	Bemerkungen / Zusätze
5/15	7.9.90	9/32 16	Neue Straße 4 km W von Sheridan, guter Gesteinsaufschluß an der Baustelle	Porphyr. Granit	Einschlüsse von Natrium-reichem Feldspat, bis zu 3 cm lang; Orientierung NO-SW, Granit wurde auch in dieser Richtung abgelagert.
5/16	7.9.90	9/37 17	Neue Straße 4 km W von Sheridan, 8 cm dicker Gesteinsgang durch Granit	Pegmatit	Sehr große Quarzkristalle – rd. 80% vereinzelte Konzentration von Eisenpyrit

4/21
NAME   Schlammrisse
FORMAT   4/22
PUNKT   NAME   Rippelmarken
DATUM   FORMATION   4/23
              PUNKT   NAME   Salz-Pseudomorphosen
              DATUM   FORMATION   Purbeck-Kalkstein
                            PUNKT   McKenzie-Bridge, N-Aufgang
                            DATUM   Karte 491 D 7
                                          8. März 1991

Geländeverformungen

Die Bewegung der Kontinente hat auch Auswirkungen auf Gebirge und Gesteine. Kontinente, die sich am Rand einer Subduktionszone emporfalteten, unter eine andere Platte schoben oder gegen eine andere Platte drückten und sich so zu einer einzigen Landmasse vereinigten, enthalten Gesteine, die unterschiedlichsten Einflüssen und Verformungen unterliegen. Im Extremfall führen derartige Verformungen zur Metamorphose (S. 36f.), meist jedoch werden die Gesteinsverbände gefaltet oder einfach nur geneigt.

Gefaltete Gesteine

Eine Gesteinsschicht, die einem Druck ausgesetzt ist, bricht oder wird gefaltet – selbst etwas so offensichtlich Festes und Brüchiges wie Gestein kann gefaltet werden. Wenn man eine Tischdecke über einen Tisch schiebt, bilden sich parallele Falten, die im rechten Winkel zur Bewegungsrichtung stehen. Ähnliches geschieht mit dem Kontinentalgestein. Extreme Faltun-

gen, bei denen die Falten bereits übereinander liegen, wie etwa im Kernbereich der Alpen, bezeichnet man als liegende Falten. Bei einer Falte unterscheidet man zwei Bereiche: Zum einen die Mulde (Synklinale), wo das Gestein absteigt; zum anderen den Sattel (Antiklinale), wo das Gestein wieder aufsteigt.

Normalerweise treten Mulden oder Sättel nicht isoliert auf, sondern erscheinen meist in mehrfacher Abfolge hintereinander. Als stehend bezeichnet man eine Falte, wenn jede Seite im selben Winkel geneigt ist, als schief dagegen, wenn eine Seite steiler ist als die andere. Überkippt heißt die Falte, wenn sie bereits über sich selbst geneigt ist, während man eine Faltung, bei der die Schenkel zwischen den Sätteln und Mulden parallel zueinander liegen, Isoklinalfalten nennt.

Häufig tritt die Faltung dreidimensional auf, wobei entweder ein Becken oder eine Kuppe entsteht.

Normalerweise ist eine Faltung im Gelände nicht in ihrer Gänze wahrnehmbar. Man kann sie jedoch erkennen, wenn sich dieselbe Gesteinsschicht bereits nach kurzer Entfernung in eine andere Richtung neigt.

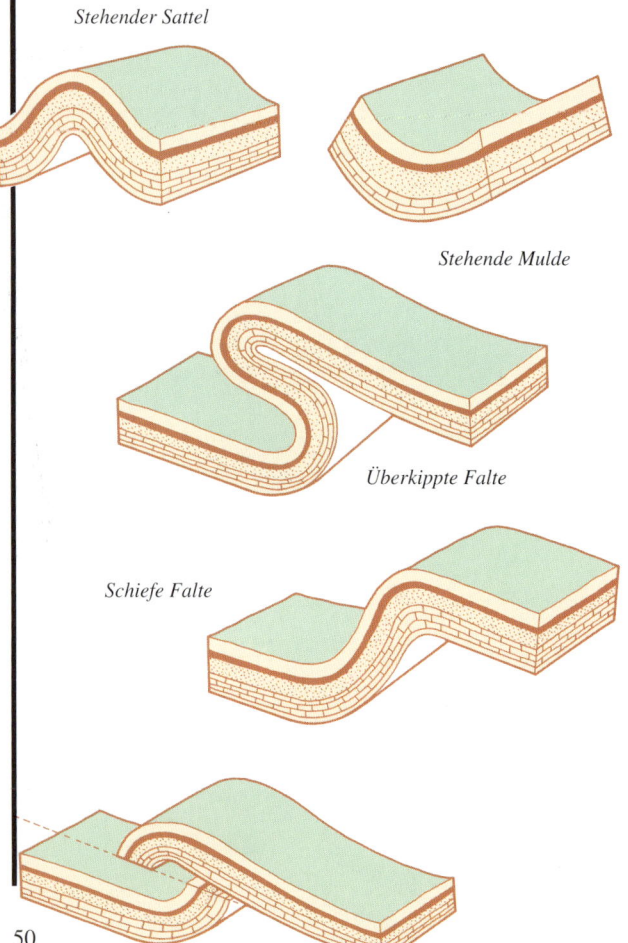

Stehender Sattel

Stehende Mulde

Überkippte Falte

Schiefe Falte

Links: Die einfachsten Formen sind stehende Falten, bei denen jede Seite ein Spiegelbild der anderen darstellt wie bei dem Sattel *oben links* und der Mulde *oben rechts*. Starker Druck von einer Seite führt dagegen zu schiefen und überkippten Falten, die schließlich zu einer Überschiebung führen können (*unten*).

Oben: In der Natur kommen einfache Faltungen nur selten vor. Es ist fast unmöglich, lehrbuchhafte Sättel und Mulden zu finden. Unser Beispiel zeigt das Cape Fold Belt in Südafrika: Hier hat der Druck von rechts die Gesteinsschichten in eine überkippte Falte übergeführt.

Erscheinungsformen einer Faltung

Unten: Im Gelände sind zahlreiche Merkmale anzutreffen, die zusammen mit einer Faltung auftreten. Die meisten weisen auf die Kräfte hin, die ursprünglich zur Faltung geführt haben. Die Ausrichtung der Falte zeigt die Richtung, aus der die Kräfte wirkten, und die Spalten und Brüche deuten auf die Spannungen hin, denen das Gestein unterlag.

Achse Die Achse wird offiziell als die Linie definiert, die parallel zu sich selbst verläuft und die Falte bildet. Einfacher gesagt ist es die Linie, um die sich die Schichten biegen.
Abtauchen Wenn die Achse nicht horizontal liegt, bildet sie einen Winkel zur Horizontalen, den man als Abtauchwinkel bezeichnet.
Achsenebene Hierbei handelt es sich um die Ebene, die die Achsen der verschiedenen Faltungsschichten verbindet. Bei einer stehenden Falte verläuft sie senkrecht, bei einer schiefen Falte ist sie geneigt.
Kompetente Schichten Gesteinsschichten, die bei Um-

formung ihre ursprüngliche Form bewahren. Sie lassen sich leichter brechen als biegen.
Inkompetente Schichten Gesteinsschichten, die sich bei der Faltung umformen.
Klüfte Gesteinsfugen, die durch Verformung entstehen. Dabei kann es sich um Längsklüfte handeln, die parallel zur Achse verlaufen, oder um Querklüfte, wenn sie im rechten Winkel zur Achse verlaufen. Klüfte können sich auch parallel zur Achsenebene quer durch das Gestein ziehen. Sie breiten sich oft fächerförmig aus, vor allem in grobkörnigem Sandstein.
Fallen und Streichen s.S. 46f.

Parasitärfalten Kleine Nebenfalten, die auftreten, wenn sich sehr fein geschichtetes Material wie Tonschiefer bei der Faltenbildung im kleinen Maßstab verformt.

Die hier dargestellten Symbole sind dieselben, wie sie in der konventionellen geologischen Kartierung verwendet werden.

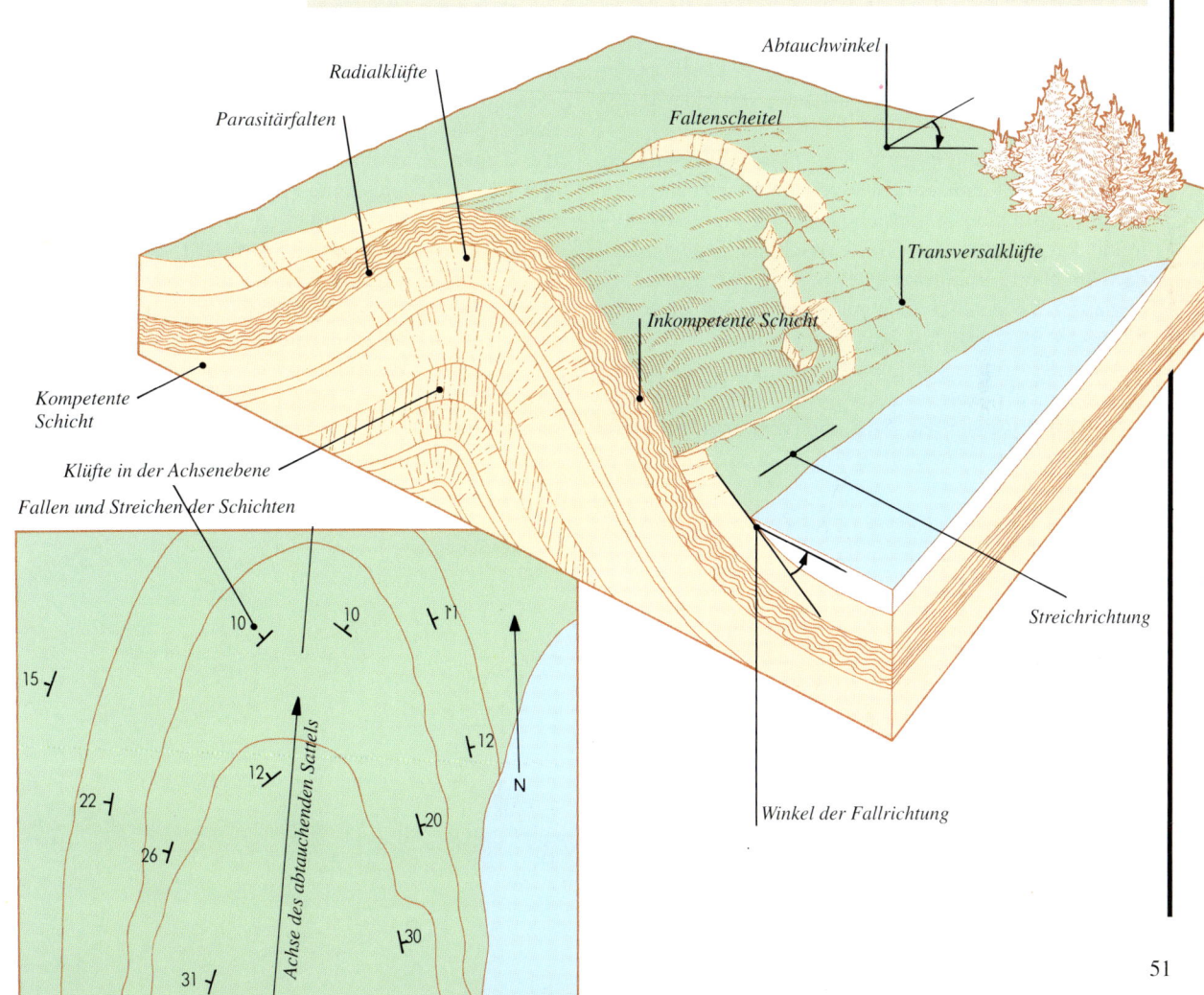

Verwerfungen

Manchmal lassen sich Gesteine nicht verformen. Statt dessen brechen sie, und die Gesteinsschollen verschieben sich im Verhältnis zueinander. Diesen Vorgang, der auf viele unterschiedliche Weisen auftritt, bezeichnet man als Verwerfung oder Bruch.

Eine sogenannte Abschiebung entsteht bei vertikaler Bewegung ohne seitliche Verschiebung. Der Riß bzw. die Fläche, entlang der die Verwerfung erfolgt, muß selbst nicht vertikal sein und ist tatsächlich meist geneigt. Bei einer normalen Verwerfung ist eine Scholle im Verhältnis zu einer anderen entlang der geneigten Verwerfungsfläche abgesunken. Dies wird durch die Spannung bewirkt, die auftritt, wenn das Gestein gedehnt wird. Bei einer widersinnigen Verwerfung oder einer Überschiebung schiebt sich eine Gesteinsscholle entlang der Verwerfungsfläche über eine andere. Dies wird durch starken Druck verursacht.

Bei einer Transversal- oder Blattverschiebung verläuft die Bewegung hauptsächlich horizontal. Hier unterscheidet man zwischen einer Links- oder einer Rechtsverschiebung, je nachdem, in welche Richtung sich die gegenüberliegende Scholle versetzt hat.

Noch häufiger sind jedoch Diagonalverschiebungen, bei denen sowohl horizontale als auch vertikale Bewegungen auftraten.

Wenn eine Scholle zwischen zwei Verwerfungen vertikal absinkt, entsteht ein sogenannter Grabenbruch, der auch großräumig und landschaftsbestimmend auftreten kann. Wenn eine Gesteinsscholle dagegen aus der Umgebung emporragt, nachdem sie sich gegenüber den angrenzenden Schollen gehoben hat bzw. diese abgesunken sind, spricht man von einem Horst.

All diese Brucherscheinungen sind jedoch nicht immer an der Erdoberfläche als Berge, Täler oder Klippen deutlich erkennbar. Sind die Verwerfungen sehr alt, ist die Landschaft oft schon so weit abgetragen, daß kein Höhenunterschied zwischen den einzelnen Schollen mehr erkennbar ist. Dies kann bei der Geländeaufnahme Schwierigkeiten bereiten, insbesondere bei eingefallenen Schichten. Es ist nicht leicht zu unterscheiden, ob es sich bei einer Verwerfung um eine Abschiebung, eine Blattverschiebung oder eine diagonale Verwerfung handelt. Daher muß man die Verschiebung mit Hilfe anderer Merkmale beurteilen, z. B. anhand der Ausprägung von Gesteinsgängen oder von intrusiven Erstarrungsgesteinen.

Es gibt Verwerfungen, die nur einige Zentimeter Sprunghöhe aufweisen. Andere, besonders die durch die Vorgänge der Plattentektonik hervorgerufenen Verwerfungen, können eine Länge von bis zu mehreren tausend Kilometern aufweisen. Die San-Andreas-Spalte im Westen Nordamerikas ist rund 1300 km lang. Sie ist das Ergebnis der Bewegungen zweier Platten – der Pazifischen und der Nordamerikanischen Platte. In Wirklichkeit handelt es sich um eine gewaltige Blattverschiebung. Während der letzten 2 Millionen Jahre haben sich die Platten hier um rund 16 km gegeneinander verschoben. Solche Bewegungen im Bereich einer Verwerfung rufen häufig Erdbeben hervor.

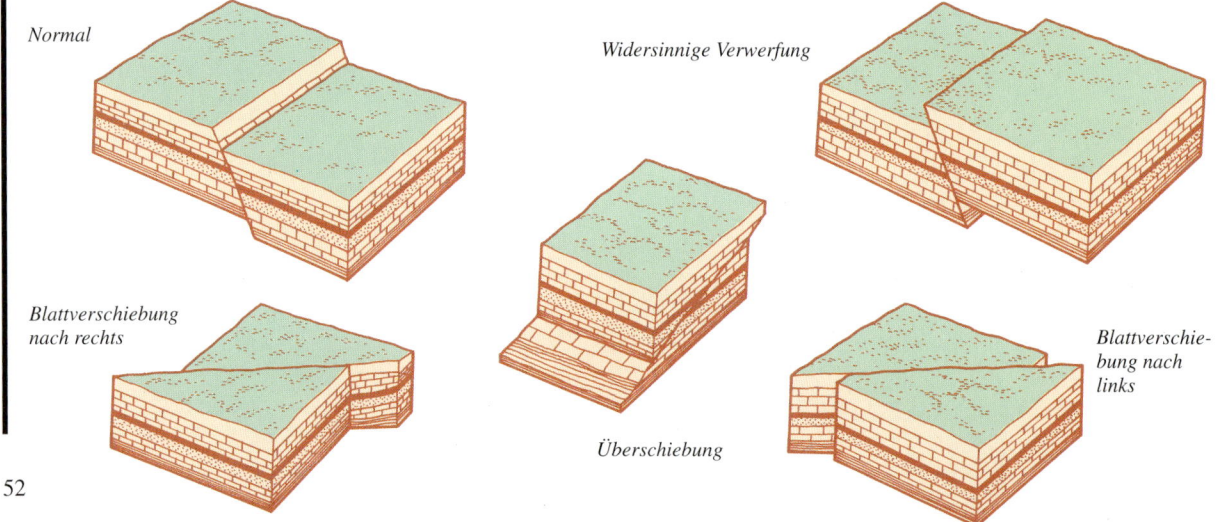

Normal

Widersinnige Verwerfung

Blattverschiebung nach rechts

Blattverschiebung nach links

Überschiebung

Links: Diese zusammengesetzte Bruchbildung im Iran weist alle Arten von Verwerfungen auf, unter anderem normale Verwerfungen (*links*), eine widersinnige Verwerfung (*unten Mitte*) und einen Grabenbruch (*oben Mitte*).

Rechts: Wie bei einer Falte kann man auch im Zusammenhang mit einer Verwerfung zahlreiche Merkmale in der Landschaft erkennen. Einige davon vermitteln uns eine Vorstellung von den Erdkräften, die zum Brechen der Gesteine führten – etwa, ob es sich dabei um Zug- oder Druckkräfte handelte und in welche Richtung sie wirkten.

Verwerfungen treten normalerweise schwarmweise auf; alle Verwerfungen haben dabei eine ähnliche Ausrichtung.

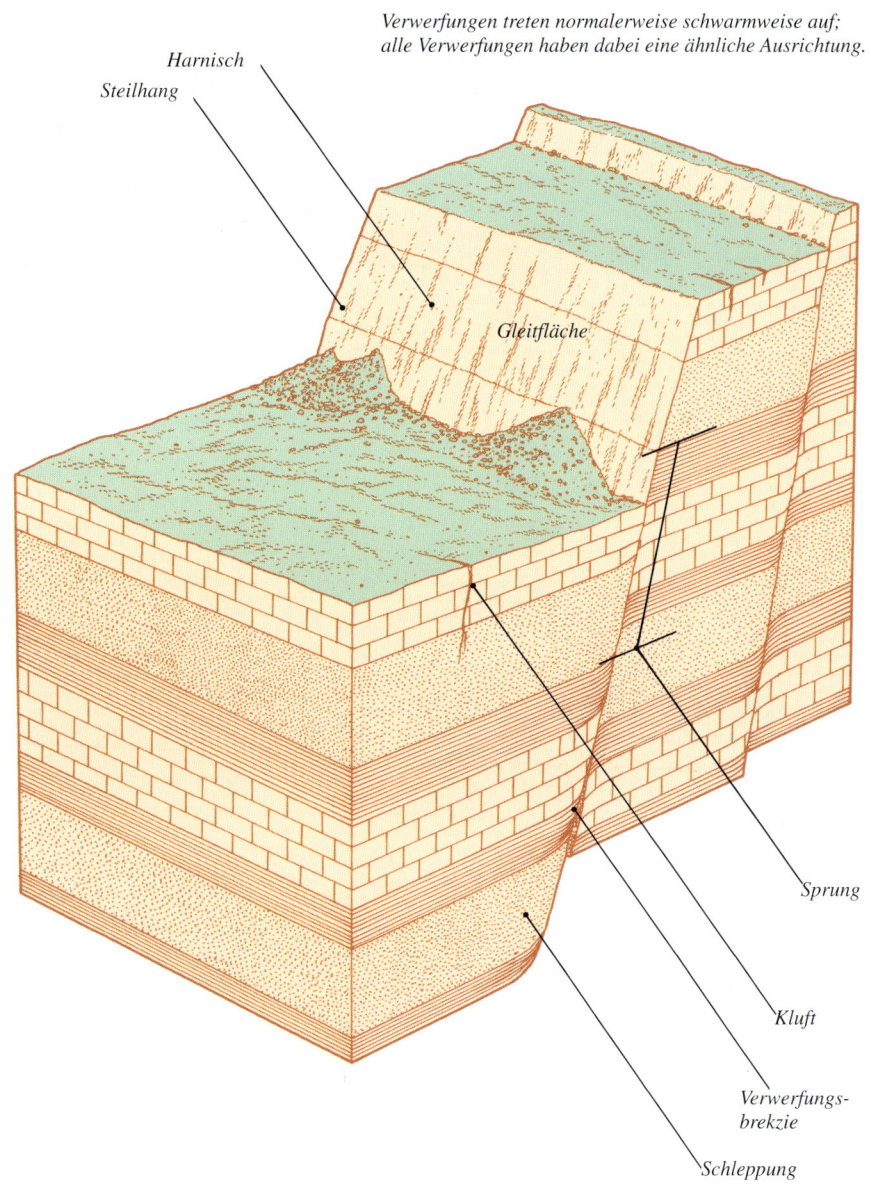

Harnisch

Steilhang

Gleitfläche

Sprung

Kluft

Verwerfungs-brekzie

Schleppung

Erscheinungsformen von Verwerfungen

Bei der hier dargestellten Verwerfung handelt es sich um eine Abschiebung:

Sprung bzw. Sprunghöhe
Die von den Bruchschollen zurückgelegte Entfernung. Sie ist nur meßbar, wo man verschiedene Schichten einander zuordnen kann.

Gleitfläche
Die Oberfläche, an der sich die Bruchscholle entlangbewegte

Harnisch
Geglättete, mit Schrammen versehene Rutschfläche. Sie tritt auf, wo sich eine Scholle über eine andere bewegte.

Steilhang
Eine deutliche Oberflächen-

form, die im Lauf der Zeit jedoch abgetragen wird

Verwerfungsbrekzie
Gesteinsmaterial, das durch die Schollenbewegungen zerkleinert wurde. In extremen Fällen bildet es das metamorphe Gestein Mylonit.

Schleppung
Oft sind die Schichten an den

Seiten einer Verwerfung in Bewegungsrichtung der Schollen verbogen. Diese Verbiegung bezeichnet man als Schleppung.

Kluft
Einen Bruch im Gestein ohne Verwerfungsbewegung bezeichnet man als Kluft.

Kleinformen

Faltungen und Verwerfungen sind die offensichtlichsten Erscheinungen, die durch Gesteinsverformungen aufgrund tektonischer Bewegungen hervorgerufen werden. Es gibt aber auch noch andere, und hier sind einige Beispiele.

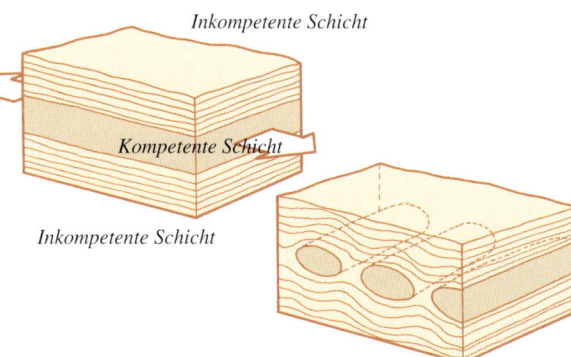

Inkompetente Schicht

Kompetente Schicht

Inkompetente Schicht

Boudinage (*oben*) Wenn ein kompetenter Gesteinszug (S. 51) einer Spannung ausgesetzt ist, kann er in Teilstücke zerbrechen. Ist er dabei von inkompetenten Schichten umgeben, drückt sich das inkompetente Material um die wulstigen Teilstücke und füllt die Zwischenräume aus (*rechts*).

Augenstruktur (*unten*) Ähnliche Umformungen können auch neue Mineralien angreifen, die in metamorphem Gestein entstanden sind. Wenn ein Gestein solchen Druck- und Spannungsverhältnissen ausgesetzt ist, daß es sich in Gneis (S. 116f.) verwandelt, können sich auch neue Kristalle wie Granat bilden. Wird das Gestein weiterhin verformt, rotieren die Kristalle, und an jeder ihrer Seiten entsteht ein Riß. Diese Risse füllen sich mit anderen Mineralien wie Quarz, und es entsteht eine linsenförmige Struktur, die man wegen ihres an Augen erinnernden Aussehens als Augenstruktur bezeichnet.

An jeder Spannungslinie bilden sich Risse.

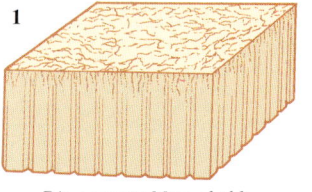
Die Oberfläche kühlt schnell ab – die Klüftung wird unregelmäßig.

1

Die gesamte Masse kühlt langsam ab – hexagonale Säulen entstehen.

2

Säulenförmige Absonderung (*oben 1–3*) Wenn ein Lavastrom abkühlt, zieht sich das Material zusammen, und sein Volumen nimmt ab. Die Kontraktion erfolgt in Richtung auf zahlreiche Zentren in der Masse. Die Zentren sind gleichmäßig verteilt, so daß sich die Struktur in viele vertikale Säulen spaltet. Diese Säulen werden aus demselben geometrischen Grund wie eine Bienenwabe hexagonal, da diese Form auf einem gegebenen Raum die größte Zahl an Einzelformen zuläßt. Eine zweite Art

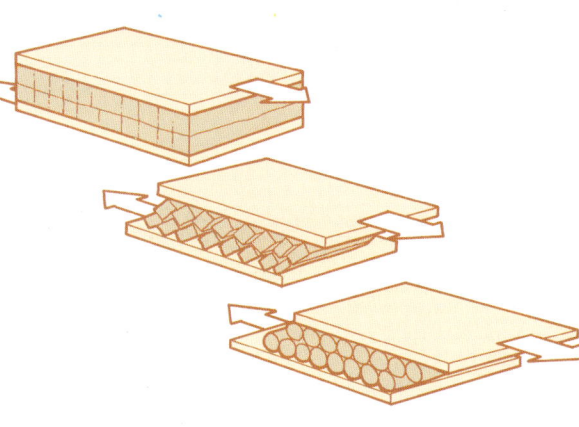

Mullionstruktur (*oben*) Wenn kompetente Schichten starken Spannungen ausgesetzt sind, können sie sich in Prismen spalten, die im rechten Winkel zur Spannung ausgerichtet sind. Läßt diese Spannung die prismenartigen Teilstücke rotieren, schleifen sich die Kanten ab, und die Teilstücke nehmen eine zylindrische Form an.

Horizontale Klüfte spalten die Säulen in Blöcke mit flachen Mulden an der Oberseite.

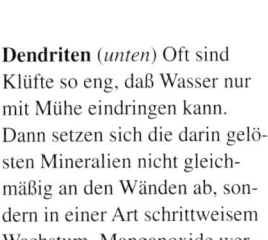

3

Gesteinsgänge (*rechts*) Durch Spannung verursachte Klüfte werden oft breiter. Die dabei entstandenen Hohlräume füllen sich mit Mineralien aus dem Grundwasser an, zumeist mit Quarz, manchmal auch mit Kalkspat. Die dabei entstehenden Gesteinsgänge sind vor allem dann gut zu erkennen, wenn ein helles Mineral im Gegensatz zu einem dunkleren Gestein steht.

der Klüftung kann jede Säule in gleichmäßige Abschnitte spalten, so daß sie an Stapel hexagonaler Prismen erinnern. Viele landschaftliche Besonderheiten, etwa der Giant's Causeway in Nordirland oder der Devil's Tower in Wyoming, basieren auf solchen Säulenbasalten.

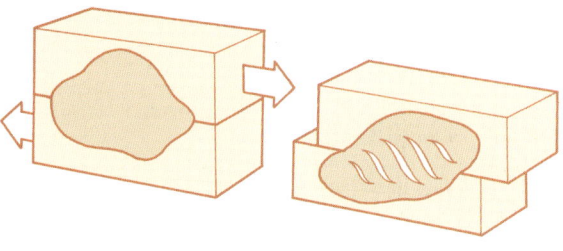

Gestaffelte Verwerfungen (*oben*) Wenn zwei Gesteinsmassen in entgegengesetzter Richtung aneinander vorbeischeren, führt die zwischen ihnen entstehende Spannung zu Kluftöffnungen. Diese Klüfte liegen in einem bestimmten Winkel entlang der Scherfläche. Denselben Effekt kann man beobachten, wenn man Lehm oder Teig über zwei Holzblöcke streicht und dann die Blöcke gegeneinander verschiebt. Auch im Lehm oder im Teig treten dann solche gestaffelten Verwerfungen auf. Bei anhaltenden Spannungen bricht das Gestein zwischen den Klüften auseinander und bildet Verwerfungsbrekzien. Andernfalls reichern sich in den winkligen Klüften Mineralien an.

Dendriten (*unten*) Oft sind Klüfte so eng, daß Wasser nur mit Mühe eindringen kann. Dann setzen sich die darin gelösten Mineralien nicht gleichmäßig an den Wänden ab, sondern in einer Art schrittweisem Wachstum. Manganoxide werden häufig auf diese Weise abgelagert, wobei eine Verästelung entsteht, die an eine fossile Pflanze erinnert. Dies geschieht manchmal in Silikatmineralien, wobei der Edelstein Moosachat entsteht.

Dies alles sind Vorgänge, denen die Gesteine nach ihrer Entstehung ausgesetzt sind. Manchmal haben sie so starke Auswirkungen auf das Gestein, daß es sehr schwierig wird, die Geschichte eines Gebietes herauszuarbeiten. Eine hilfreiche Grundregel besagt jedoch folgendes: Wenn Gefüge A sich durch Gefüge B schneidet, ist Gefüge A jünger als B. Wenn etwa ein Gesteinsgang durch eine Mullionstruktur verläuft und plötzlich von einer Verwerfung unterbrochen ist, können wir davon ausgehen, daß zuerst die Mullionstruktur entstand, sich später der Gesteinsgang entwickelte und es erst dann zu dem Bruch kam.

Vulkanische Erscheinungsformen

Glutflüssiges Gestein, das aus der Tiefe emporsteigt und Risse in der Erdkruste ausfüllt, erstarrt dort zu Tiefengestein (S. 32f.). Dabei entstehen charakteristische Gesteinsformationen. In großem Maßstab können gewaltige Magmamassen in das kontinentale Gestein emporsteigen, wo sie das vorhandene Gestein aufschmelzen und assimilieren und dann zu riesigen Gesteinskörpern tief unter der Oberfläche abkühlen. Dies geschieht meist im Kern gefalteter Gebirge, und der dabei entstehende ausgedehnte Tiefengesteinskörper wird als Batholith bezeichnet. Das darin am häufigsten vor-

kommende Gestein ist Granit. Durch Abtragung der Gebirgskette gelangt der Batholith schließlich an die Oberfläche, und es entstehen weite Moorlandschaften mit anstehenden Granitkörpern. Die Moore im Südwesten Englands sind die Oberflächenausprägungen eines riesigen Batholithen, der unter Devon und Cornwall liegt und sich bis zu den Scilly-Inseln erstreckt.

Allgemein sind Erstarrungsgesteine härter als das Gestein, in das sie eindringen. Daher bleiben sie übrig, wenn das andere Gestein bereits abgetragen ist, und bilden Gebirgsstöcke oder Felsklippen am Rande von Gebirgen – oder Gesteinsgänge, die wandartig die Landschaft durchziehen.

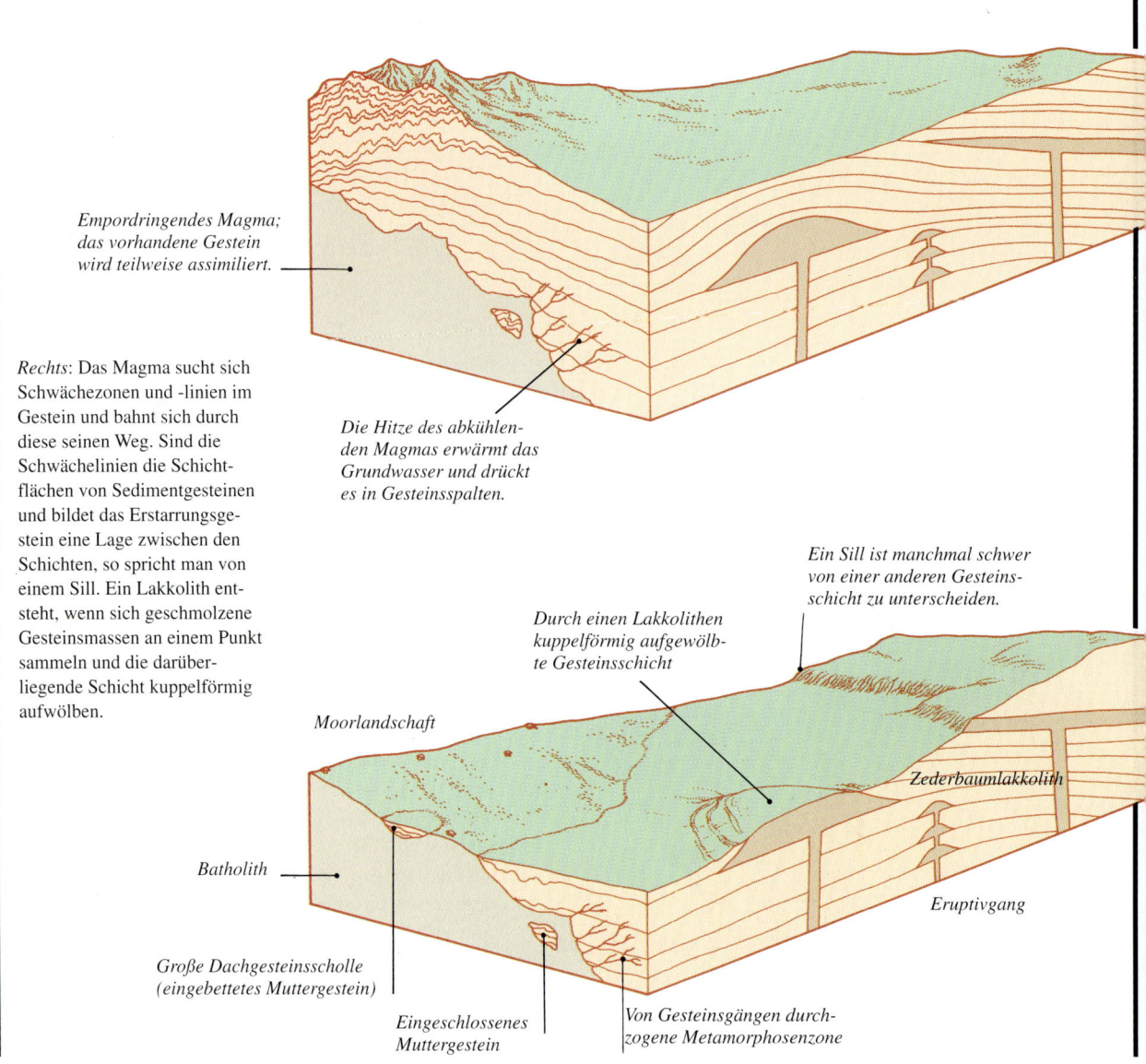

Empordringendes Magma; das vorhandene Gestein wird teilweise assimiliert.

Rechts: Das Magma sucht sich Schwächezonen und -linien im Gestein und bahnt sich durch diese seinen Weg. Sind die Schwächelinien die Schichtflächen von Sedimentgesteinen und bildet das Erstarrungsgestein eine Lage zwischen den Schichten, so spricht man von einem Sill. Ein Lakkolith entsteht, wenn sich geschmolzene Gesteinsmassen an einem Punkt sammeln und die darüberliegende Schicht kuppelförmig aufwölben.

Die Hitze des abkühlenden Magmas erwärmt das Grundwasser und drückt es in Gesteinsspalten.

Ein Sill ist manchmal schwer von einer anderen Gesteinsschicht zu unterscheiden.

Durch einen Lakkolithen kuppelförmig aufgewölbte Gesteinsschicht

Moorlandschaft

Zederbaumlakkolith

Batholith

Eruptivgang

Große Dachgesteinsscholle (eingebettetes Muttergestein)

Eingeschlossenes Muttergestein

Von Gesteinsgängen durchzogene Metamorphosenzone

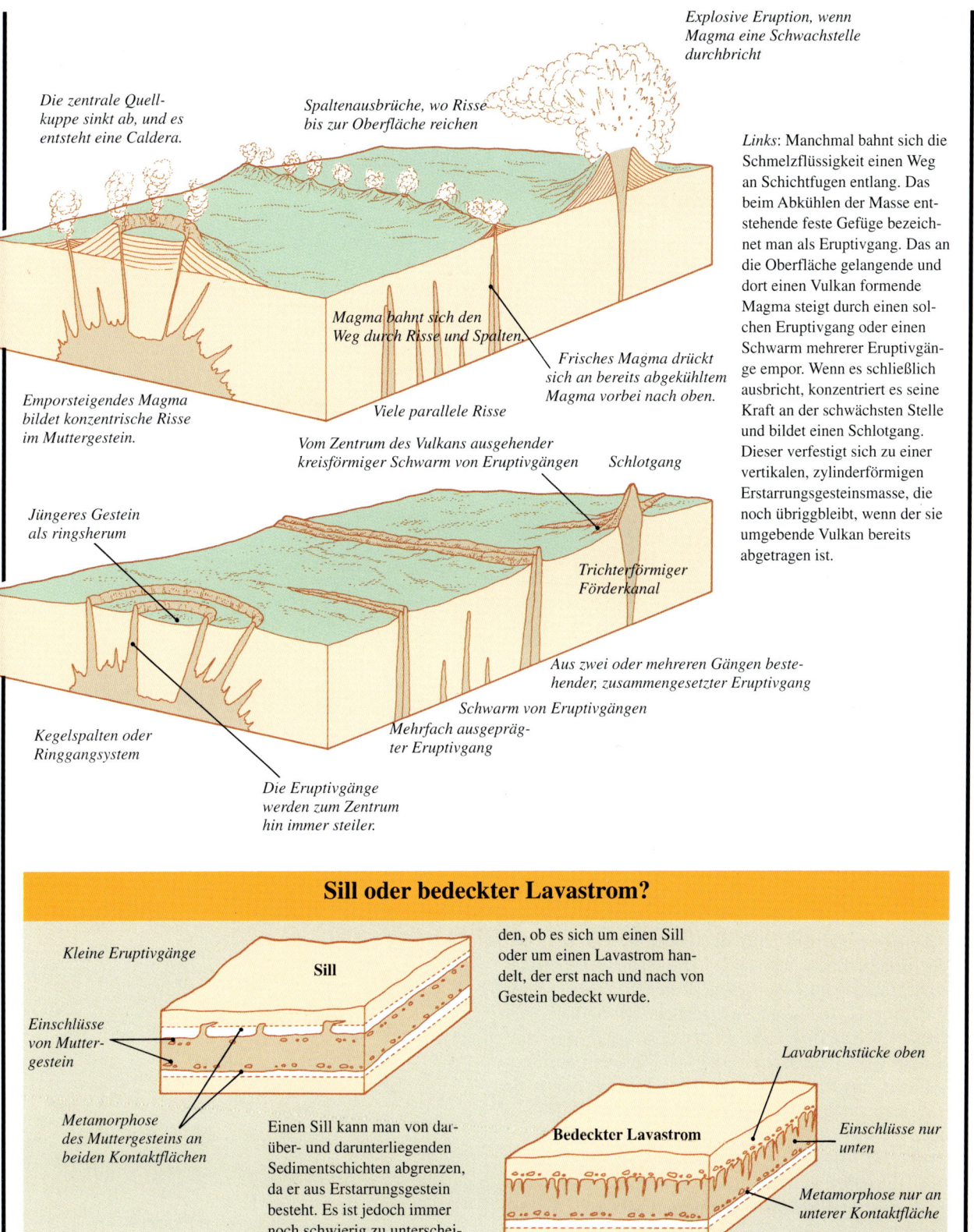

Die zentrale Quell-
kuppe sinkt ab, und es
entsteht eine Caldera.

Spaltenausbrüche, wo Risse
bis zur Oberfläche reichen

Explosive Eruption, wenn
Magma eine Schwachstelle
durchbricht

Emporsteigendes Magma
bildet konzentrische Risse
im Muttergestein.

Magma bahnt sich den
Weg durch Risse und Spalten.

Viele parallele Risse

Frisches Magma drückt
sich an bereits abgekühltem
Magma vorbei nach oben.

Links: Manchmal bahnt sich die
Schmelzflüssigkeit einen Weg
an Schichtfugen entlang. Das
beim Abkühlen der Masse entstehende feste Gefüge bezeichnet man als Eruptivgang. Das an
die Oberfläche gelangende und
dort einen Vulkan formende
Magma steigt durch einen solchen Eruptivgang oder einen
Schwarm mehrerer Eruptivgänge empor. Wenn es schließlich
ausbricht, konzentriert es seine
Kraft an der schwächsten Stelle
und bildet einen Schlotgang.
Dieser verfestigt sich zu einer
vertikalen, zylinderförmigen
Erstarrungsgesteinsmasse, die
noch übrigbleibt, wenn der sie
umgebende Vulkan bereits
abgetragen ist.

Vom Zentrum des Vulkans ausgehender
kreisförmiger Schwarm von Eruptivgängen

Schlotgang

Jüngeres Gestein
als ringsherum

Trichterförmiger
Förderkanal

Aus zwei oder mehreren Gängen bestehender, zusammengesetzter Eruptivgang

Schwarm von Eruptivgängen

Kegelspalten oder
Ringgangsystem

Mehrfach ausgepräg-
ter Eruptivgang

Die Eruptivgänge
werden zum Zentrum
hin immer steiler.

Sill oder bedeckter Lavastrom?

Kleine Eruptivgänge

Sill

Einschlüsse
von Mutter-
gestein

Metamorphose
des Muttergesteins an
beiden Kontaktflächen

den, ob es sich um einen Sill
oder um einen Lavastrom handelt, der erst nach und nach von
Gestein bedeckt wurde.

Einen Sill kann man von dar-
über- und darunterliegenden
Sedimentschichten abgrenzen,
da er aus Erstarrungsgestein
besteht. Es ist jedoch immer
noch schwierig zu unterschei-

Lavabruchstücke oben

Bedeckter Lavastrom

Einschlüsse nur
unten

Metamorphose nur an
unterer Kontaktfläche

Das Geschichtsbuch der Erde

Ein Meeresboden kann erst zum Gebirge werden, dann zur Ebene, und das alles mit einer Abfolge verschiedener Pflanzen und Tiere. Diese Vorgänge sind im Gestein aufgezeichnet und können dort abgelesen werden.

Geschichte im Gestein

Sedimentgesteine sind stumme Zeugen ihrer eigenen Entstehung. Jedes Gestein kann mitteilen, wie es entstanden ist und welche Bedingungen in jener Zeit auf der Erdoberfläche herrschten. Die Natur des Gesteins selbst liefert uns, wie beschrieben (S. 32–37), einen Teil dieser Geschichte. Kalkstein entsteht in karbonatreichen Meeren; Steinsalz bildet sich, wenn Meerwasser auf einer Oberfläche verdunstet; Tonstein und Tonschiefer entstehen in schlammigem Wasser; Sandstein entwickelt sich in Wüsten oder in sandigen Flußbetten usw.

Es sind jedoch erst die Strukturen im Gestein, die uns Einzelheiten über ihren Entstehungsprozeß erschließen. Hier finden Sie einige Strukturen, die Sie beachten sollten.

Gegenstandsmarken Eine Meeresströmung kann Muschelschalen oder Gesteinsfragmente mit sich führen, wobei diese am Boden aufprallen und immer weiter fortgerissen werden. Die dabei entstehenden Spuren geben Aufschluß über die Strömungsrichtung.

Normalerweise sind es nicht die Spuren selbst, die erhalten bleiben, sondern der Abguß, der entsteht, wenn die Spur mit Sedimenten angefüllt wird. Ist das Gestein schließlich freigelegt, wird das weiche Material, in das die Spuren eingedrückt waren, meist sehr leicht abgetragen. Das Gestein darüber – zumeist der Boden einer abgetragenen Schicht – ist fester, weshalb der Abdruck länger erhalten bleibt. Aus diesem Grund sind die Fußabdrücke von Dinosauriern häufiger in Form dreidimensionaler Erhebungen erhalten als in Form der ursprünglichen Abdrücke durch das Tier.

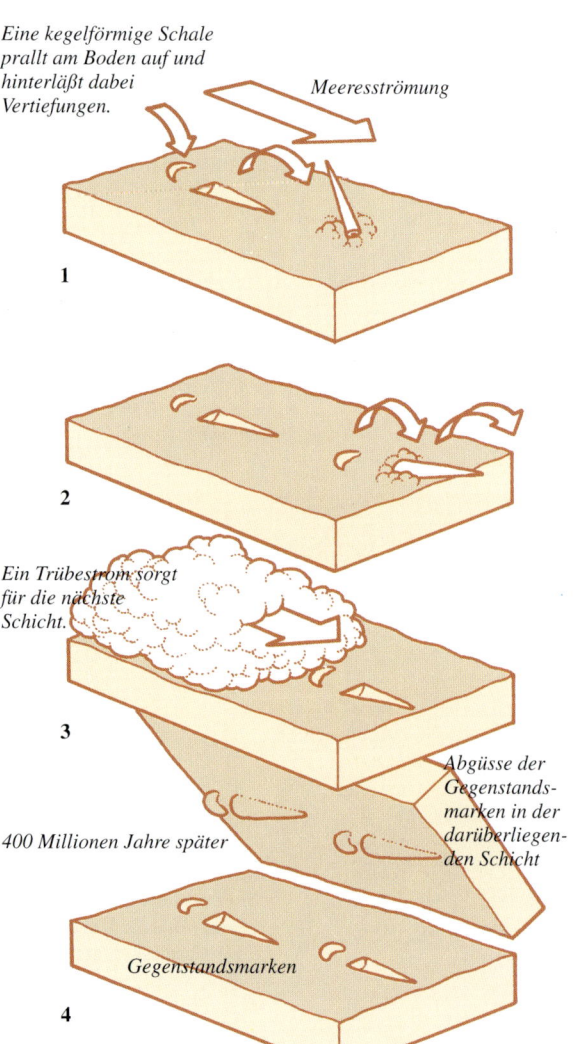

Eine kegelförmige Schale prallt am Boden auf und hinterläßt dabei Vertiefungen.

Meeresströmung

1

2

Ein Trübestrom sorgt für die nächste Schicht.

3

400 Millionen Jahre später

Abgüsse der Gegenstandsmarken in der darüberliegenden Schicht

Gegenstandsmarken

4

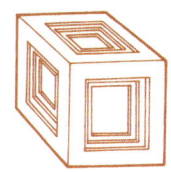

Salz-Pseudomorphosen Wenn Salzwassertümpel austrocknen, bleibt Salz in Kristallform zurück. Manchmal sind die Kristalle ziemlich groß und bilden Würfel. Kehrt Wasser in diesen Bereich zurück, löst sich das Salz und wird fortgeschwemmt. Dabei hinterläßt es würfelförmige Eintiefungen, die sich später mit Sediment füllen. Bleiben diese Kristallformen als Abgüsse im Stein erhalten, bezeichnet man sie als Pseudomorphosen – also als ›falsche Formen‹.

Rippelmarken Jeder kennt die Wellenmarken, die bei Ebbe im Sand zurückbleiben. Die so entstandenen 2–5 cm tiefen Rippelmarken können in den Schichten des späteren Sandsteins erhalten bleiben. Das Vorkommen solcher Rippelmarken im Sandstein deutet darauf hin, daß sich das Sediment in flachem, von Wellen bewegtem Wasser abgelagert hat.

Aufnahme sedimentärer Gefüge

Das Sammeln sedimentärer Gefüge ist weder praktisch noch – im Hinblick auf den Naturschutz – wünschenswert. Für die Aufnahme solcher Gefüge gibt es eine Technik, die Sie bei bestimmten Kleinformen anwenden können, sofern sie reliefartig im Gestein erscheinen. Es handelt sich um die sogenannte Rubbing-Technik, die in ähnlicher Weise auch auf Grabsteinen und anderen reliefierten Oberflächen angewandt wird.

Dazu nimmt man ein Stück weiches Papier, das groß genug ist, um das Gefüge zu bedekken. Dieses klebt man an den Ecken am Gestein fest. Mit einem Block Polierwachs – das ursprünglich von Schuhmachern verwendet wurde – reibt man nun mit leichtem Druck über das Papier, wobei ein Abbild des Gefüges entsteht. Dieses steht dann für spätere Untersuchungen zur Verfügung.

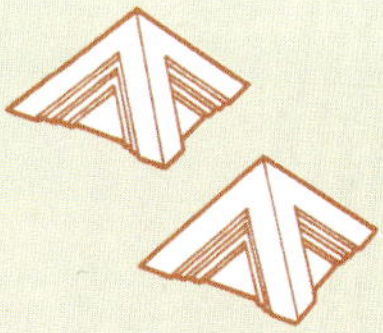

Dreizackige Formen stellen die Ecken von herausragenden Würfeln dar.

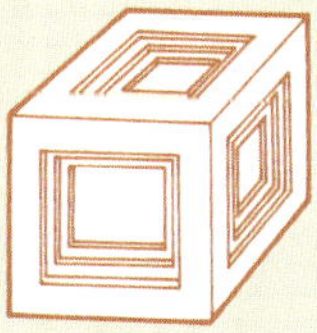

Mehrfach hohle Quadrate repräsentieren sogenannte sargdeckelförmige Kristalle – Kristalle mit abgestuften Seitenflächen.

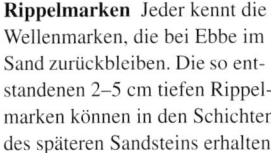

1 *Das meiste Sediment lagert sich über dem Keilende ab.*

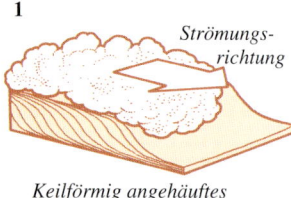

Strömungs-richtung

Keilförmig angehäuftes Sediment

Deckschicht
Stirnabsatz
Basisschicht

2 *Die Strömung spült Teile der Schichten fort.*

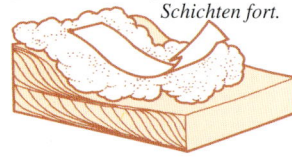

3 *Die Deckschicht der ersten Ablagerung wird abgetragen.*

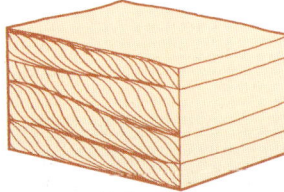

Endzustand

Schrägschichtung Flußsandstein läßt sich durch das Auftreten von Schrägschichtung identifizieren, denn der Flußsand wird keilförmig abgelagert. Am Ende des Keils häufen sich weitere Sandablagerungen in S-förmigen Schichten an – eine dünne Schicht an der Oberseite (die Deckschicht), eine dicke, im Verhältnis zur Vorderseite geneigte Schicht (der Stirnabsatz) und eine dünne Schicht, die sich über letztere nach vorne ausbreitet (die Basisschicht). Wenn sich nun die Strömung des Flusses ändert, werden die Deckschicht und der obere Teil des Stirnabsatzes fortgespült, und ein neuer Sedimentkeil baut sich über den zurückgebliebenen Schichten auf. Die dabei entstehende Schichtenabfolge zeigt gewundene Strukturen, die die unteren Teile der S-Schichten darstellen und in Strömungsrichtung konkav sind.

Schrägschichtung

Gleitfaltung Manchmal bricht eine Sandsteinschicht völlig zusammen und bildet eine gestauchte Masse. Das geschieht, wenn Sandsteinschichten ziemlich flüssig bleiben und dem zunehmenden Druck darüberliegender Sandmassen oder stärkerer Strömungskräfte nachgeben. Die Gleitfaltung kann man auch für fossilen Treibsand halten.

Weiche Sedimente

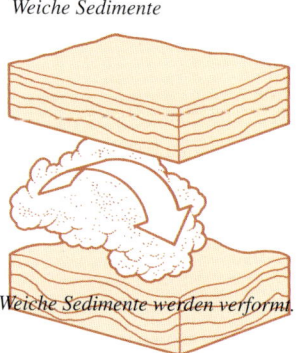

Weiche Sedimente werden verformt.

Die Strömung lagert neue Schichten über den verformten ab.

Dünenschichtung

Dünenschichtung Genau dasselbe geschieht, wenn sich Wüstensand in Form von Wanderdünen immer wieder neu ablagert. Doch während Keile von Flußsedimenten nur bis zu etwa einem halben Meter dick sind, können Sanddünen viele

Meter hoch werden. So ist es vor allem die Größe, die die Dünenschichtung von der Schrägschichtung unterscheidet.

Teile des ursprünglichen Sediments drücken sich in Form sedimentärer Gänge empor. Diese werden verschleppt, und es ensteht eine Flammenstruktur.

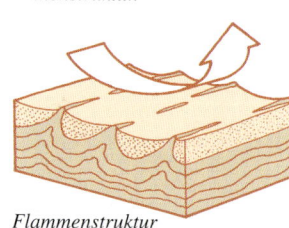

Flammenstruktur

Flammenstrukturen Lagert sich eine Sedimentmasse plötzlich auf einer weichen Schicht ab, kann diese einsinken. Das weichere Material kann dadurch nach oben spritzen und gleichzeitig von der Strömung verschleppt werden. Im Querschnitt betrachtet, erinnert eine auf solche Weise entstandene Struktur an Flammen.

Schlammrisse

Wenn Schlamm der Sonne ausgesetzt ist, dann trocknet er und zieht sich zusammen. Dabei reißt er auf, und es entstehen vieleckige Platten. Die Risse füllen sich häufig mit Sand. Solch vieleckige Risse oder die Linien, die sich im darüberliegenden Sandstein dort ausbilden, wo der Sand in die Risse eingedrungen ist, weisen auf eine Umweltsituation hin, in der Schlamm völlig austrocknen konnte.

Regenlöcher

In trockenen Gebieten können vereinzelte Regentropfen kleine Löcher in feine Sedimente schlagen. Wenn diese versteinern, bilden sie ›fossiles Wetter‹.

Grobkörnigkeit

Eine schnelle Strömung kann schwerere Bruchstücke transportieren als eine langsame. In der Regel werden daher von schneller fließenden Gewässern eher grobkörnigere Sedimentgesteine wie Konglomerate abgelagert als die feineren Tonschiefer. Manchmal wird eine Strömung immer langsamer und bleibt schließlich stehen. In solchen Fällen sinkt das schwerere Material zuerst ab, und das leichtere Material senkt sich darüber. Dabei entsteht z. B.

Sandstein, der unten grobkörnig ist und nach oben hin immer feinkörniger wird.

Diese Erscheinung ist häufig bei Tiefseesedimenten zu beobachten, wo die Strömungen Gesteinsmaterial vom Kontinentalschelf in die Tiefen transportieren und dieses absinkt, sobald die Strömungsgeschwindigkeit im flachen Ozean abnimmt. Solche Strömungen werden als Trübeströme bezeichnet und die dabei hervorgerufene Bodenschicht als Turbidit.

Ein aus unterschiedlich großen Fragmenten bestehender Sandstein zeigt, wo die Strömung plötzlich abgerissen ist. Er kann auch Wirbelbildungen anzeigen.

Zurundung

Wenn eine Strömung Gesteinsfragmente mitreißt, werden zumeist deren Kanten und Ecken abgeschlagen, und sie werden zunehmend runder. Befinden sich kantige Fragmente in einem Sedimentgestein, kann man davon ausgehen, daß sie nicht sehr weit transportiert worden sind. Gerundete Fragmente wurden dagegen lange abgeschlagen und poliert, bevor sie sich abgelagert haben.

Die am besten abgerundeten Sandkörner findet man in Wüstensandsteinen. Sie wurden Tausende von Jahren durch

Winde, Sandstürme und Wanderdünen weitertransportiert, bevor sie das Gestein bildeten.

Sohlmarke

Wenn ein Trübestrom über ein Gebiet mit Meeresablagerungen zieht, werden die oberen weichen, feinen Ablagerungen der vorausgegangenen Schichtung aufgewirbelt, und es entstehen Hohlräume. Diese Hohlräume spiegeln sich im Gefüge des grobkörnigen Sediments der folgenden Schicht wider und bleiben schließlich im Gestein erhalten – in der Sohle einer gradierten Schichtung. Sie sind häufig in halbmondförmigen Ketten angeordnet, wobei die Hohlräume stromaufwärts zeigen. In diesem Fall bezeichnet man sie als Strömungsmarken.

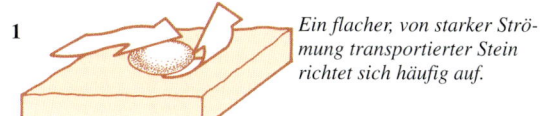

1

Ein flacher, von starker Strömung transportierter Stein richtet sich häufig auf.

In Endlage sind die Steine strömungsaufwärts geneigt.

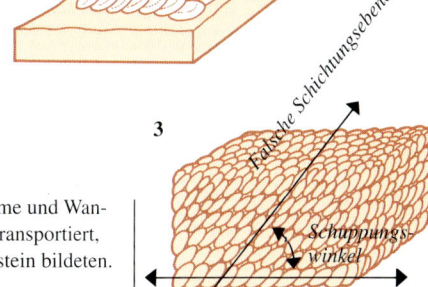

2

3

Falsche Schichtungsebene

Schuppungswinkel

Schichtungsebene

Schuppengefüge

Wird ein flacher Kieselstein von einer Strömung mitgenommen, erzeugen die mitwirkenden hydrodynamischen Kräfte unter der Vorderseite und über der Hinterseite des Kiesels einen Strudel. Das führt dazu, daß der Kiesel sich in einem stromaufwärts gerichteten Winkel am Boden niederläßt, was wiederum zu einer Schuppenstruktur führt. Geschieht das mit einer großen Anzahl von Kieseln in einem Konglomerat, so kann der Winkel der Schuppung leicht mit der Schichtungsebene verwechselt werden. Darauf sollten Sie achten!

Flammenstruktur

Strömungsmarken

Sedimentabfolge

Stellen Sie sich vor, Sie stehen am Kai eines Flußhafens und blicken dem Wasser nach, wie es zum Meer fließt. Möglicherweise lag dieser Hafen vor einigen hundert Jahren noch direkt am Meer. Seit damals haben sich die im Wasser mitgeführten Sedimente an der Flußmündung abgelagert und so neues Land gebildet. Wenn sich eine Landschaft in nur einigen Jahrhunderten so stark verändern kann, wie groß müssen dann die Veränderungen im Lauf der Erdgeschichte sein!

Von solchen Veränderungen erzählt das Gestein. Eine typische Gesteinsabfolge seit dem frühen Karbon kann, von der untersten Schicht aus betrachtet (in der Geologie beginnt man immer mit der untersten Schicht, um die zeitliche Reihenfolge zu wahren), folgendermaßen aussehen: Zuunterst liegt vielleicht eine Schicht aus Kalkstein mit Fossilien von Meereslebewesen, darüber eine Schicht aus Tonschiefer, ebenfalls mit Meeresfossilien. Dann folgt eventuell eine dicke, oft aus mehreren Lagen bestehende Sandsteinschicht. Darin ist vielleicht eine Schrägschichtung enthalten. Nach oben zu hellt der Sandstein möglicherweise auf und enthält zunehmend Karbonate, worauf eine Kohleschicht folgen könnte. Möglicherweise liegt darauf wiederum Kalkstein und darüber Tonschiefer usw. Diese Abfolge kann sich noch einige Male wiederholen.

So wie diese Abfolge von der untersten Schicht aufwärts beschrieben wurde, entspricht es einem grundlegenden Gesetz der geologischen Forschung. Nach dem sogenannten Superpositionsprinzip liegen in jeder ungestörten Gesteinsabfolge die ältesten Gesteine ganz unten. Das mag banal klingen, aber als es Hutton im späten 18. Jahrhundert formulierte, widersprach es den damals geltenden Theorien des Neptunismus grundlegend.

Der Begriff ›ungestörte Abfolge‹ ist in diesem Zusammenhang sehr wichtig, denn eine Abfolge von Sedimentgesteinen kann auch völlig umgekehrt sein, wie z. B. in einer überkippten Falte (S. 50–51). Man muß daher die Strukturen innerhalb der Schichten betrachten, um festzustellen, in welcher Folge sie liegen – geneigte Schichten aufwärts geneigt, Schrägschichtungen mit der richtigen Krümmung usw. Das bezeichnet man als ›Bestimmung der primären Schichtorientierung‹.

Eine zweite bedeutende Regel ist das ›Prinzip der seitlichen Kontinuität‹: Findet man dieselben Gesteinsaufschlüsse an unterschiedlichen Orten, kann man davon ausgehen, daß sie einst eine einzige Schicht bildeten, deren dazwischen liegender Abschnitt jedoch abgetragen worden ist.

Analyse einer zyklischen Abfolge

Wo sich Gesteine aus den Ablagerungen eines Deltas gebildet haben, folgen die Schichten oft einem bestimmten Muster, an dem die Geschichte ihrer Entstehung abzulesen ist. Die Abfolge beginnt z. B. mit Kalkstein, der auf ein klares, flaches Gewässer hinweist. Darüber könnte eine Schicht Tonschiefer, Tonstein oder Letten folgen, die aus Schlammpartikeln eines einmündenden Flusses stammen. Darüber kann eine Sandschicht liegen, wahr- scheinlich in Schrägschichtung, die sich aus Flußablagerungen gebildet hat. An der Oberseite ist der Sandstein vielleicht heller und enthält Wurzelfragmente, worauf eine Kohleschicht folgt. Diese zeigt an, daß die Sandschicht eine mit Pflanzen bestandene Sandbank über dem Wasserspiegel war. Die Pflanzen entnahmen dem Sand die Nährstoffe (deshalb die helle Farbe) und ließen ihre Wurzeln zurück, was einen fossilen Bodenhorizont unter dem Kohleflöz

Links und *unten*: Dieses Flußufer im englisch-schottischen Grenzgebiet zeigt eine für das frühe Karbon typische Sedimentabfolge. Die Basis (**1**) bildet eine dicke Schicht aus Tonstein, der sich in schlammigem Gewässer ablagerte. Darüber befindet sich eine vorspringende Schicht aus hartem Ton (**2**), bestehend aus feineren Partikeln, die sich in flachen, trüben Gewässern ablagerten. Danach folgt eine Schicht aus weicherem Ton (**3**), der sich unter ähnlichen Bedingungen bildete, jedoch dunkel, mit Pflanzenbestandteilen durchsetzt und weniger kompakt ist. Dieser muß in sehr flachem Wasser entstanden sein, da sich darüber eine Kohleschicht (**4**) befindet,

deren zutage liegende Bereiche durch das Eisen aus anderen Gesteinen rötlich gefärbt sind. Über der Kohle liegt weicherer Ton (**5**), der zeigt, daß die Vegetation von flachem, ruhigem Gewässer überflutet wurde. Darüber folgt eine Abfolge dünner Sandsteinlagen (**6**), die als Einzelschichten aus der Kliffwand herausragen. Diese wurden in einem Fluß mit wechselnder Strömung abgelagert. Schließlich folgten ruhigere Gewässer, die eine weitere Schicht aus weichem Ton (**7**) hinterließen, auf dem sich wieder Sand absetzte und eine dicke Schicht aus massivem Sandstein (**8**) bildete, der nun den Überhang des Kliffs darstellt.

entstehen ließ. Über der Kohle könnte dann eine weitere Schicht Tonschiefer, Sandstein oder sogar Kalkstein folgen, sofern die Vegetation von Meeres- oder Flußwasser überflutet wurde, und die ganze Abfolge könnte von neuem beginnen. Viele Delta-Ablagerungen aus der Karbonzeit in Europa und Nordamerika zeigen diese zyklische Abfolge, als sich das Meer abwechselnd ausbreitete und zurückzog und die Deltas wiederholt überflutete. Gesteinsabfolgen können aus Tausenden solcher Zyklen nach diesem Muster bestehen und die Kohle in sich bergen, die die Grundlage der Industriellen Revolution bildete.

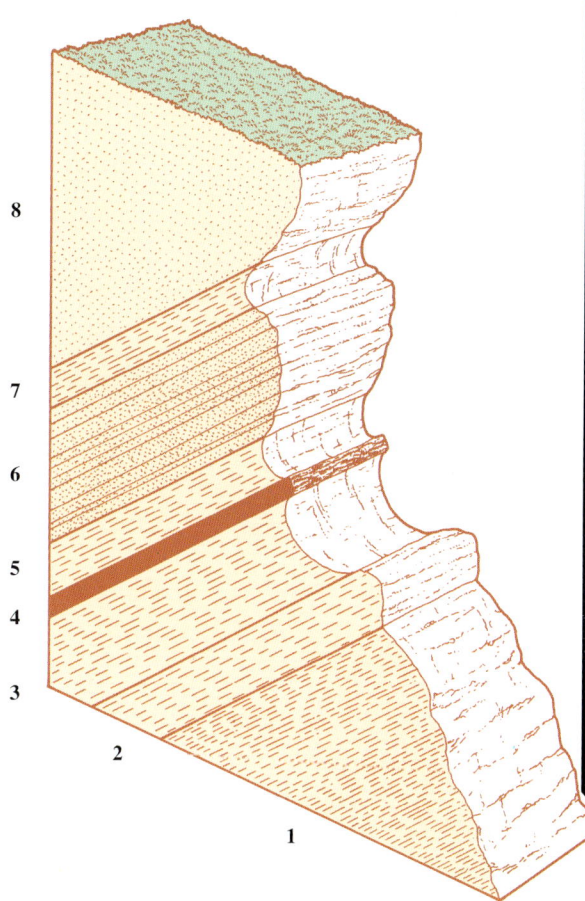

Diskordanzen

Sobald sich eine Gesteinsabfolge über den Meeresspiegel erhebt, wirken Wind und Regen auf sie ein und tragen sie wieder ab. Solche Erosionskräfte greifen das anstehende Gestein an und transportieren die Bruchstücke weiter, bis sie neues Sedimentgestein bilden. Nach einer gewissen Zeit ist die Landschaft abgeflacht und wird wieder von Meerwasser überspült.

Ist das der Fall, lagern sich auf der abgetragenen Oberfläche neue Sedimente ab, die schließlich neues Gestein bilden. Die zwischen diesem neuen Gestein und dem darunterliegenden alten Gestein auftretende Schichtlücke bezeichnet man als Diskordanz.

In den meisten Fällen liegt direkt über der Diskordanz eine Schicht aus Konglomeraten (S. 34 f.), die die Reste eines Kieselstrandes darstellt, der entstanden ist, als das Meer über eine abgetragene Landfläche vordrang. Das Vordringen des Meeres nennt man Transgression, während man es als Regression bezeichnet, wenn sich das Meer wieder zurückzieht. Letztere ist bei einer Gesteinsabfolge jedoch nicht leicht erkennbar, da die Sedimente dem Wetter ausgesetzt sind, abgetragen und alle Spuren vom Rückzug des Meeres verwischt werden.

Das Vorkommen einer Diskordanz ist für die Datierung der Gesteinsabfolge von Bedeutung. Wir haben gesehen, wie man geologische Ereignisse eines Gebiets datieren kann, indem man die Lage der Erstarrungsgesteine beobachtet und untersucht, durch welche Schichten Verwerfungen verlaufen. Schneidet eine Diskordanz durch einen Eruptivgang, kann man davon ausgehen, daß der Eruptivgang zuerst da war und die Gesteinsabfolge erst später abgetragen wurde und die Diskordanz bildete.

Die Untersuchung der Abfolge geologischer Schichten und ihres Gesteins- und Fossilgehaltes bezeichnet man als Stratigraphie. Mit Hilfe der stratigraphischen Techniken sind Paläogeographen in der Lage, in einem Untersuchungsgebiet die Verteilung von Land und Meer sowie die Umweltbedingungen während einer bestimmten Zeit festzustellen.

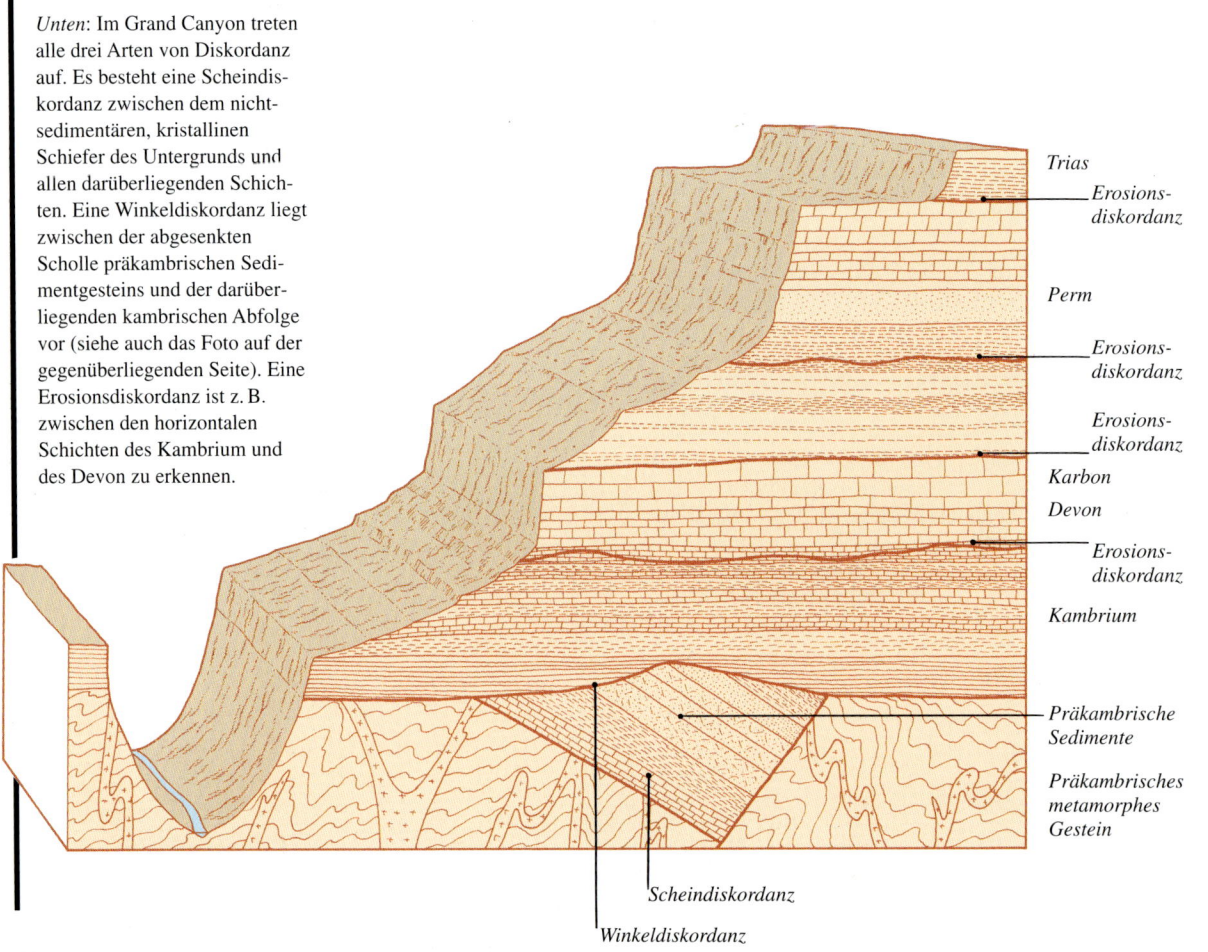

Unten: Im Grand Canyon treten alle drei Arten von Diskordanz auf. Es besteht eine Scheindiskordanz zwischen dem nichtsedimentären, kristallinen Schiefer des Untergrunds und allen darüberliegenden Schichten. Eine Winkeldiskordanz liegt zwischen der abgesenkten Scholle präkambrischen Sedimentgesteins und der darüberliegenden kambrischen Abfolge vor (siehe auch das Foto auf der gegenüberliegenden Seite). Eine Erosionsdiskordanz ist z. B. zwischen den horizontalen Schichten des Kambrium und des Devon zu erkennen.

Trias

Erosions-
diskordanz

Perm

Erosions-
diskordanz

Erosions-
diskordanz

Karbon

Devon

Erosions-
diskordanz

Kambrium

Präkambrische
Sedimente

Präkambrisches
metamorphes
Gestein

Scheindiskordanz

Winkeldiskordanz

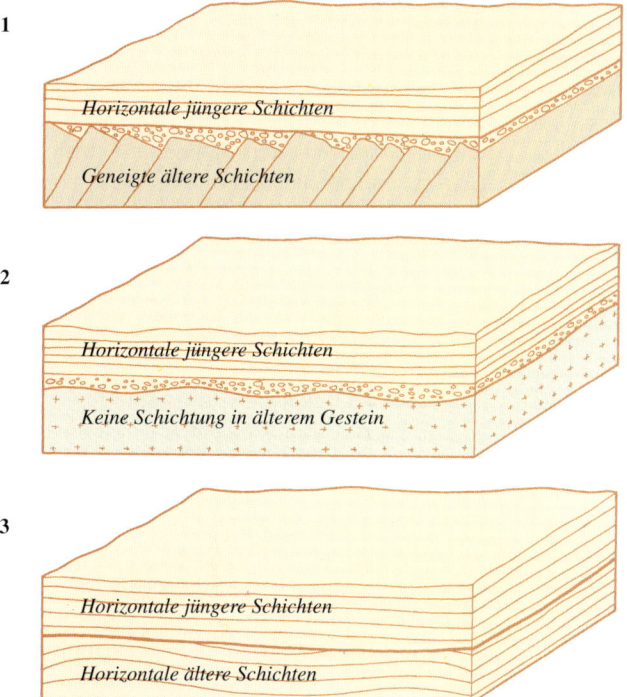

1 Horizontale jüngere Schichten

Geneigte ältere Schichten

2 Horizontale jüngere Schichten

Keine Schichtung in älterem Gestein

3 Horizontale jüngere Schichten

Horizontale ältere Schichten

Oben: Es gibt drei Arten von Diskordanz:
1 Winkeldiskordanz Sie ist am einfachsten zu erkennen. Die unteren Schichten bilden einen Winkel zur darüberliegenden Schicht.
2 Scheindiskordanz Auch sie ist leicht zu erkennen. Die jüngeren Schichten liegen nicht auf anderen Schichten, sondern auf Erstarrungsgestein mit geringen Gefügeunterschieden.

3 Erosionsdiskordanz In diesem Fall gibt es keine klare Trennung zwischen den oberen und den unteren Schichten. Untere Lagen wurden bis zu einem bestimmten Punkt abgetragen, bevor sich neues Material darüber ablagerte. Oft kann man die verschiedenen Schichten nur anhand des Altersunterschieds der darin enthaltenen Fossilien ausmachen.

Symbole der Gesteinsarten

Die wichtigsten Gesteinsarten werden in geologischen Karten und Blockdiagrammen meist durch folgende Symbole dargestellt:

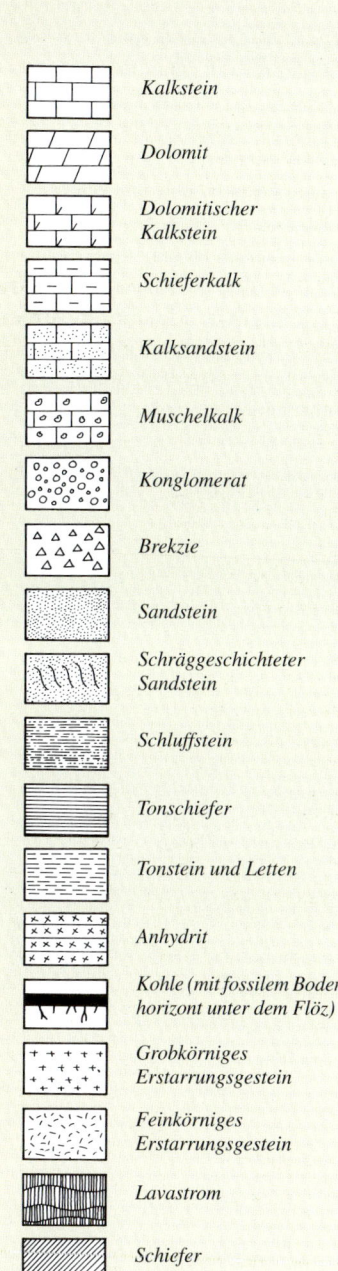

Kalkstein

Dolomit

Dolomitischer Kalkstein

Schieferkalk

Kalksandstein

Muschelkalk

Konglomerat

Brekzie

Sandstein

Schräggeschichteter Sandstein

Schluffstein

Tonschiefer

Tonstein und Letten

Anhydrit

Kohle (mit fossilem Bodenhorizont unter dem Flöz)

Grobkörniges Erstarrungsgestein

Feinkörniges Erstarrungsgestein

Lavastrom

Schiefer

Gneis und kristalliner Schiefer

Fossilien

Vor Jahrmillionen sah die Pflanzen- und Tierwelt völlig anders aus als heute. Ihre Geschichte können wir anhand fossiler Reste nachvollziehen, die die Zeit im Gestein überdauert haben und uns in unterschiedlicher Weise erhalten geblieben sind.

Sehr selten ist der gesamte Organismus unverändert erhalten. So fand man z. B. Mammuts im gefrorenen Schlamm der Tundra oder auch Insekten und andere Kleintiere, die in Bernstein – fossilem Baumharz – eingeschlossen sind.

Oft bleiben jedoch nur harte Teile des Körpers zurück. So bestehen die Haizähne in den tertiären Zonen Ostenglands und die Knochen von Säbelzahntigern in den Asphaltgruben von Los Angeles noch aus ihrem ursprünglichen Material. Häufiger jedoch wurde das ursprüngliche Material chemisch zersetzt, so daß nur noch wenig davon übrig ist. Die schwarzen Schatten der Farne, wie man sie in Tonschiefern aus dem Karbon findet, bestehen aus dem Kohlenstoff, der in den Blättern der Pflanzen enthalten war. Bei übermäßiger Anhäufung ist schließlich Kohle entstanden.

Das ursprüngliche Material wurde oft Molekül für Molekül durch mineralische Substanzen ersetzt, so daß Fossilien entstanden, die noch dieselbe Zellenstruktur aufweisen, aber aus einem völlig anderen Material bestehen. Diesen Vorgang bezeichnet man als Versteinerung. Die versteinerten Bäume im Petrified Forest von Arizona entsprechen bis in ihre mikroskopische Struktur den ursprünglichen Bäumen, bestehen jedoch aus Siliziumdioxid. Manchmal löst sich ein Organismus auch völlig auf – in einigen Fällen bildet sich dann ein Abdruck im Gestein, d. h. eine Hohlform, die der ursprünglichen Form des Organismus entspricht.

Auch die Bioinkrustierung ähnelt einem Abdruck. Ein sessiler Organismus, d. h. ein festsitzendes Lebewesen, kann sich auf einem anderen niederlassen und dieses völlig umschließen. So kann man z. B. an der Außenseite von Austernschalen die Eindrücke von Weichtieren wie den Moostierchen finden, die das am Meeresboden lebende Tier völlig bedeckten und es so mit einer Art lebender Kruste überzogen.

Fossilien müssen aber nicht unbedingt einen Teil oder die Form des Ursprungsorganismus selbst besitzen, sondern können auch Spurenfossilien sein: Dazu

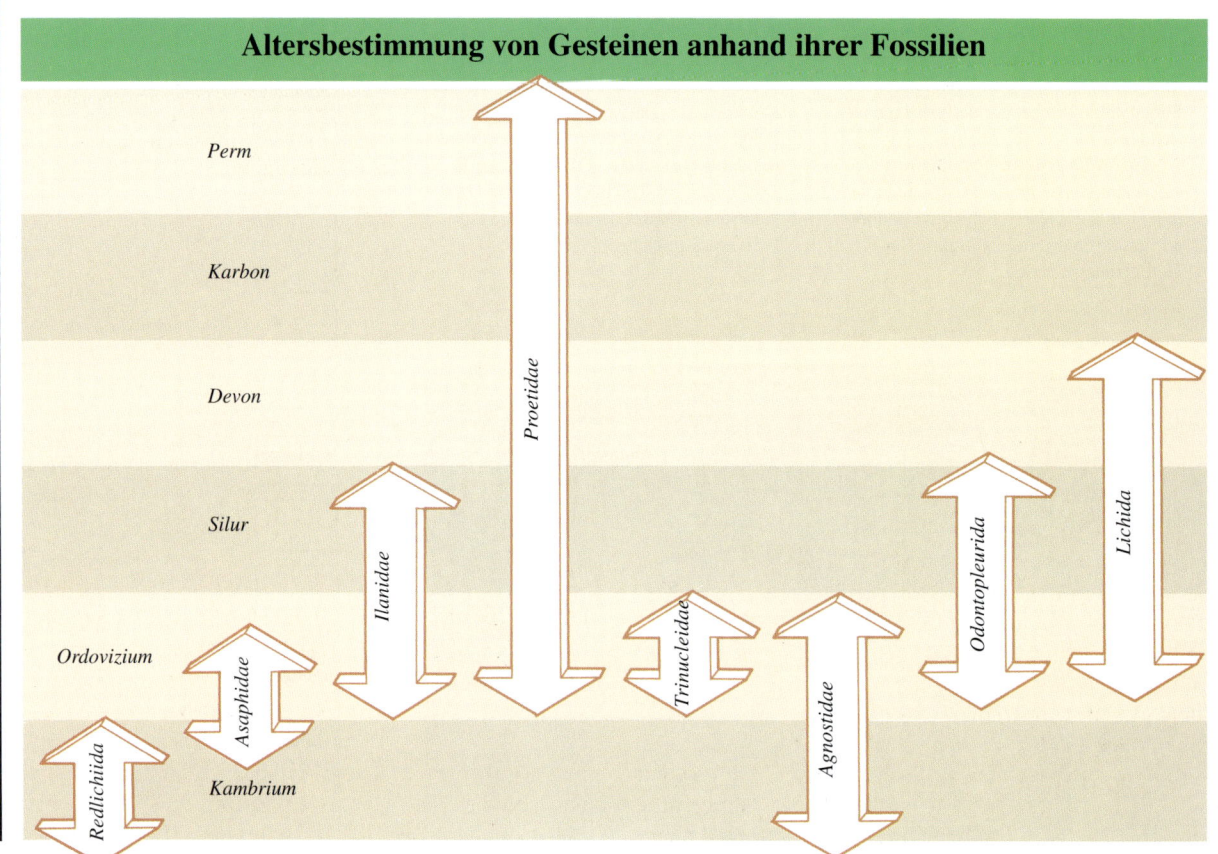

Altersbestimmung von Gesteinen anhand ihrer Fossilien

Perm

Karbon

Devon

Silur

Ordovizium

Kambrium

Redlichiida

Asaphida

Ilanidae

Proetidae

Trinucleidae

Agnostidae

Odontopleurida

Lichida

Ein fossiler Farnwedel besteht aus einer dünnen Schicht des ursprünglichen Kohlenstoffs (*oben*). Das massenhafte Auftreten solcher Pflanzenmaterialien führt zur Entstehung von Kohle. Ein ganzer Friedhof fossiler Fische (*links*) zeigt, daß eine Lebensgemeinschaft von einer Katastrophe überrascht wurde. In diesem Fall war es vermutlich das schnelle Austrocknen eines Wüstenflusses.

gehören etwa Fußabdrücke, Wurmgänge, Freßspuren und ähnliches – also Beweise tierischen Lebens.

Es gibt viele Gründe, warum Fossilien erforscht werden. Vor allem sicher, um Einblick in die wunderbare Vielfalt vergangenen Lebens zu erhalten. Das Leben auf der Erde ist erst richtig zu verstehen, wenn wir auch wissen, was ihm vorausgegangen ist. Die Fossilienforschung ermöglichte es uns, die Geschichte der Evolution nachzuvollziehen, denn mit ihrer Hilfe können wir jeden Abschnitt mit einer bestimmten Zeit in der geologischen Vergangenheit in Verbindung bringen. So wissen wir beispielsweise, daß vielbeinige Meerestiere, sogenannte Trilobiten, vom Kambrium bis zum frühen Devon – also vor 590 bis vor 408 Millionen Jahren – die Meere beherrschten und dann noch bis zum Perm vor rund 248 Millionen Jahren dort lebten. Findet man daher ein Trilobitenfossil im Gestein, kann man mit großer Wahrscheinlichkeit davon ausgehen, daß es aus dem Kambrium, Ordovizium oder Silur stammt, oder aber auch aus dem Devon, Karbon oder Perm. Noch besser ist es, wenn man den Trilobiten genau identifizieren kann. Wissenschaftler fanden heraus, daß die *Agnostida* – eine bestimmte Ordnung sehr kleiner und primitiver Trilobiten – im Kambrium und

Am Fossil des Ammoniten (*links*) erkennt man, wo sich das Innere der Schale mit Sediment füllte und einen Abdruck formte. Stücke des veränderten Schalenmaterials blieben an der Außenseite erhalten.

Das im Bernstein eingeschlossene Insekt (*unten*) deutet auf eine ungewöhnliche Begebenheit hin, die zur Bewahrung des ganzen, unveränderten Organismus geführt hat.

Ordovizium vorkamen. Wir wissen auch, daß eine andere besondere Ordnung, die *Lichida*, nur vom Ordovizium bis zum Devon lebten. Findet man nun Vertreter beider Ordnungen im selben Gestein, so kann man es genau auf das Ordovizium datieren, da nur in dieser Zeit beide Ordnungen nebeneinander vorkamen.

Sofern man Fossilien bis hin zur einzelnen Art oder Unterart identifizieren kann, sind sie für die Altersbestimmung von Gesteinen von Bedeutung. Ammoniten, Kopffüßer in eingerollten Schalen, bevölkerten die Meere des Trias, des Jura und der Kreide vor 140–65 Millionen Jahren. Besonders das Juragestein Südenglands ist in mehrere Dutzend Zeitabschnitte untergliedert, wobei die Einteilung auf den verschiedenen Ammonitenarten beruht. Inzwischen wurden detaillierte Chronologien entwickelt, die auf Mikrofossilien, wie

Foraminiferen, Nanoplankton oder Kieselalgen basieren – also Fossilien mikroskopisch kleiner Pflanzen und Tiere. Anhand ihrer Überreste können Paläontologen auch kleine Gesteinsbruchstücke aus Bohrlöchern untersuchen und das durchdrungene Gestein datieren.

Fossilien, die zur Altersbestimmung von Gesteinen herangezogen werden, bezeichnet man als Leitfossilien. Damit ein Fossil diesen Ansprüchen genügt, müssen zwei Kriterien erfüllt sein: Der Organismus muß geographisch weit verbreitet sein. Am besten sind Lebewesen, die alle Weltmeere bewohnten. Außerdem muß ein Leitfossil einen hohen Evolutionsgrad aufweisen, so daß sich bereits nach einigen Millionen Jahren erkennbar neue Arten entwickelt haben.

Fossilien sind noch in anderer Hinsicht von Nutzen. Faziesfossilien zeigen an, in welcher Umgebung die

Organismen lebten. So lebt z. B. das Schalentier *Scrobicularia* in sauerstoffarmem Ästuarschlamm begraben, in dem die Kiemen der meisten anderen Schalentiere verstopfen würden. Findet man also Tonschiefer mit *Scrobicularia*-Fossilien, läßt sich schließen, daß sich der Tonschiefer aus dem Schlamm eines Ästuars gebildet hat. Das ist insofern hilfreich, als es den Ölgeologen zu den Gesteinsarten führt, die unter Bedingungen entstanden, wie sie für die Bildung von Erdöl geeignet sind.

Fossilien findet man selten isoliert. Meist treten sie als Vergesellschaftung auf. Der Geologe unterscheidet dabei zwei Arten: zum einen die Lebensgemeinschaft oder Biozönose, bei der die Lebewesen so konserviert sind, wie sie lebten. Winzige Tierchen wie Seelilien sind erkennbar gegliedert, Zweischaler haben zusammenhängende Schalen, Wurmgänge und Freßspuren sind unversehrt. Dazu kommt es, wenn ein ganzer Bereich mit Schlamm bedeckt und dabei alles sofort abgetötet wird. Eine solche Vergesellschaftung ist vor allem deshalb wertvoll, weil sie zeigt, in welcher Beziehung die Tiere zueinander standen. Zum zweiten gibt es die Todesgemeinschaft oder Thanatazönose. Hier wurden die Glieder der einzelnen Tiere getrennt und verstreut, Zweischaler brachen auseinander und konnten sich in Strömungsrichtung ansammeln. Solche Vergesellschaftungen geben Hinweise auf die Strömungsgegebenheiten ihrer Zeit, sind aber sonst wenig hilfreich, denn die Strömungen können die Organismen aus anderen Lebensbereichen angeschwemmt oder sogar bestehende Fossilien aus ihrem früheren Gesteinsverband gelöst haben.

Stellen Sie Ihr eigenes ›Fossil‹ her

man es in Bastelgeschäften bekommt, leicht nachahmen. Dazu nimmt man ein Insekt und bettet es in das Gießharz ein. Ist das Gießharz trocken, bleibt das Insekt für immer erhalten.

Für die Herstellung eines Fossilabdrucks füllen Sie zunächst mit Wasser vermengten Gips in eine flache Schüssel. Bevor er trocken ist, drücken Sie ein Muschelmodel hinein. Nach dem Trocknen des Gipses ölen Sie die Oberfläche leicht ein und gießen eine weitere Schicht darüber, die das Muschelmodel völlig bedeckt. Sobald der ganze Block getrocknet ist, können Sie ihn aus der Schüssel nehmen und entlang der Schichtfläche trennen. Wenn Sie nun das Muschelmodel vorsichtig herausnehmen, haben Sie einen hohlen Abdruck. Um daraus einen Abguß herzustellen, schneiden Sie in eine Hälfte des Gipsblocks eine Rinne von außen bis zur Höhlung. Dann stecken Sie die beiden Hälften fest zusammen und gießen durch die Rinne flüssigen Latex in die Höhlung. Sobald der Latex fest ist, können Sie die Stücke auseinandernehmen. Der Latex hat exakt die Form des Ausgangsmodels angenommen.

Auf dieselbe Weise können Sie auch Spurenfossilien herstellen. Geben Sie dazu wieder eine Gipsschicht in eine flache Schüssel und drücken Sie einen Farnwedel hinein. Ist die Schicht angetrocknet, bestreichen Sie die Oberfläche mit Öl und geben eine zweite Schicht darüber. Wenn auch diese trocken ist, können Sie die Schichten wieder trennen. Sie haben nun den Originalabdruck in der einen Hälfte und in der anderen Hälfte ein erhöhtes Abbild des Wedels.

Ein in Bernstein gefangenes Insekt kann man mit Hilfe von künstlichem Gießharz, wie

Erosion und Geomorphologie

Die unaufhörlichen Bewegungen der tektonischen Platten lassen ganze Landstriche ansteigen und drücken Gebirge dem Himmel entgegen; doch sobald das Gestein über dem Meeresspiegel emporragt, wirken Wind und Regen, Eis und Flüsse, Sonne und Schwerkraft darauf ein und tragen es wieder ab. Die Form der festen Erdoberfläche, wie sie die Geomorphologie beschreibt, kann man daher als vorübergehendes Gleichgewicht zwischen diesen Kräften betrachten.

Natürliche Verwitterung

Wenn Sie einen alten Friedhof besuchen, sehen Sie, daß die neueren Grabsteine ziemlich makellos aussehen und frische Inschriften tragen. Die älteren sind jedoch schon leicht verwittert, und auf den ältesten Steinen lassen sich die Inschriften womöglich kaum mehr entziffern. Suchen Sie nach dem ältesten Datum, das Sie noch erkennen können.

Die meisten älteren Grabdenkmäler bestehen aus demselben Gestein – wahrscheinlich aus örtlichen Vorkommen –, und anhand der Grabinschriften kann man erkennen, wie schnell solches Gestein verwittert, wenn es den Umwelteinwirkungen ausgesetzt ist. Dies trifft für jüngere Grabsteine nicht in dem Maß zu, da sie aus einer größeren Gesteinsvielfalt hergestellt werden.

Sofern auf einem Friedhof Grabsteine aus unterschiedlichen Gesteinen vorhanden sind, kann man leicht erkennen, daß einige Gesteinsarten schneller verwittern als andere. Das metamorphe Gestein Marmor etwa verwittert überraschend schnell, wenn man es mit seinem Ausgangsgestein, dem sedimentären Kalkstein, vergleicht.

In unterschiedlichen Klimaten läuft die Verwitterung auch verschieden schnell ab. In einer feuchtheißen Umwelt verwittert jedes Material schneller als unter kühlen, trockenen Bedingungen. In beiden Fällen treten jedoch immer zwei Verwitterungsarten auf: die physikalische und die chemische Verwitterung.

Physikalische Verwitterung

Zu dieser Verwitterungsart gehören die mechanischen Auswirkungen von Wind, Regen, Frost und Tierbewegungen, die alle eine Abtragung zur Folge haben.

In höheren Breiten und in großen Höhen ist sicher Frost der bedeutendste Faktor. Regenwasser sickert in die Poren und Risse des Gesteins. Wenn es friert, dehnt es sich um etwa 9 % seines Volumens aus und sprengt die Poren und Risse – auf dieselbe Weise platzen Wasserrohre im Winter, wenn das Wasser darin gefriert. In die so vergrößerten Poren dringt noch mehr Wasser ein, und wenn auch das gefriert, entwickelt es noch mehr Sprengkraft. Der dabei entstehende Druck kann bis zu hundertmal stärker sein als der Luftdruck in einem Autoreifen. So verwandelt sich ein emporragender Fels schließlich in eckig-kantige Blöcke, und am Fuß der darunterliegenden Hänge sammeln sich Schutthalden an.

In trockenheißen Klimaten hat der große Temperaturunterschied zwischen Tag und Nacht zerstörerische Wirkung. Das Gestein dehnt sich in der Tageshitze aus und zieht sich in der Kälte der Nacht wieder zusammen. Geschieht das mit den oberen Gesteinsschichten, splittern sie häufig von den unteren Schichten ab. Dies wird besonders dort sichtbar, wo das Gestein eine deutliche Schichtung mit parallel zur Oberfläche verlaufenden Schwächeflächen aufweist. Kommt das bei massiven Gesteinen wie Granit vor, splittern häufig schuppenartige Gesteinsplättchen ab – ein Prozeß, den Wissenschaftler als ›Desquamation‹ oder einfacher als ›Zwiebelschalenverwitterung‹ bezeichnen. Dieser Vorgang wird von der sogenannten Druckentlastung unterstützt, d. h., die Gesteine dehnen sich aus, nachdem die Deckschichten abgetragen sind. Häufig spielt bei diesem komplexen Geschehen auch die chemische Verwitterung eine Rolle.

Der Transport verwitterter Teilchen geschieht in ariden Gebieten hauptsächlich durch den Wind. Er trägt Gesteinspartikel fort und schlägt sie gegen anstehendes Gestein, bis sie die Schwerkraft wieder zu Boden fal-

Schutthänge wie die im englischen Lake District (*oben*)
entstehen durch physikalische
Verwitterung. Wasser in Ge-
steinsporen und -rissen dehnt
sich aus, wenn es gefriert, und
sprengt so die Gesteinsblöcke.
Biologische Erosion findet dort
statt, wo Wurzeln in Risse hin-
einwachsen und diese beim
Wachsen auseinandertreiben,
wie hier auf den Philippinen
(*links außen*). Desquamation
oder Zwiebelschalenverwitterung, bei der das Gestein
schichtweise abblättert, wie in
Tansania (*links*), wird in ariden
Klimaten sowohl durch physikalische als auch durch chemische
Verwitterung hervorgerufen.

Rechts: Der aus dem Mineral Kalkspat bestehende Kalkstein ist höchst anfällig für chemische Verwitterung. Der Kalkspat löst sich in der schwachen Säure des Regenwassers auf, das durch die Risse und Spalten ins Gestein sickert. Im Lauf der Zeit werden die Risse immer breiter, und es entstehen sogenannte Karren, durch Rinnen voneinander getrennte Gesteinsrippen. Diese Verwitterung führt auch zu unterirdischen Höhlen, wo der wieder abgelagerte Kalkspat Stalagtiten und Stalagmiten bildet.

Links: Durch vorherrschende Nordwinde gebildete Sanddünen in der Arabischen Wüste. Die bläuliche Farbe deutet auf eine Kruste aus salzhaltigem Schlamm hin.

Unten: Verwitterte und an den Strand gespülte Sandkörner werden vom Wind weitertransportiert. Sie bewegen sich in Form kleinerer Rippel oder größerer Dünen fort, bis schließlich Gräser Wurzeln schlagen können und den wandernden Sand in eine beständige Landschaft verwandeln.

len läßt. Das spielt sich meistens in Bodennähe ab, wo Sandpartikel entlanggeschleudert werden. Oft entsteht dabei ein pilzförmiger Felsen mit breitem Kopf und schmaler Basis, die der Sand geformt hat. Eine weitere, häufig anzutreffende Form ist der Dreikanter, ein auf drei Seiten abgeschliffener Stein. Wenn ein Stein am Boden liegt, trägt der durch den Wind vorangetriebene Sand eine Seite ab, bis der Stein schließlich sein Gleichgewicht verliert und umkippt: Jetzt kann die nächste Seite abgeschliffen werden.

Durch die Vorgänge der Gesteinssprengung und -abtragung entsteht neuer Sand, der den Sandschliff noch verstärkt. In Wüsten wird der Sand in Form langsam wandernder Sandwellen, der Dünen, vorangetrieben.

Eine wichtige Rolle bei der physikalischen Verwitterung kommt auch den Lebewesen zu. So schlagen Bäume ihre Wurzeln bis tief ins Gestein, wodurch sich Risse bilden und das Gestein schließlich gesprengt wird. Ein anderes Beispiel sind bestimmte Muscheln, die sich ins Gestein graben können und es so abtragen.

Heutzutage ist der bedeutendste biologische Abtragungsfaktor jedoch der Mensch. Unangemessene landwirtschaftliche Nutzung kann den Oberboden zerstören. Trampelpfade und Wege zerschneiden die Landschaft, besonders dort, wo das Gestein sehr weich ist. Es gibt auf der ganzen Erde fast keinen Fleck mehr, der vom Einfluß des Menschen unberührt ist.

Chemische Verwitterung

Selbst leichter Regen zeigt manchmal ziemlich starke Wirkung. Er kann sehr sauer sein, entweder, weil er gelöste saure Industrieabgase enthält, oder – was wahrscheinlicher ist –, weil er Kohlendioxid aus der Atmosphäre aufnahm und daraus Kohlensäure bildete.

Es gibt Mineralien, die für diese Säure aus der Luft anfällig sind, besonders Feldspat und Kalkspat. Granit besteht zum größten Teil aus Feldspat, Quarz und Glimmer. In feuchten Klimaten reagiert der Feldspat mit der Säure und zerfällt in Tonmineralien. Dadurch werden die anderen Mineralien im Gestein lose und fallen auseinander. Aus diesem Grund trifft man in Gebieten mit Granitvorkommen häufig Porzellanerde an und findet am Meer weiße Strände aus Quarz und Glimmer.

Auch der hauptsächlich aus Kalkspat bestehende Kalkstein wird vom sauren Regen abgetragen. Das Wasser sickert durch Risse, wobei es das Gestein an deren Wänden löst. Im Lauf der Zeit werden die Risse immer weiter und bilden sogenannte Karren – aufrechtstehende Gesteinsrippen, die durch Rinnen voneinander getrennt sind.

Basisches Erstarrungsgestein wie Gabbro verwittert ebenfalls auf diese Weise. Das im Gabbro enthaltene Olivin wird teilweise angegriffen, allerdings mehr vom Wasser selbst als von der darin enthaltenen Säure. Wasser dringt durch Risse und Spalten ein und greift alle Seiten gleichzeitig an. Auf diese Weise wird das frische Gestein abgetragen. Am schnellsten werden die Ecken angegriffen, so daß kugelige Verwitterungsformen entstehen. Daher bezeichnet man diese Verwitterungsart auch als Wollsackverwitterung.

Chemie der Erosion

Die chemische Verwitterung basiert auf ziemlich komplexen Reaktionen, zu denen auch die Bildung löslicher Substanzen zählt, die dann ausgewaschen werden.

Wasser (H_2O) löst Kohlendioxid (CO_2) und wird zu Kohlensäure (H_2CO_3).

Die Reaktion mit Feldspat zur Bildung von Tonmineralien:

$$6H_2CO_3 + 2KAlSi_3O_8 \rightarrow$$
$$Al_2Si_2O_5(OH)_4 \text{ (Ton)} + 4SiO(OH) + K_2CO_3 \text{ (löslich)}$$

Die Reaktion mit Kalkspat:

$$2H_2CO_3 + 2CaCO_3 \rightarrow H_2 + 2CaHCO_3 \text{ (löslich)}$$

Der Wasserkreislauf und die Auswirkung von Flüssen

Wasser ist in ständiger Bewegung – aber nicht nur in Form von Gezeiten und Meeresbrandungen oder in großen Flüssen, sondern auch in der Atmosphäre. In der Sonnenwärme verdunstet das Wasser der Meeresoberfläche, und die Winde tragen den Wasserdampf weiter. Bei veränderten Bedingungen, z. B. bei Temperaturrückgang, kondensiert der Wasserdampf zu kleinen Wolkentröpfchen und bildet schließlich große Tropfen, die als Regen zur Erde fallen. Fallen die Regentropfen auf Festland, versickern sie im Boden oder fließen über die Oberfläche. Früher oder später findet das Wasser seinen Weg in einen Fluß und fließt wieder ins Meer zurück. Diesen Weg des Wassers bezeichnet man als Wasserkreislauf. Er hat großen Einfluß auf das Leben und die Landschaft unseres Planeten.

Flußabschnitte

Geographen und Geologen unterscheiden im Lauf eines Flusses drei Stadien: Jugend, Reife und Alter. Diese Einteilung ist zwar recht menschenbezogen, aber sie beschreibt die Zustände und die Vorgänge in den einzelnen Phasen des Flusses recht gut. Natürlich sind alle Flüsse verschieden. In manchen Fällen wird ein Stadium übersprungen, so etwa bei einem Fluß, der vom Jugendstadium im Gebirge ins Altersstadium übergeht, sobald er die Ebene erreicht. Außerdem unterliegt auch jeder Fluß mit der Zeit einem Wandel, und seine Stadien verändern sich, wenn Gebirge abgetragen worden sind und weiten Ebenen Platz gemacht haben.

Flüsse aus geologischer Sicht

Für die Geologie ist besonders das Jugendstadium der Flüsse von Bedeutung. In diesem Stadium durchschneiden sie unablässig das Gestein und legen dabei einen Querschnitt der Geologie des durchflossenen Gebietes frei. Wenn das Muttergestein vom strömenden Wasser glattgeschliffen wird, ragen die aus härteren Mineralien bestehenden Fossilien oft noch heraus. Wasserfälle und Stromschnellen entstehen dort, wo das Untergrundgestein härter als seine Umgebung ist; daher gewähren auch sie einen interessanten Einblick in den geologischen Aufbau der Umgebung.

Im Reifestadium verlagert sich das Interesse vom Muttergestein zum abgelagerten Schutt. Das Muttergestein wird nur noch an den Außenseiten der Schleifen sichtbar, wo das Flußwasser am schnellsten fließt und daher ins Gestein schneidet. Die Steilufer eines Tales können zwar bis zum Muttergestein abgetragen worden sein, sind aber wahrscheinlich bereits wieder bewachsen. Zuweilen findet man interessantes Gestein in Wurzeln abgestorbener Bäume eingebettet, die bei Überschwemmungen flußabwärts gerissen wurden und später liegengeblieben sind.

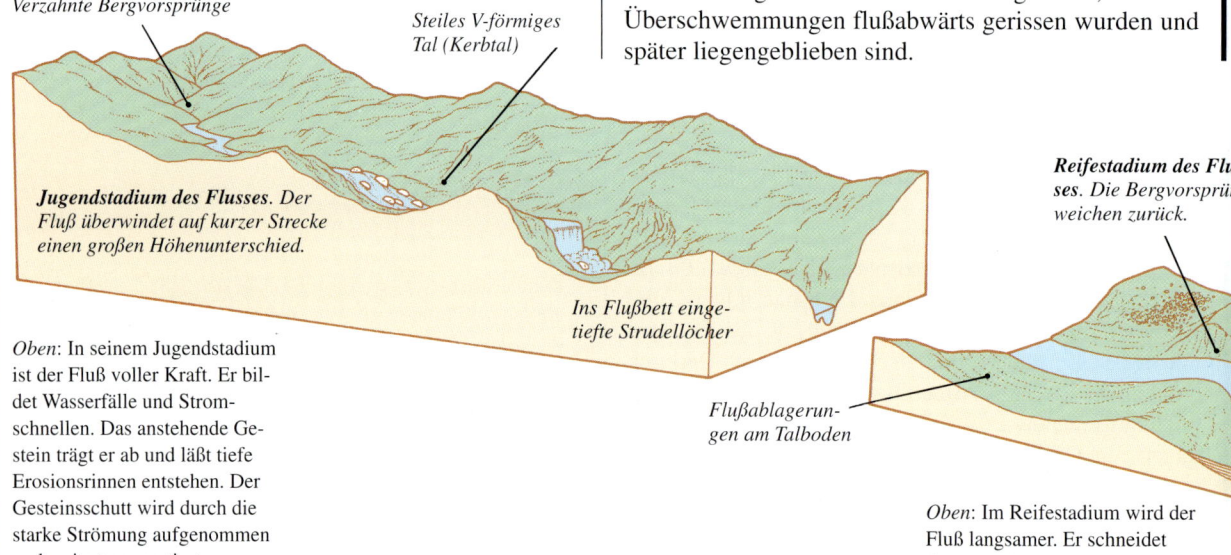

Verzahnte Bergvorsprünge

Steiles V-förmiges Tal (Kerbtal)

Jugendstadium des Flusses. Der Fluß überwindet auf kurzer Strecke einen großen Höhenunterschied.

Ins Flußbett eingetiefte Strudellöcher

Flußablagerungen am Talboden

Reifestadium des Flusses. Die Bergvorsprünge weichen zurück.

Oben: In seinem Jugendstadium ist der Fluß voller Kraft. Er bildet Wasserfälle und Stromschnellen. Das anstehende Gestein trägt er ab und läßt tiefe Erosionsrinnen entstehen. Der Gesteinsschutt wird durch die starke Strömung aufgenommen und weitertransportiert.

Oben: Im Reifestadium wird der Fluß langsamer. Er schneidet sich zwar in die Talseiten ein, lagert aber gleichzeitig Gesteinsmaterial am Talboden ab, wodurch eine Flußebene entsteht. Der Fluß ändert immer wieder seinen Lauf und windet sich durch die Ebene.

Rechts: Wasser befindet sich in einem ständigen Kreislauf. Es verdunstet an der Meeresoberfläche, steigt empor und bildet Wolken, von denen ein Teil auch über das Festland zieht. Schließlich werden die Wassertröpfchen so schwer, daß sie als Regen zur Erde fallen. Dort fließt das Wasser entweder sofort in Flüsse, oder es versickert erst im Boden. Am Ende gelangt es jedoch wieder ins Meer. Auf dem Weg dorthin verdunstet wieder ein Teil des Wassers aus dem Boden, den Flüssen oder aus Seen und steigt in die Atmosphäre auf. Ein weiterer Teil des Wassers wird von Pflanzen aufgenommen und verdunstet später auf der Oberfläche der Blätter. Diesen Prozeß bezeichnet man als Wasserkreislauf.

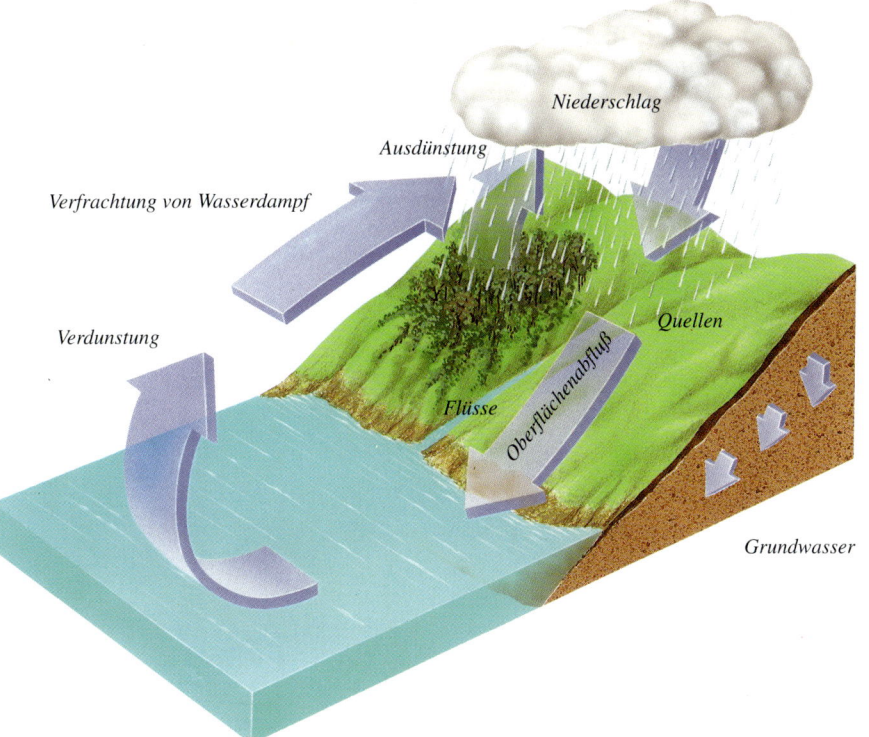

Niederschlag

Ausdünstung

Verfrachtung von Wasserdampf

Verdunstung

Quellen

Flüsse

Oberflächenabfluß

Grundwasser

An der Außenseite, wo das Wasser am schnellsten fließt, wird das Ufer abgetragen.

Im Inneren der Schleifen werden Sedimente abgelagert.

Unten: Im Altersstadium ist der Fluß träge und schwach. Das Wasser hat nicht mehr genügend Kraft, um Gestein abzutragen, und das noch mitgeführte Material wird abgelagert. Es bilden sich Mäander, und bei Überschwemmungen werden Schlammbänke abgelagert.

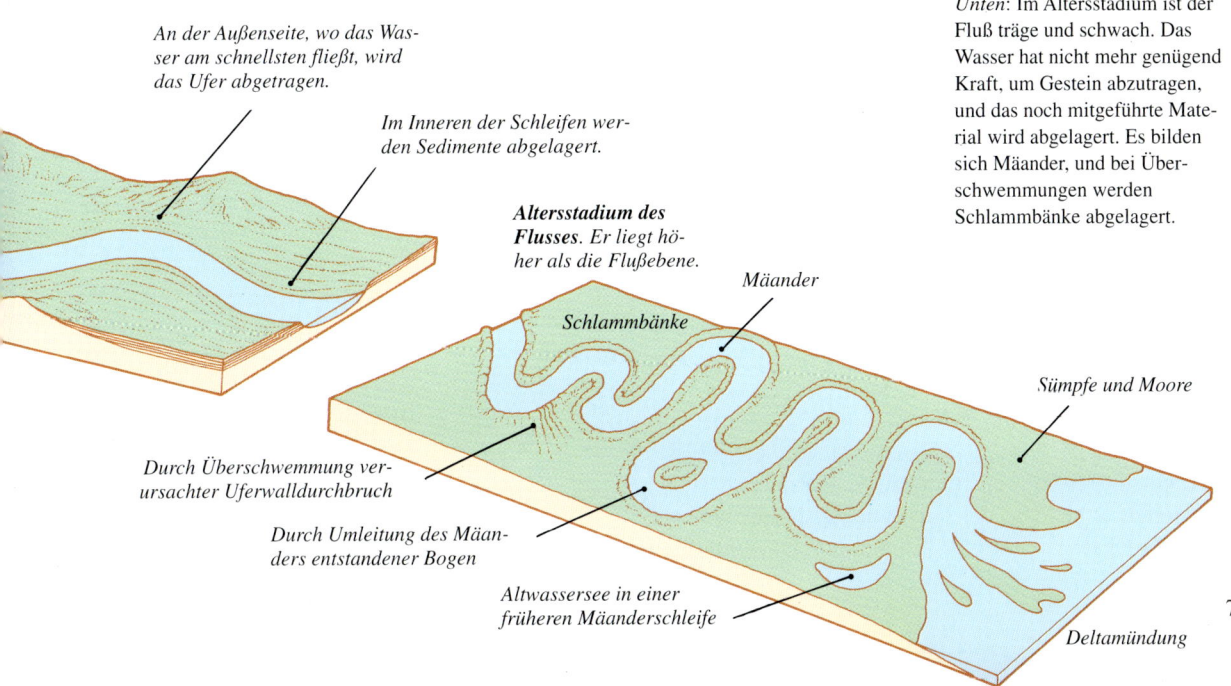

Altersstadium des Flusses. *Er liegt höher als die Flußebene.*

Mäander

Schlammbänke

Sümpfe und Moore

Durch Überschwemmung verursachter Uferwalldurchbruch

Durch Umleitung des Mäanders entstandener Bogen

Altwassersee in einer früheren Mäanderschleife

Deltamündung

Flüsse als Landschaftsbildner

Gießt man Wasser über eine unebene Oberfläche, so fließt es immer durch die Vertiefungen abwärts und umgeht dabei die erhöhten Stellen. Das gilt auch für Flüsse, wenn sie ihre Stadien der Jugend, der Reife und des Alters durchlaufen. Die Vertiefungen und Erhöhungen, die sie auf ihrem Weg durchfließen oder umgehen, hängen größtenteils von der Geologie des betreffenden Gebietes ab. Ein Luftbild eines Flußsystems auf gefügelosem Gestein, wie bei dem großen Batholithen aus Granit (S. 56f.), zeigt Ströme und Seitenarme auf, die in einem zufälligen, aber doch gleichmäßigen, fast baumzweigartigen Muster verlaufen. Ein solches Muster bezeichnet man auch als verzweigtes Flußnetz.

Auswirkungen der Geologie auf Flüsse

Auf geneigten Ebenen können sich völlig unterschiedliche Entwässerungsnetze entwickeln. Dort, wo weiche und harte Gesteine einander abwechseln, z. B. bei in Tonschiefer eingebettetem Sandstein, wird das weiche Gestein immer zuerst abgetragen. Flüsse folgen deshalb dem weicheren Gestein und verlaufen parallel zur Streichrichtung. Das höhere und härtere Gestein entwickelt jedoch eigene Grundwasserspiegel und bringt Quellen hervor, deren Wasserläufe der Hangneigung folgen, bis sie in die Flüsse der in den weicheren Gesteinsschichten eingetieften Täler münden. Dadurch entsteht ein rechteckiges Flußnetz, bei dem die Seitenarme im rechten Winkel auf den Hauptfluß treffen – ein Muster, das man gitterförmiges Flußnetz nennt.

Es ist unausweichlich, daß ein Fluß sein Bett auswäscht, bis es schließlich den Grundwasserspiegel erreicht. Manchmal trägt er nach einer gewissen Zeit auch einen Höhenzug aus härterem Gestein ab, der bis dahin den Fluß von einem im benachbarten Tal fließenden trennte. In diesem Fall ändert der höhergelegene Fluß seine Laufrichtung und übernimmt das tiefergelegene Flußbett. Dies wird als Flußanzapfung bezeichnet. Vom angezapften Fluß bleibt in seinem ursprünglichen Tal meist nur noch ein kleines Rinnsal zurück.

Kuppelförmige Strukturen wie die sedimentären Schichten über einem Lakkolithen (S. 56f.) lassen ein radiales Flußnetz entstehen, bei dem die Flüsse, der Neigung der Hänge folgend, nach außen fließen.

Ein Beispiel für ein solches radiales Flußnetz ist der englische Lake District. Hier entwässern die Flüsse von einem Zentrum nach außen, es gibt jedoch keine geneigten Schichten, die auf ihren Ursprung hinweisen. Hier gab es einst eine Kuppel aus jüngerem Ge-

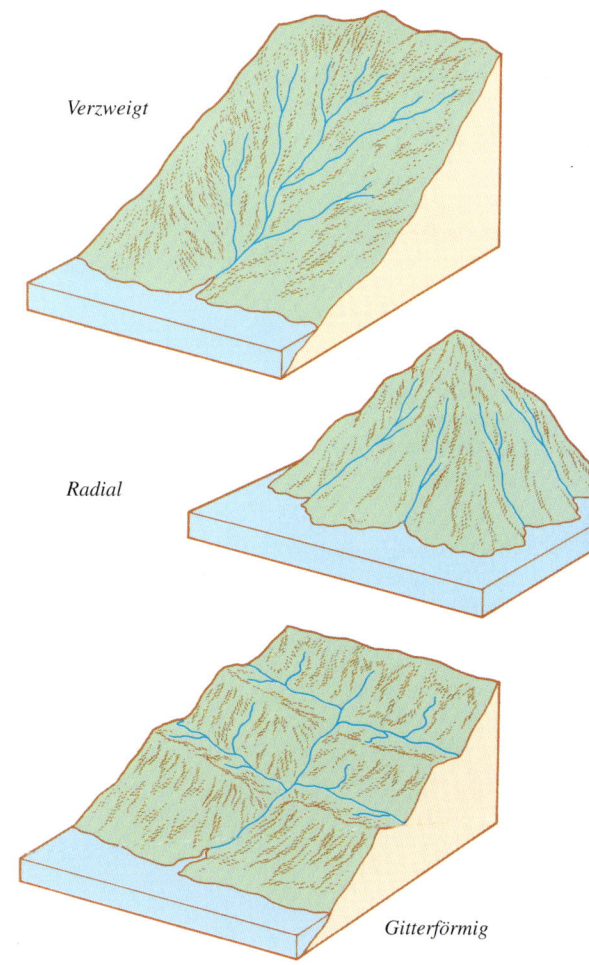

Verzweigt

Radial

Gitterförmig

Oben: Das verzweigte Flußnetz ist das am weitesten verbreitete Abflußsystem. Die Wasserläufe fließen zusammen und bilden dabei zufällig angeordnete Seitenarme. Ein radiales Flußnetz entsteht, wenn die Flüsse von einem hochgelegenen Gebiet nach außen fließen. Ein gitterförmiges Netz tritt auf, wenn die Flüsse den Grenzlinien der Landschaft (dem Streichen) folgen und durch Hauptflüsse miteinander verbunden sind, die

im rechten Winkel zu ihnen verlaufen. In einigen Fällen schreiten die Oberläufe eines Flusses soweit zurück, bis sie auf einen anderen Fluß treffen. Dieser zweite Fluß vereinigt sich dann mit dem ersten und gibt sein ursprüngliches Flußbett auf. Diesen Vorgang bezeichnet man als Flußanzapfung (*unten*).

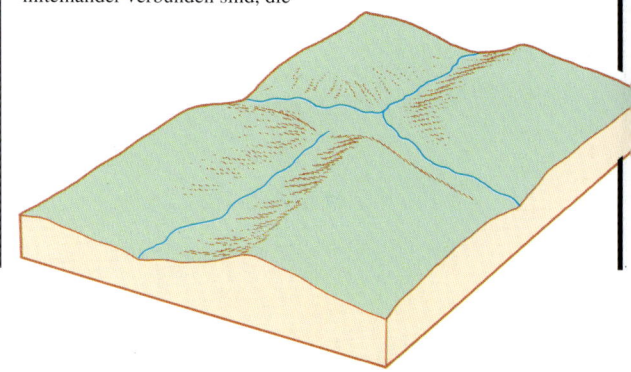

stein, von der die Flüsse ausgingen. Im Lauf der Zeit wurde das Gestein, aus dem die Kuppel bestand, abgetragen – nicht nur von den Flüssen, sondern auch von anderen Erosionskräften. Die Flüsse folgten weiter den von ihnen eingeschnittenen Betten, ungeachtet der inzwischen abgeflachten Landschaft. In diesem Fall spricht man von epigenetischen Flüssen.

Lauftreue Flüsse

Im Reifestadium fließt ein Fluß in Mäandern durch das Tal. Hebt sich das durchflossene Gebiet, so schneidet der Fluß sein Bett weiter ein. Dabei entsteht eine gewundene Schlucht, die dem ursprünglichen Flußverlauf folgt – ein sogenannter eingeschnittener Mäander.

Das wohl eindrucksvollste Beispiel eines epigenetischen Flusses ist der Brahmaputra. Er beginnt in China an der Nordseite des Himalaya, durchbricht in einer Schlucht das höchste Gebirge der Welt, fließt weiter durch Indien und erreicht in Bangladesch den Indischen Ozean. Offensichtlich durchfloß der Fluß das Gebiet schon vor der Auffaltung des Himalaya-Gebirges. Als sich Indien infolge der Plattentektonik auf Asien schob, schnitt er sich in das entstehende Gebirge ein, wobei die Abtragung mit der Gebirgsfaltung Schritt halten konnte.

Gerade solche tief in die Landschaft eingeschnittenen Flüsse sind für den Geologen besonders interessant, da sie ihm sonst unmögliche Einblicke in die unteren Gesteinsschichten gewähren.

Versuch

Suchen Sie ein Gebiet mit sehr flachem Wasser oder ein Flußbett, das zeitweise über dem Wasserspiegel liegt. Beachten Sie hier das Gefüge des abgelagerten Sediments. Stechen Sie mit einer Kelle oder einem Spaten senkrecht in das Flußbett und heben Sie einen Block heraus. Anhand der Abfolge der Sedimente können Sie hier eine Schrägschichtung erkennen – so wie auf S. 60f. beschrieben.

Ein gitterförmiges Flußnetz, wie bei diesem Beispiel aus Grönland (*oben rechts*), ist das Ergebnis von Flußanzapfungen. Ein Fluß schneidet sich rückwärts durch einen Gebirgszug ein und bildet ein Tal, dem nun auch die Flüsse folgen, die ursprünglich auf der anderen Seite des Gebirgszuges flossen. Fließt ein Fluß durch Flachland, bildet er Mäander genannte Schleifen aus. Wird dieses Flachland durch tektonische Vorgänge angehoben, schneidet sich der Fluß in sein Bett ein, wobei er dem Verlauf des ursprünglichen Mäanders folgt. Das Ergebnis ist ein eingeschnittener Mäander, wie dieser in Colorado (*rechts*).

Unterirdische Landschaften

Der größte Teil des Regenwassers versickert im Boden. Es sammelt sich in der Sättigungszone, wo alle Poren und Spalten des Bodens und des Gesteins mit Wasser angefüllt sind. Die Oberseite dieser Zone bildet den Grundwasserspiegel – eine bedeutende Marke für die Anlage von Brunnen. Dort, wo der Grundwasserspiegel die Oberfläche erreicht, z. B. an Hängen, tritt das Wasser in Form von Quellen aus.

In einem Gebiet mit vorherrschendem Kalkstein ist die Situation jedoch ganz anders. Kalkstein besteht aus Kalkspat, der von der im Regenwasser enthaltenen Kohlensäure gelöst wird (S. 72f.). An der Oberfläche findet dies am schnellsten entlang der Klüfte und Verwerfungslinien statt, wodurch Risse und schließlich von Rinnen durchsetzte Karren entstehen. Dasselbe geschieht auch unter der Erdoberfläche.

Die Erosion hat entlang der Schichtflächen des Kalksteins und der Klüfte, die die Schichtflächen zumeist im rechten Winkel schneiden, die stärksten Auswirkungen. Sie wirkt auch im Bereich des Grundwasserspiegels, wo die Oberfläche des Wassers einen Wasserlauf bildet und mehr oder weniger horizontal fließt. Infolgedessen wird der Kalksteinbereich in mehrere zusammenhängende Höhlen aufgelöst. Hin und wieder

kommt es zu Senkungen des Grundwasserspiegels. Dadurch schneidet sich ein unterirdisch fließender Wasserlauf tiefer ein und verleiht dem so entstandenen Tunnel im Querschnitt eine schlüssellochähnliche Form. Bei plötzlich absinkendem Wasserspiegel schneidet der Wasserlauf im neuen Niveau einen neuen Tunnel ein, und der alte bleibt als trockener Stollen zurück. Wenn sich die Höhlen immer weiter ausdehnen, stürzen die Decken ein, bedecken den Höhlenboden, und es entstehen neue Hohlräume über ihnen. Durch diesen Einsturz kann die Oberfläche einsacken, und es bilden sich breite Vertiefungen, die Dolinen.

Senkrecht verlaufende Höhlen, die durch fallendes Wasser gebildet wurden, bezeichnet man als Flußschwinden, Schlundlöcher oder Ponore. Flüsse, die durch ein Gebiet mit undurchlässigem Gestein fließen, können plötzlich durch eine solche Höhle verschwinden, sobald sie auf Kalkstein treffen.

Ein Teil des Kalkspats wird ins Meer transportiert, ein Großteil lagert sich aber auch im Ursprungsgebiet wieder ab. Nach unten sickerndes Grundwasser, das tropfenförmig an der Höhlendecke hängt, gibt den Kalkspat hier wieder ab – nicht etwa, weil das Wasser verdunstet (die Feuchtigkeit in der Höhle schließt das aus), sondern weil es hier nicht mehr genügend Kohlendioxid enthält und daher nicht mehr sauer genug ist,

Unten und nächste Seite *links unten*: Grundwasser versickert in Löcher und Risse des Kalksteins.
1 In Höhe des Wasserspiegels fließt es horizontal und bildet einen Tunnel. In der Umgebung werden entlang der natürlichen Schichtflächen und Klüfte weitere Öffnungen ausgeschwemmt.

2 Bei Senkung des Wasserspiegels wiederholt sich der Vorgang auf niedrigerem Niveau, und der ursprüngliche Tunnel bleibt als trockener Stollen zurück.
3 Die Höhlendecke kann einstürzen, wobei neue, riesige Höhlen entstehen.

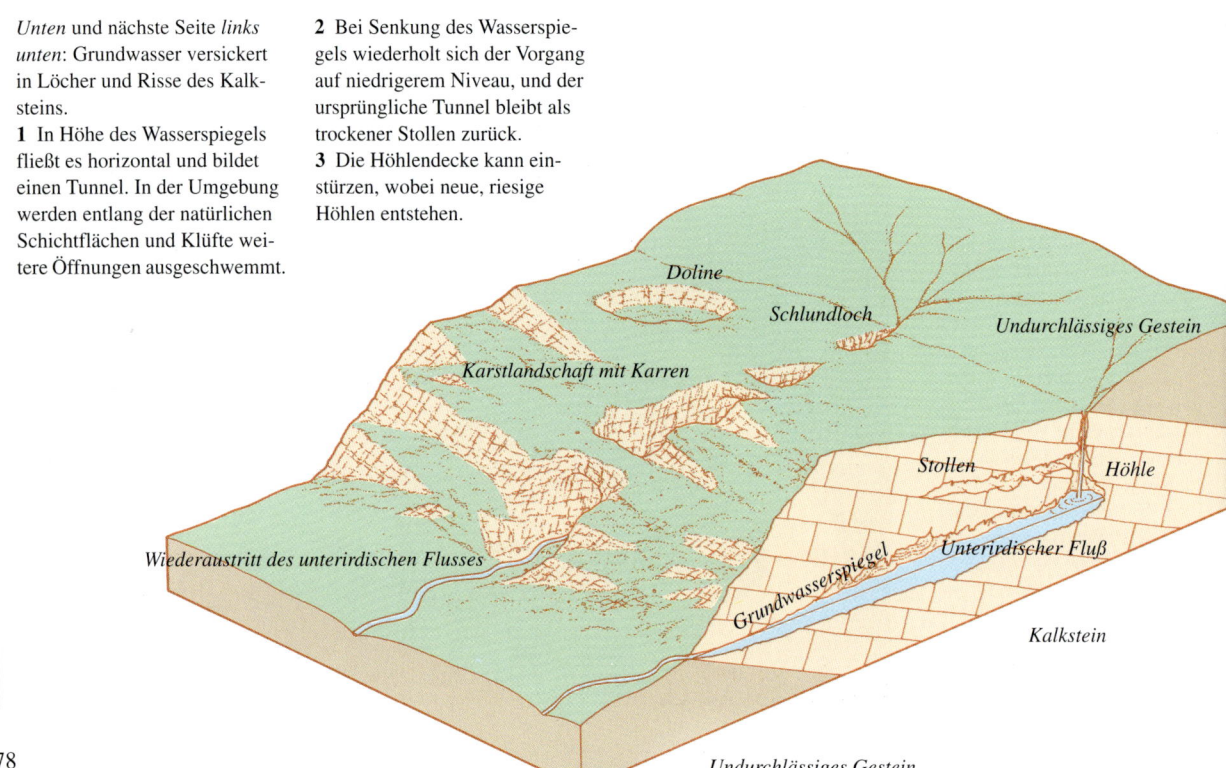

Doline

Schlundloch

Undurchlässiges Gestein

Karstlandschaft mit Karren

Stollen

Höhle

Wiederaustritt des unterirdischen Flusses

Grundwasserspiegel

Unterirdischer Fluß

Kalkstein

Undurchlässiges Gestein

um den Kalkspat zu halten. Aus den Kalkspatablagerungen bilden sich im Lauf der Zeit Stalaktiten. Fällt ein Tropfen auf den Höhlenboden, wird auch hier Kalkspat freigesetzt, der sich in Form von Stalagmiten ansammelt. Dabei entstehen Stalaktiten und Stalagmiten unterschiedlichster Form. Wasser, das z. B. durch Kapillarwirkung an Stalaktiten oder Stalagmiten entlangläuft, setzt den in ihm enthaltenen Kalkspat an gewissen Stellen frei, und es entsteht ein scheinbar versetzt wachsender Stalaktit, ein sogenannter Anemolith.

Kalkspat wird auch in unterirdischen Flüssen abgelagert. Fließt ein solcher Fluß über eine Unebenheit, lagert sich Kalkspat ab, die Unebenheit wird größer, es lagert sich noch mehr Kalkspat ab usw. Das Ergebnis ist eine Abfolge von Stufen und Terrassen im Flußbett, die man als Sinter bezeichnet.

Wenn der unterirdische Fluß schließlich wieder an die Oberfläche gelangt, bildet er oft eine versteinerte Quelle. Hier kann das Wasser verdunsten, und der Kalkspat lagert sich in der Umgebung ab und überzieht sie mit einer Kruste.

Das Mineral Kalkspat dient auch zur Zementierung unverfestigter Sedimente. Das kann man bei einer versteinerten Quelle wunderbar erkennen, wo man die Geschwindigkeit der Kalkspatablagerung richtiggehend mitverfolgen kann.

Oben: Ein über Kalkstein fließender Fluß kann einen senkrechten Schacht auswaschen, der später als Schlundloch dient. In unterirdischen Höhlen lagert sich der gelöste Kalkspat an den Decken und Böden in Form von Stalaktiten und Stalagmiten ab (*unten rechts*).

1

2

3

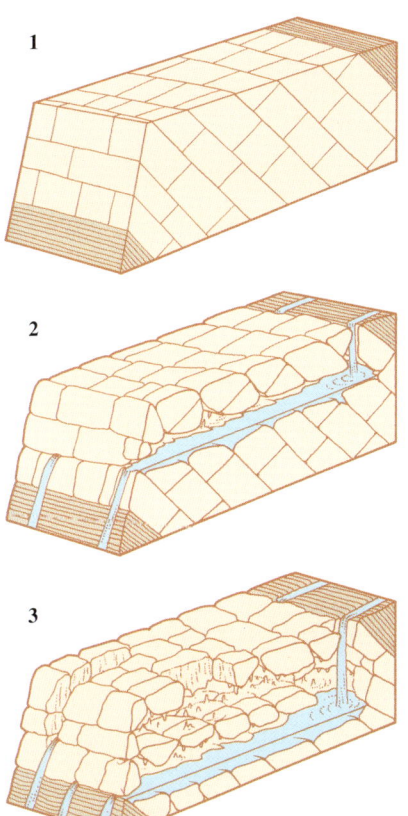

Eis

Eis kann, wie bereits erwähnt, mit zerstörerischer Kraft auf Gestein wirken (S. 70f.), es kann aber auch Gesteine transportieren und ganze Landschaften bilden. In Tundrengebieten am Rande der großen Eiskappen der Kältegebiete unserer Erde wirkt sich der permanent gefrorene Unterboden (Permafrost) auf unterschiedlichste Weise auf die Landschaft aus. Er zerreißt die Oberfläche in riesige Polygone mit mehreren Metern Durchmesser oder drückt große, mit Erdboden bedeckte und mit Eis gefüllte Kegel, sogenannte Pingos oder Palsas, empor.

Fließendes Eis

Den stärksten Einfluß auf die Gestaltung der Erdoberfläche haben Gletscher – gewaltige Eisströme, die sich von schneebedeckten Berggipfeln hinabwälzen. In einer Hohlform im Hochgebirge sammelt sich im Lauf der Jahre Schnee an. Durch das große Gewicht der oberen Schichten werden die unteren Schichten zu Eis zusammengepreßt. Unter dem gewaltigen Druck bewegt sich das Eis in einer zähen Masse langsam talwärts. Dabei schleift es aufgrund seines hohen Gewichts den Boden und die Seiten des Tals ab und reißt den dabei entstehenden Schutt mit sich. Die Talwände werden unterhöhlt, und Lawinen lagern weiteren Schutt auf der Eisoberfläche ab, der dann von dem Gletscher wie auf einem riesigen Förderband für Steine ins Tal transportiert wird.

Noch eindrucksvoller sind die Eiskappen – riesige Eismassen über den Polen der Erde oder auf eisbedeckten Landmassen –, die immer wieder von Neuschnee bedeckt werden und sich unter dem steigenden Druck langsam nach außen bewegen.

Spuren der Eiszeit

Das alles scheint für die Landschaft in den gemäßigteren Breiten der Erde keine große Bedeutung zu haben – es erinnert jedoch an die großen Eiszeiten, die in den letzten 2 Millionen Jahren gerade in diesen Breiten herrschten. Weite Teile Europas, Asiens und Nordame-

Unten links und *rechts*: Durch sein großes Gewicht schleift der Gletscher den Boden und die Seiten des Tals ab und nimmt den Schutt mit, den er dabei herausreißt. Nach dem Abschmelzen des Gletschers hat das Tal eine charakteristische U-Form. Der Boden besteht dann zumeist aus glattgeschliffenem Gestein, und das mitgenommene Material tritt an bestimmten Stellen in Form von Moränen, als Geschiebemergel oder als Drumlins auf. Der Weg eines ehemaligen Schmelzwasserstroms unterhalb des Gletschers wird durch eine als Os (Plural: Oser) bezeichnete Kiesbank markiert.

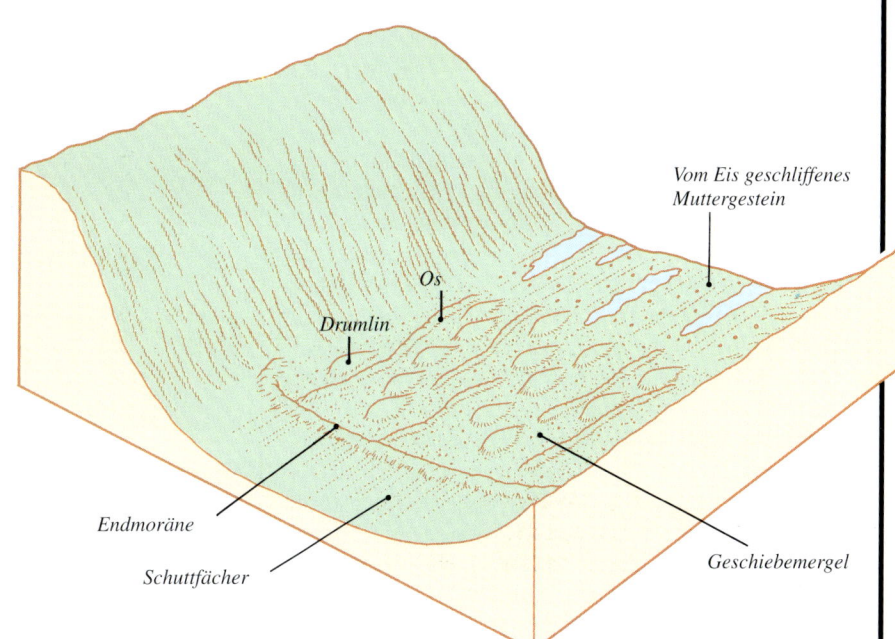

Vom Eis geschliffenes Muttergestein

Os

Drumlin

Endmoräne

Schuttfächer

Geschiebemergel

rikas waren von Eis bedeckt, und die Gletscher breiteten sich von den Hochgebirgen bis weit in ihre Vorländer aus. In all diesen Gebieten findet man noch heute Landschaftsformen, die die damaligen Eismassen geschaffen haben.

Die ausgetieften und verbreiterten Täler haben eine U-Form angenommen, in die auf halber Höhe die ehemaligen Seitentäler einmünden. Dort, wo das Meer in diese Täler vorgedrungen ist, bildeten sich Fjorde. Blanker Felsen wurde angekratzt, und es entstanden tiefe Schrammen, sogenannte Kritzen. Anstehendes Gestein wurde an der Bergseite abgeschliffen und geschrammt, an der Hangseite dagegen zerbrochen und fortgerissen, wodurch sich Rundhöcker bildeten.

Der abgelagerte Gesteinsschutt

Geologen bezeichnen den Gesteinsschutt als Moräne. Er hat sich in den Tiefländern angehäuft, wo die Gletscher abschmolzen. Große Gesteinsblöcke, grober Kies und feinkörnige Tonpartikel wurden bei der Eisschmelze abgelagert und bilden nun Geschiebemergel, der als einfache Schicht auftreten oder kleine Hügel bilden kann, die mehrere hundert Meter lang sind und in Richtung des ehemaligen Eisflusses ausgerichtet sind. Diese Hügel bezeichnet man als Drumlins. In manchen Fällen treten auch lange Kiesbänke – Oser genannt – auf, wo ein Schmelzwasserstrom in einem Tunnel innerhalb des Gletschers Kiesschotter mit sich führte und ihn an der Gletscherzunge ablagerte. Dort, wo der Gletscher schrittweise abschmolz, bildet die Moräne

gekrümmte Hügelketten, wobei jede dieser Hügelketten die frühere Position der Gletscherzunge markiert. Da eine Moräne aus Schutt besteht, der vom Gletscher transportiert wurde, kann man mit ihrer Hilfe auch die Bewegungsrichtung des Gletschers erschließen. Dazu eignen sich besonders Findlinge – große Gesteinsblöcke, die der Gletscher mitschleppte und an einer Stelle liegenließ, wo der Untergrund geologisch völlig anders beschaffen ist. So entdeckte man etwa an der Ostküste Englands Findlinge, die aus einem Gestein bestehen, das in den Gebirgen Norwegens vorkommt.

Versuch

Suchen Sie einen Aufschluß von Geschiebemergel (geologische Führer oder Karten über Ihr Gebiet können Ihnen dabei behilflich sein). Entnehmen Sie eine Probe und führen Sie eine grobe Analyse der Korngrößen durch. Geröll und Grobkies legen Sie auf die eine Seite und kleinere Kieselsteine auf die andere. Die übrigbleibende, lehmige Grundmasse bildet das feinste Material. Sie werden sehen, daß alle Korngrößen miteinander vermischt sind. Ein Gletscher ist stark genug, die schwersten Brocken aufzunehmen und kann einige Brocken sehr fein zerkleinern. Wenn er schmilzt, läßt er das ganze Material wahllos liegen.

Küstenerosion

Wie nicht anders zu erwarten, kommt dem Meer mit seinen heftigen Strömungen und peitschenden Brandungen eine starke erosive Wirkung zu.

Der physikalische Druck von Wassermassen, die gegen anstehendes Gestein schlagen, verdichtet die in den Poren und Spalten des Gesteins vorhandene Luft, die sich explosionsartig wieder ausdehnt, sobald der Druck nachgelassen hat. Dieser Druck liegt durchschnittlich bei etwa 10 Tonnen pro Quadratmeter und kann bei Stürmen bis zu fünfmal so stark werden. Weiche Kliffe können durch diesen Wasserdruck in einem Jahr bis zu einem Meter abgetragen werden.

Zudem werden vom Meeresboden aufgenommene Gesteinsblöcke und Kieselsteine gegen die Kliffhänge geschleudert und schlagen dabei weitere Bruchstücke ab. Man bezeichnet das als Abrasion. Die Gesteinsblöcke und Kieselsteine selbst werden dabei zerkleinert und fallen zu Boden – dies nennt man Akkumulation.

Es kommt auch zu chemischen Reaktionen zwischen dem Salz im Meerwasser und den Mineralien einiger Gesteine sowie zu biologischen Reaktionen durch grabende Meeresschnecken und bestimmte Arten gesteinsauflösender Bakterien. All diese Vorgänge zusammen führen zum Abtragen der Küstenkliffe.

Zerfallende Landvorsprünge

Die Erosionskräfte wirken vor allem auf Landvorsprünge. Die Brandungswellen bilden eine Front, die von der Windrichtung und der Form des Meeresbodens bestimmt wird. Wenn sich die Wellen einem Landvorsprung nähern, werden sie im flachen Wasser vor dem Landvorsprung langsamer, behalten an den Seiten jedoch ihre Geschwindigkeit bei. Folglich beschreibt die

Bei einem vom Meer angegriffenen Kliff werden zuerst die weicheren Schichten abgetragen, die härteren bilden Vorsprünge (*oben*). Wenn eine Brandungshöhle entsteht, bauen die eindringenden Wellen einen gewaltigen Luftdruck auf, der das Gestein auseinandertreibt. Durch jeden bis zur Außenfläche reichenden Spalt bricht jedesmal, wenn eine Welle in die darunterliegende Höhle drückt, Luft und Wasser aus. Dadurch entsteht ein Durchschlagsloch (*links*). Landvorsprünge werden von beiden Seiten abgetragen. Die Brandungshöhlen und Durchschlagslöcher, die im weicheren Gestein und an den Schwächezonen entstehen, können in der Mitte des Landvorsprungs zusammenwachsen und einen Tunnel oder ein Brandungstor bilden. Fällt der Sturz über dem Tor ein, bleibt eine isolierte Felssäule stehen (*unten*).

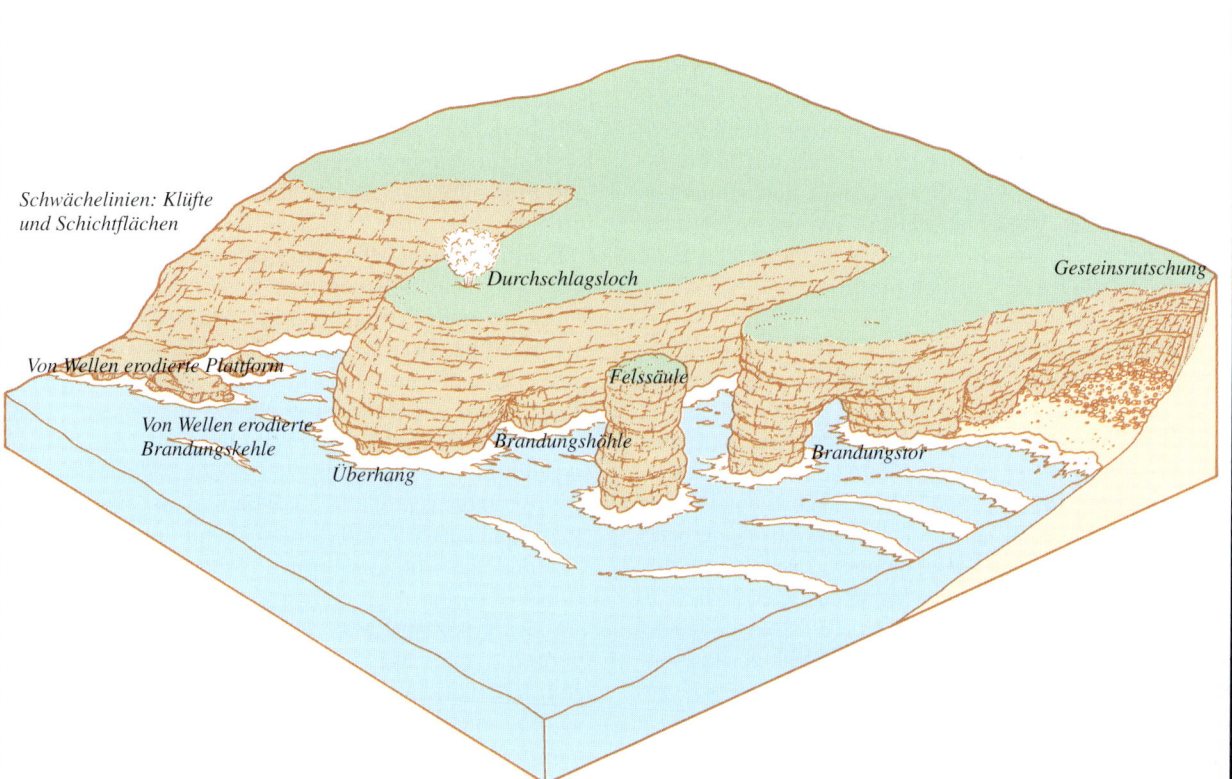

Schwächelinien: Klüfte
und Schichtflächen

Durchschlagsloch

Gesteinsrutschung

Von Wellen erodierte Plattform

Felssäule

Von Wellen erodierte
Brandungskehle

Brandungshöhle

Brandungstor

Überhang

Wellenfront einen Bogen und greift beide Seiten des Landvorsprungs an. Risse im Gestein, die durch die explosive Wirkung des Wasserdrucks auf die eingeschlossene Luft entstanden sind, werden zu Brandungshöhlen ausgeweitet. Gelegentlich wird in das Höhlendach ein Loch geschlagen. Die einfallende Welle wirkt wie ein Kolben, indem sie Luft und Spritzwasser durch das Durchschlagsloch drückt. Höhlen auf entgegengesetzten Seiten eines Landvorsprungs können zusammenwachsen und so einen Tunnel oder ein Brandungstor bilden. Wird das Brandungstor nach einer gewissen Zeit abgetragen, fällt der Sturz ein, und der vordere Teil des Landvorsprungs bleibt als isolierte Felssäule im Wasser stehen, die im Lauf der Zeit ebenfalls zerstört wird. Durch solch wiederholte Zerstörung von Landvorsprüngen weichen die Küstenlinien immer weiter zurück.

Wird eine geneigte Küstenlinie angegriffen, tragen die Wellen nur die wenigen Meter nahe des Meeresspiegels ab. Ist die Küste schließlich zurückgewichen, schneidet sich am Fuß des nun vorspringenden Kliffs eine Brandungskehle ein, eine gleichmäßig gekrümmte Hohlform im Gestein. Der dadurch entstehende Überhang stürzt nach einer gewissen Zeit ins Meer. Der Schutt wird von der Strömung und den Wellen fortgespült, und die Unterhöhlung schreitet voran. Die Form des Kliffs ist dabei größtenteils von seiner geologischen Zusammensetzung abhängig. Weiches Material wie Sand oder Ton bildet ein geneigtes, leicht zerfallendes Kliff, während ein Gestein mit relativ einheitlicher Zusammensetzung und Struktur eine ziemlich glatte, vertikale Oberfläche bildet. Gesteine mit starker Schichtung oder tiefen Klüften erodieren unregelmäßig, wobei die Erosion an den Schwächezonen am schnellsten voranschreitet.

Küstenformen

In größerem Maßstab bestimmt die Geologie eines Küstengebietes auch die Form der Küstenlinie. Zum Meer parallel verlaufende Schichten bilden eine Küstenlinie des sogenannten pazifischen Typs, mit ins Küstengebirge eingeschnittenen Buchten, die besonders im weicheren Gestein breit auslaufen, etwa die San Francisco Bay, sowie mit langgestreckten Inseln und Riffen parallel zur Küste. Auf das Meer zulaufende Schichten bilden dagegen eine stark gegliederte Küstenlinie, bei der die harten Gesteine weit hinausgreifende Landvorsprünge und die weicheren Gesteine tiefe Buchten bilden. Für diesen atlantischen Küstentyp ist die Südwestküste Irlands ein hervorragendes Beispiel. Wegen ihrer ständig neuen Aufschließung eignen sich Kliffwände hervorragend für geologische Untersuchungen.

Küstenaufschüttung

Wellen können zerstören, sie können aber auch aufbauen. Von den Landvorsprüngen abgeschlagene Felsblöcke und anderer Gesteinsschutt sowie die aus größeren Bruchstücken entstandenen Sande und Gesteinssplitter werden fortgespült, umverteilt und schließlich an den Stellen wieder abgelagert, wo das Meer mehr aufschüttet als abträgt. Solche Bereiche bilden dann Strände, Sandbänke und Nehrungen.

Wandernde Strände

Hier unterscheidet man zwischen Küstenversetzung und Strandversetzung. Erstere wird durch Strömungen hervorgerufen, die entlang der Küstenlinie verlaufen und das Material parallel zur Küste bewegen. Die zweite wird durch Wellen verursacht, die meist unter einem bestimmten Winkel auf die Küste treffen. Dabei werden alle mitgeführten Kieselsteine und Sandkörner diagonal an den Strand gespült. Wenn das Wasser nach jeder Welle zurückströmt, zieht es das Material wieder mit sich fort. Die nächste Welle verfrachtet die Fragmente diagonal strandaufwärts und dann gerade zurück. Auf diese Weise wird jedes Materialteilchen in einer Zickzacklinie den Strand entlanggeschleppt. Manche Küstenorte befürchten, daß dadurch ihre Strände fortgespült werden und errichten Barrieren, sogenannte Buhnen, die im rechten Winkel zur Küstenlinie ins Meer hinausragen und die Strandablagerungen auf

einer Seite einfangen. Ein so gestalteter Strand weist von oben gesehen ein typisches Sägezahnmuster auf.

Sandbänke und Nehrungen

Bei Strandversetzungen wird der Sand so lange die Küstenlinie entlanggetragen, bis er eine Öffnung oder eine Flußmündung erreicht. Dort setzt er seinen Weg fort und baut dabei eine Sandbank auf. Die Wellenfront umfließt wie bei einem Landvorsprung die Sandbank von beiden Seiten und lagert dabei an deren Rückseite mehr Sediment an. Als Folge davon verfügt eine typische Sandbank über ein stromaufwärts gebogenes, hakenförmiges Ende. Eine solche Sandbank nimmt selten die ganze Breite der Flußmündung ein, da die Strömung häufig große Teile des Sediments fortspült und eine Öffnung zurückläßt. Dennoch kann das Vorhandensein und die kontinuierliche Entstehung einer Sandbank zur Verlagerung einer Flußmündung in Richtung der vorherrschenden Wellenfronten führen, so daß der Fluß nach einiger Zeit mehrere Kilometer von der ursprünglichen Mündung entfernt ins Meer fließt. Ein gutes Beispiel dafür ist der Alde in Ostengland. Hier hat eine durch Strömungen und Wellen der Nordsee entstandene Sandbank zu einer Verlagerung der Mündung um 8 km nach Süden geführt.

Baut sich eine Sandbank direkt vor einer Bucht auf, entsteht eine Nehrung, und die dabei umschlossene Wasserfläche bildet eine Lagune. Zahlreiche Nehrungen gibt es an der Südküste der Ostsee. Da sich hier das ganze Gebiet langsam hebt, verändert das Meer ständig seine Gestalt – und damit auch die Form der Ablagerungen. Eine Sandbank reicht oft bis zu einer Insel und verbindet diese mit dem Festland. Die dabei entstehende Landschaftsform bezeichnet man als Inselnehrung.

Links: Durch das Zusammenspiel von Strömung und Wellen wird Sand entlang der Küstenlinie transportiert. Damit der Strand nicht fortgespült wird, errichtet man sogenannte Buhnen, die in das Meer hineinragen. An den zur Strömungsrichtung weisenden Seiten lagert sich der Sand an, an den Seiten entgegen der Strömungsrichtung wird er jedoch wieder mitgenommen, wodurch entlang des Strandes ein Zickzackmuster entsteht.

Rechts: Wellen treffen zumeist schräg auf den Strand. Die Sandpartikel werden im selben Winkel angespült. Strömt die Welle zurück, werden die Sandpartikel geradeaus zurückgezogen. Die nächste Welle spült sie jedoch wieder schräg auf. Infolgedessen bewegt sich der Sand unter dem Einfluß der Wellen immer weiter den Strand entlang.

Links: Der wandernde Sand häuft am Ende des Strandes eine Sandbank an. Entsteht diese Bank direkt vor einer Bucht und schneidet dabei eine Lagune ein, bezeichnet man sie als Nehrung. In manchen Fällen stellt eine Nehrung auch eine Verbindung zwischen einer Insel und dem Festland her, wie hier im Indischen Ozean. Die dabei entstehende Landschaftsform bezeichnet man als Inselnehrung.

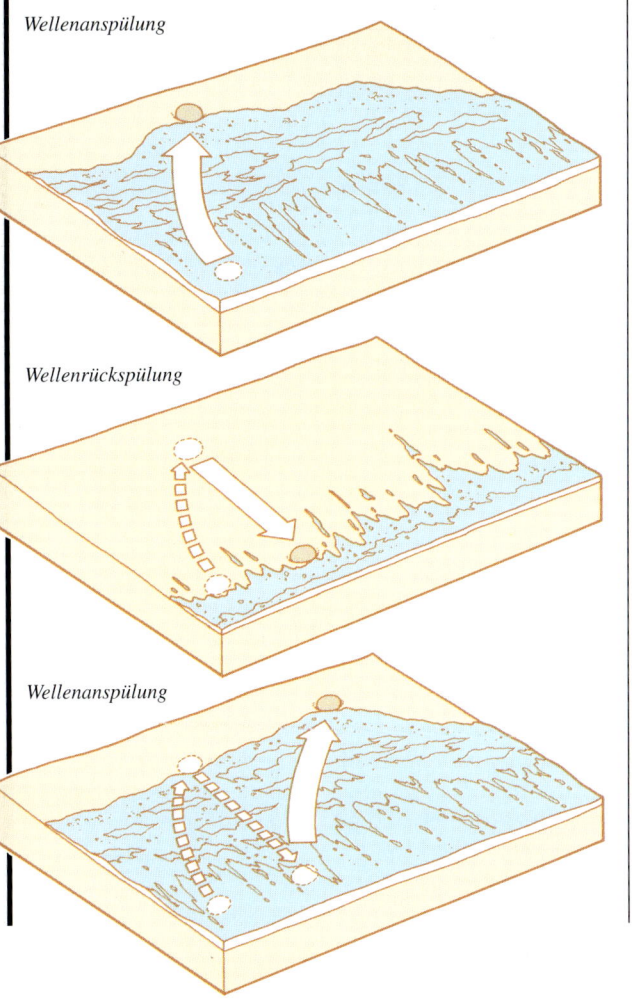

Wellenanspülung

Wellenrückspülung

Wellenanspülung

Strömungskonflikte

Bei einer von zwei Seiten erfolgenden Strandversetzung können sich die Sedimente in Form eines dreieckigen Landvorsprungs ansammeln. Eines der besten Beispiele hierfür ist Cape Canaveral in Florida, wo das Strandmaterial von zwei aufeinander zulaufenden Strömungen des Golfstroms angehäuft wurde. Sand und andere von den Wellen angespülte leichte Materialien können auch vom Wind aufgenommen und weitertransportiert werden. Auf diese Weise entstehen Sanddünen, die oft im Hinterland von Meeresküsten anzutreffen sind.

Versuch

Gehen Sie im Sommer an einen Strand und fotografieren Sie dort eine bestimmte Stelle. Nehmen Sie Strandmaterial – Sand, Kies oder anderes – mit. Suchen Sie dann dieselbe Stelle im Winter auf, fotografieren sie nochmals aus derselben Position wie im Sommer und nehmen Sie auch wieder Proben mit. Im nächsten Sommer wiederholen sie diesen Vorgang.

Die Veränderungen des Strandmaterials zeugen von unterschiedlich starken

Wellen – grobes Material wird von viel stärkeren Wellen angespült als feiner Sand –, und die Fotografien zeigen Ihnen, wie schnell sich ein Strand verändern kann.

85

Homo destructor

Zweifellos geht heute die stärkste Einwirkung auf die Erdoberfläche vom Menschen aus. Das kann man manchmal schon beobachten, wenn man die geologische Feldbegehung einer Studentengruppe oder einer naturhistorischen Gesellschaft beobachtet, deren Teilnehmer wahllos auf anstehendes Gestein einschlagen und es dabei zerstören, nur um an einige schöne Kristalle zu gelangen. Noch schlimmer sind professionelle Fossiliensammler, die mit schweren Feldgeräten die Schichten freilegen, in denen sie ihre Funde vermuten.

Auswirkungen der Zivilisation

Dies alles ist jedoch eine Kleinigkeit im Vergleich zur Arbeit von Bauingenieuren. Für die Errichtung eines Dammes oder einer Brücke lassen sie ganze Berghänge sprengen und tiefe Löcher graben, um eine feste Grundlage für die Fundamente zu schaffen und um die nötigen Rohstoffe zu gewinnen. Das größte von Menschenhand geschaffene Loch ist die Kupfermine des Bingham Canyon in Kanada, das 7,1 km² groß ist und eine Tiefe von 774 m hat. Flachere Grabungen für den Tagebau können die obere Gesteinsschicht großer Flächen umkehren. Auch Landwirte haben schon seit den Anfängen des Ackerbaus in der Jungsteinzeit großen Einfluß auf die Landschaft. Die natürliche Vegetation wurde von kultiviertem Land verdrängt, und Wälder wurden gerodet, um Weideland für Tierherden zu gewinnen. Wird das falsch angegangen, wie es in vielen Gegenden der Erde geschehen ist und geschieht, zerstört man den Boden vollkommen. Der auf natürliche Weise entstandene Humus, der den Boden zusammenhält, nimmt ab, und der Boden wird als Schlamm fortgespült oder von Sandstürmen mitgerissen. Ein System zur Bewässerung der Wüstengebiete in Zentralasien durch Anzapfung der in den Aralsee mündenden Flüsse hat sich als Fehlplanung erwiesen, da der See immer weiter austrocknete, das auskristallisierte Salz über das neue Nutzland geweht wurde und es unfruchtbar machte.

Der Mensch wirkt auch auf die natürliche Küstenerosion ein. Durch das Abtragen von Strandkies für Bauzwecke verändert sich die Wirkung der Küstenströmungen, und küstennah gelegene Dörfer drohen, überschwemmt zu werden. Die zum Schutz von Häfen errichteten Fangbuhnen können Sandbänke entstehen lassen, die weder geplant noch erwünscht sind.

Veränderungen der Atmosphäre

Es sind nicht nur die mechanischen Verwitterungsarten, die der Mensch bewirkt, sondern auch die chemi-

Der Mensch bewirkt gewaltige geologische Veränderungen. Die kegelförmigen Aufschüttungen (*ganz oben*) sind Abraumhalden von Porzellanerdegruben. *Rechts*: Die riesige Kupfermine des Bingham Canyon. Unwissentlich wurde viel Schaden angerichtet (*oben*). Wo die von zahlreichen Fußtritten abgetragene Grasschicht den Oberboden nicht mehr halten konnte, wurde er fortgespült oder verweht.

schen. Die Abgase von Kraftwerken sind meist reich an Schwefel. Dieser läßt in der feuchten Luft Schweflige Säure entstehen, die später in Form von saurem Regen niedergeht und Bauwerke aus Kalkstein angreift. Sie tötet auch Pflanzen ab, was zur Folge hat, daß dort der Boden schneller abgetragen wird.

Kohlendioxid, Wasserdampf und andere von der Industrie freigesetzte Gase verändern die Zusammensetzung der Atmosphäre und führen zum Treibhauseffekt – Sonnenwärme kann zwar gut bis zur Erdoberfläche gelangen, die zurückgestrahlte Wärme entweicht jedoch nur schwer wieder. Infolgedessen erwärmt sich

das Klima und wird sich vermutlich in der Zukunft noch drastischer verändern, was zu einem Wandel der Klimazonen und einer grundlegenden Umgestaltung der natürlichen Vegetation führen wird.

Die klimatischen Veränderungen, wie sie die Eiszeiten während der letzten 2 Millionen Jahre mit sich brachten, sind in der geologischen Abfolge dokumentiert. Stellen Sie sich vor, wie die heute entstehende geologische Schicht wohl aussehen wird, wenn sie ein Geologe in 10 Millionen Jahren sichtet: Das Zeitalter des Menschen ist dann auf eine Schicht mit nur eini-

gen Zentimetern Dicke reduziert – rötlich gefärbt vom Eisen, grünlich vom Kupfer und reich an exotischen, zusammenhanglos angeordneten Mineralien.

Und sie wird vermutlich ein massenhaftes Aussterben markieren – einen Abschnitt in der Fossilfolge, in dem außerordentlich viele Arten aussterben oder durch völlig neue, wenn überhaupt, ersetzt werden.

Geländearbeit

Man muß nicht nur wissen, wonach man sucht, sondern auch, wie man es finden kann – und wie man es erkennt, wenn man es gefunden hat.

Vorgehen bei Erstarrungsgesteinen

In einem Gebiet mit Erstarrungsgesteinsvorkommen sollten Sie zunächst nach der Kontaktzone zwischen dem Erstarrungsgestein und dem Ursprungsgestein suchen. Haben Sie diese gefunden, läßt sich das Gebiet leichter aufnehmen und kartieren. Falls die Grenze zwischen Erstarrungs- und Muttergestein deutlich erkennbar ist, zeichnen Sie die Streich- und Fallrichtung auf; achten Sie darauf, ob die Grenze deutlich oder unklar verläuft; beachten Sie auch die Auswirkungen auf das Nebengestein und suchen Sie nach eventuell auftretenden Metamorphosen.

Strukturen und Formen
Anhand dieser Beobachtungen kann man erkennen, ob es sich bei dem Gestein um einen Batholithen, einen Eruptivgang, einen Sill oder einen Lavastrom handelt. Suchen Sie anschließend nach Abkühlungsmerkmalen. Dazu gehören säulenförmige Absonderungen, wie sie

Rechts: In einer Landschaft aus extrusiven Ergußgesteinen besteht der Boden aus verwitterter Lava. Alte Lavaströme sind im anstehenden Gestein zu erkennen. In der Umgebung erheben sich kegelförmige Vulkane. Eine Landschaft aus intrusiven Ergußgesteinen hat dagegen mehr Ähnlichkeit mit einer Landschaft aus metamorphem Gestein.

bei schnell abgekühlten Basaltströmen auftreten, oder eine Abkühlungsgrenze, bei der die Mineralkristalle nahe der Kontaktstelle mit dem Muttergestein feinkörniger sind als die restliche Gesteinsmasse, oder auch ausgedehnte Gesteinsgänge, die im späten Stadium einer langsamen Abkühlung mit Mineralien angereichert wurden.

Kristalle und Einschlüsse

Hierzu zählen Gasblasen, wie sie an der Oberseite eines basaltischen Lavastroms auftreten, oder sogenannte Mandelfüllungen – ebenfalls Blasen, die jedoch mit Mineralien gefüllt sind. Mit ihrer Hilfe können Sie unterscheiden, ob ein Lavastrom jung (mit Gasblasen) oder alt ist, denn im zweiten Fall war ausreichend Zeit, um die Blasen mit Mineralien anzureichern, die das Grundwasser abgelagert hat. Solche Mandelfüllungen bestehen zumeist aus Kalkspat oder Quarz.

Suchen Sie im Erstarrungsgestein nach Fließgefügen, beispielsweise nach konzentrierten Mineralvor-

kommen in der Mitte. Achten Sie auf sämtliche Anzeichen einer Schichtung, bei der einige Mineralien bereits fest wurden und sich ablagerten, während der Rest der Masse noch flüssig war. Beobachten Sie schließlich das Vorkommen von Einsprenglingen – Kristalle, die viel größer sind als die sonst in der Masse vorkommenden. Sie lassen darauf schließen, daß die Erstarrungsmasse anfangs langsam, später jedoch ziemlich schnell abkühlte.

Suchen Sie nach Xenolithen, also Bruchstücken des Muttergesteins, die vom glutflüssigen Strom mitgerissen und schließlich im Erstarrungsgestein eingebettet worden sind. Da die große Hitze das Muttergestein umwandelte, sollten Sie die Auswirkungen der Metamorphose beachten, sowohl bei den Xenolithen als auch beim Mutter- und Nebengestein.

Versuchen Sie herauszufinden, ob es nur eine Phase vulkanischer Tätigkeit gab oder mehrere – z. B. anhand von Eruptivgängen, die einen Sill durchschneiden. Halten Sie die Ausrichtung aller strukturellen Merkmale, etwa der Klüfte, fest und versuchen Sie dann später, ein Gesamtbild der gegebenen Situation festzulegen.

Wie ist die Zusammensetzung?

Wenn Sie eine Probe entnehmen, numerieren Sie sie und tragen Sie gleich alle Informationen dazu in Ihr Geländebuch ein. Vor Ort können Sie die Größe und Form der Probe festhalten – das ist wichtig, wenn es sich um eine vulkanische Bombe (Lavabrocken) oder einen Xenolithen handelt. Dasselbe sollten Sie mit der Farbe und Dichte tun, die erste Hinweise auf die mineralogische Zusammensetzung geben, ebenso mit der Struktur und der Korngröße. Identifizieren Sie mit Hilfe einer Lupe und anderer Ausrüstungsgegenstände wie einer Strichplatte möglichst viele Mineralien. Sie sollten über genügend Informationen verfügen, um der Probe eine vorläufige Bezeichnung geben zu können. Verpacken Sie sie vorsichtig, um sie dann zu Hause oder im Labor in Ruhe untersuchen zu können.

Vorgehen bei Sedimentgesteinen

Gehen Sie ein Flußbett entlang und sammeln Sie dabei Kieselsteine auf. Schlagen Sie am Ufer freigelegte Fossilien aus dem Gestein heraus und brechen Sie gut ausgebildete Kristalle aus einem Gesteinsgang. Jetzt sind Sie ein Gesteinsschänder, aber kein Geologe!

Man braucht Geduld und methodisches Vorgehen, wenn die Funde einen dauerhaften Wert haben und Freude bereiten sollen. Versuchen Sie daher erst einmal, Erfahrungen zu sammeln.

Rechts: Ein typisches Sedimentgestein besteht aus Schichten, die bei Aufschlüssen sichtbar werden. Meist sind die Schichten geneigt, was zu mehr oder weniger geneigten Hängen oder Böschungen führt. Steilböschungen entstehen dort, wo die Schichten losgebrochen sind.

Bevor Sie losziehen, sollten Sie sich das Datum notieren und allgemeine Bemerkungen über die Art der beabsichtigten Beobachtungen aufzeichnen. Wenn Sie die Karte studieren und das Untersuchungsgebiet aus der Ferne betrachten, können Sie schon etwa erahnen, wo sich die besten Aufschlüsse befinden – aufgelassene Steinbrüche, Wildbachschluchten, Baustellen usw. Sie können sich nun eine vorläufige Route überlegen.

Notieren Sie bei jedem Aufschluß genau die Lage und tragen Sie ihn in Ihre Karte ein. Sind Sie in einer offenen Landschaft, weit entfernt von einem Orientierungspunkt, nehmen Sie eine Kreuzpeilung mit Hilfe erkennbarer Orientierungspunkte oder vom Ausgangspunkt der Route vor. Halten Sie die Art des Aufschlusses fest: ein isolierter Aufschluß, eine Felswand, ein

Flußprofil oder ähnliches. Wenn Sie wollen, können Sie auch eine Skizze in ihrem Geländebuch anfertigen. Beachten Sie dabei aber den Maßstab.

Messung der Schichten
Messen Sie mit einem Neigungsmesser und einem Kompaß die Fall- und Streichrichtung bei Sedimentgesteinen. Tragen Sie die Ergebnisse mit Hilfe konventioneller Symbole in Ihre Karte ein. Achten Sie aber genau auf die wirkliche Fallrichtung! Es kann nämlich sein, daß eine Bloßlegung einer senkrechten Küstenkliffwand eine Schicht fallend erscheinen läßt, obwohl die Ausrichtung der Kliffwand nicht parallel zur Fallrichtung verläuft und das Fallen daher falsch interpretiert wird. Sie sollten einen dreidimensionalen Auf-

schluß finden, möglicherweise in der von Wellen erodierten Plattform an der Unterseite des Kliffs, um die richtige Streich- und Fallrichtung herauszufinden. Sofern dies nicht möglich ist, sollten Sie die scheinbare Fallrichtung notieren, aber auch als solche kennzeichnen. Das Fallen kann auch unregelmäßig sein, wenn auf einer Oberfläche Schrägschichtung oder Rippelmarken auftreten. In diesem Fall sollten Sie mehrere Messungen über ein möglichst großes Gebiet durchführen und dann die durchschnittliche Fallrichtung festlegen.

Beachten Sie auch die Dicke der Schicht, messen Sie diese aber immer im rechten Winkel zur Fallrichtung.

Das Gefüge

Handelt es sich um einen zusammengesetzten Aufschluß – wenn z. B. zwei Gesteinsabfolgen durch eine Diskordanz geteilt sind –, müssen Sie systematisch in der logischen Reihenfolge vorgehen. Untersuchen und beschreiben Sie zuerst die unteren Schichten. Befassen Sie sich dann mit der Art der Diskordanz und achten Sie darauf, ob die erste Schichtenfolge unregelmäßig mit obenliegenden Konglomeraten erodiert (was bei einer Überflutung geschehen sein könnte) oder ob sie gleichmäßig eingeebnet ist (wenn sie sich am Meeresgrund entwickelt hat). Danach untersuchen Sie die darüberliegenden Schichten.

Betrachten Sie in jeder Abfolge die Gesteine in der Reihenfolge ihrer Ablagerung von unten nach oben. Versuchen Sie, vorhandene Fossilien zu identifizieren und heben Sie die interessantesten für eine spätere, genauere Untersuchung auf.

Beachten Sie auch die postsedimentären Strukturen, also Faltungen und Verwerfungen. Zeichnen Sie möglichst genau die Ausrichtungen alter Verwerfungen und Klüfte auf, um sie später in Ruhe analysieren zu können.

Vergessen Sie auf keinen Fall, jede Gesteinsprobe sofort zu beschriften. Achten Sie vor allem auf die richtige Numerierung, um die Probe wieder den jeweiligen Aufzeichnungen in Ihrem Geländebuch zuordnen zu können.

Vorgehen bei metamorphem Gestein und Grobsedimenten

Kontaktmetamorphe Gesteine findet man zumeist im Zusammenhang mit dem Erstarrungsgestein, das zur Umwandlung der Gesteine geführt hat. Regionalmetamorphe Gesteine dagegen sind Gegenstand eigener Expeditionen und Untersuchungen.

Was ist oben?

In verworfenem Gebiet ist manchmal schwer erkennbar, welchen Verlauf die Schichten nehmen. Hier ist wieder die Bestimmung der primären Schichtorientierung gefragt (S. 62). Suchen Sie nach Merkmalen, die sich nur in eine Richtung nach oben hin aufbauen konnten – wenn etwa das gröbste Material unten liegt (gradierte Schichtung) oder die Schichtung nach oben hin konkav gekrümmt ist und ebenso die Sohlmarken und die Gegenstandsmarken (Schrägschichtung).

Betrachtung regionalmetamorpher Gefüge

Beachten Sie bei jedem Aufschluß die Struktur, Bänderung und Schieferung. Notieren Sie sich deren Ausrichtung und Neigung. War das Ursprungsgestein sedimentär, versuchen Sie, einen Hinweis auf die ursprüngliche Schichtung zu finden, und halten Sie deren Streich- und Fallrichtung fest. Beachten Sie auch, ob es Reste von Fossilien oder andere sedimentäre Merkmale gibt und notieren Sie deren Verformungsgrad.

Regionalmetamorphe Gesteine treten häufig in Gebirgsregionen auf, so daß Sie bei Expeditionen vielleicht weite Wege zurücklegen müssen. Denken Sie daran, wenn Sie Gesteinsproben sammeln. Für feinkörniges Gestein reicht schon eine kleine Probe – aber nicht zu klein, denn Sie sollten nicht erst nach langen Märschen erkennen, daß die Probe doch nicht ausreicht! Auch hier sollten Sie, wie immer, die Probe säubern, um eine frische Oberfläche zu erhalten; reicht die verwitterte Seite jedoch zur Erkennung der Struktur aus, so bewahren Sie ruhig diese auf.

Wenn Sie das Gesteinsgefüge untersuchen, achten Sie auch darauf, ob die Kristalle alle gleich groß sind oder ob einige größer sind als der Rest.

Loses Material

Es wird selten vorkommen, daß das Gestein überall in Ihrem Untersuchungsgebiet ansteht. Der größte Teil des Gebietes wird von einer Bodenschicht, von Schutthalden, Hochwasserablagerungen und anderem natürlichem Material bedeckt sein. Im Unterschied zum festen Untergrund werden diese Materialien als Grobsedimente bezeichnet. Sie sollten sich mit den unterschiedlichen Arten von Grobsedimenten vertraut machen und erkennen können, in welchem Verhältnis sie zum darunterliegenden festen Gestein stehen. Beachten Sie die Steine, die bei Hasen- oder anderen Bauten aufgeworfen wurden. Prüfen Sie die Umgebung auf Veränderungen in der Vegetation oder auf eine Hangneigung, was auf eine Schicht härteren Gesteins hinweisen könnte.

Auch die Untersuchung der Grobsedimente selbst ist interessant. Sie werden bald die Grobsedimente, die sich *in situ*, d. h. an Ort und Stelle, gebildet haben, von denen unterscheiden können, die durch andere Vorgänge hier abgelagert wurden. Enthält das lose Material Bruchstücke des darunterliegenden Gesteins, ist es fast sicher durch Verwitterung des örtlichen Gesteins entstanden. Geschiebemergel ist dagegen ein Gemisch unterschiedlicher Gesteinsarten, das von Eisströmen aus anderen Gegenden antransportiert wurde. Das kann, wenn es einige Meter dick ist und den Weg zum Muttergestein versperrt, dem Geologen einiges Kopfzerbrechen bereiten.

Oben: Metamorphe, besonders regionalmetamorphe Gesteine sind zumeist im tiefen Inneren von Gebirgsketten zu finden, da sie durch gebirgsbildende Prozesse entstehen. In Gebieten sehr alter Urgebirgsmassive wurden die präkambrischen Gebirge jedoch schon abgetragen, und es blieb eine leicht gewellte Landschaft zurück.

Die Sprache der Geologie

Bei Erstarrungsgesteinen bezeichnet man eine Struktur, in der große Kristalle in einer feinkörnigen Grundmasse verteilt sind, als porphyrisch. Bei metamorphen Gesteinen wird sie porphyroblastisch genannt. Die Beifügung ›-blastisch‹ wird häufig in Zusammenhang mit metamorphen Gesteinen angewandt und bezeichnet die veränderten Reste von etwas anderem. So ist eine Struktur, bei der sich eine feinkörnige Masse neuer Mineralien um bereits vorhandene Mineralien bildet, poikiloblastisch. Blastopsammit ist ein in metamorphem Konglomerat eingebetteter Sandstein.

Der oben genannte Begriff porphyroblastisch bezeichnet neue Kristalle, die bei der Metamorphose entstanden sind. Er sollte nicht mit blastoporphyrisch verwechselt werden, was die Reste einer porphyrischen Struktur eines Ausgangsgesteins bezeichnet.

Kompliziert? Keine Angst. Mit zunehmender Erfahrung werden Sie auch mit den Fachbegriffen vertraut.

Granit

Die Kontinentalkruste ist chemisch so aufgebaut, daß Granit entstünde, wenn man sie einschmelzen, gut durchmischen und dann abkühlen würde.

Mineralische Zusammensetzung

Granit besteht zum größten Teil aus Feldspat, Quarz und Glimmer und einer kleinen Menge Eisenerz.

Landschaften und Strukturen

Granitlandschaften sind meist Hügel- oder Moorland. Granit entsteht in Batholithen tief unter Gebirgsketten, daher treten Granitlandschaften normalerweise dort auf, wo alte Gebirge abgetragen wurden, z. B. in den Appalachen oder im Westen von England. Anstehender Granit erscheint dort, wo sich Flüsse tief in Gebirgszonen eingeschnitten haben, etwa beim Grand Canyon.

In feuchten Klimaten verwittert der im Granit enthaltene Feldspat entlang der Klüfte und Risse, wodurch das anstehende Gestein zu runden Blöcken und burgartigen Gebilden, Härtlinge oder Felsburgen genannt, abgetragen wird. Beachten Sie die Ausrichtung solcher Risse. Sie geben einen Hinweis auf die Druckverhältnisse, denen das Gebiet seit der Entstehung des Granits ausgesetzt war. Der Feldspat zersetzt sich zu Porzellanerde (Kaolin), weshalb sich in Granitmooren oft weiße Abraumhalden von Porzellanerdegruben finden. Nach Zersetzung des Feldspats lösen sich Quarz und Glimmer aus dem Gestein und werden ausgewaschen, wodurch blendend weiße Strände entstehen. Da Granit schlecht entwässert, bilden sich hier häufig Sümpfe. Sie sollten daher in Granitlandschaften wasserfestes Schuhwerk tragen!

In trockenen Klimaten findet die Verwitterung mehr an der Oberfläche als entlang der Klüfte statt. Hier lassen Zwiebelschalenverwitterung und Sandschliff runde Hügel, Inselberge genannt, entstehen, wie sie z. B. im Serengeti-Nationalpark in Tansania anzutreffen sind.

Wenn man großes Glück hat, findet man Einschlüsse, Bruchstücke des Nebengesteins, die bei der Bildung des Granits umschlossen wurden. Sie sind bis zur Unkenntlichkeit metamorphosiert, genauso wie das Nebengestein an der Kontaktstelle zum Batholithen. Das Nebengestein ist vermutlich voller Gesteinsgänge, wo glutflüssiges Material in die Risse eindrang und schließlich abkühlte. Diese Gesteinsgänge bestehen aus großen Quarzkristallen und enthalten oft auch große Kristalle anderer Mineralien. Die extrem grobkörnigen Gesteine in solchen Gängen bezeichnet man häufig als Pegmatite.

Rechts: Aufgrund des in ihm enthaltenen Feldspats wird Granit in feuchten Klimaten durch chemische Verwitterung angegriffen. Die Klüfte werden abgetragen, und das dazwischenliegende Material bleibt in Form rechteckiger Blöcke zurück. Dieses Beispiel zeigt Land's End in Cornwall, England.

Handstück

Die Oberfläche eines Granitauf-schlusses ist immer verwittert, daher muß man ihn mit einem Geologenhammer aufschlagen, um eine frische Fläche zu erhalten. Es lohnt sich jedoch auch, ein Stück der verwitterten Fläche aufzubewahren, das viel über die Struktur verraten kann. Da Granit keine innere Struktur und keine Schwächezonen hat, bricht das Gestein unregelmäßig. Die Korngröße ist meist so grob, daß die einzelnen Mineralienkristalle – glasiges Quarz, milchiges Feldspat und der

Zentimeter

dunkel-glänzende Glimmer – erkennbar sind. Die Spuren von Eisenerz sind nicht sichtbar.

Dünnschliff

Durch gekreuzte Polarisatoren eines Mikroskops betrachtet, hat der Feldspat die auffälligsten Kristalle. Sie sind meist verzwillingt, wobei jede Hälfte des Zwillings seine Farbe über verschiedene Graustufen von weiß nach schwarz verändert und eine andere Auslöschungsschiefe aufweist (S. 26f.). Die formlosen Quarzpartikel wirken dagegen ziemlich nichtssagend. Der Glimmer fällt durch unter-

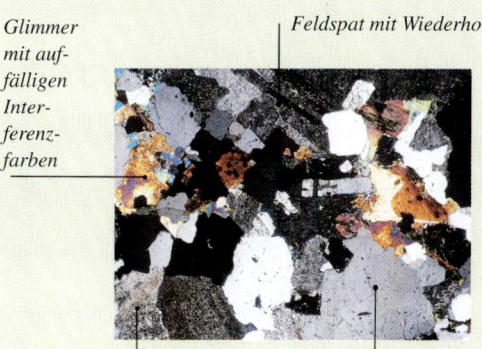

Glimmer mit auffälligen Interferenzfarben

Feldspat mit Wiederholungszwillingen

Quarz

Nicht verzwillingter Feldspat

schiedliche Färbung und unregelmäßige Formen auf. Vom Eisenerz Magnetit sind winzige Partikel zu erkennen. Bei einem einfachen Polarisationsfilter erscheint es in Form undurchsichtiger Fragmente inmitten der sonst transparenten Teilchen.

Varietäten

Die chemische Natur der Feldspate bestimmt das Aussehen eines Granitaufschlusses. Kaliumreicher Feldspat ist weiß. Der weiße Feldspat und Quarz bilden einen Kontrast zum schwarzen Glimmer, lassen den Granit gesprenkelt erscheinen und verleihen ihm insgesamt eine graue Farbe. Natrium- und kalziumreiche Feldspate sind blaßrot und verleihen dem Gestein einen rosa Schimmer.

Manchmal ist eine porphyrische Struktur festzustellen, bei der die Feldspatkristalle viel größer sind als die anderen. Sehr große Kristalle in einer porphyrischen Struktur bezeichnet man als Einsprenglinge. Die großen

Kristalle lassen den Granit attraktiv aussehen, weshalb er als Baumaterial sehr begehrt ist.

Ähnliche Gesteine

Syenit ist in seiner Erscheinung dem Granit ziemlich ähnlich, kommt jedoch seltener vor. Es handelt sich dabei um ein grobkörniges, intermediäres Intrusivgestein – ohne Quarz, aber mit

Grobkörniger porphyrischer Granit

einigen Magnesium-Eisen-Silikaten wie Hornblende und Pyroxen. Das resultierende Gestein hat eine leicht dunklere Farbe. Das grobkörnige metamorphe Gestein Gneis ist hinsichtlich der Korngröße und mineralogischen Zusammensetzung mit Granit vergleichbar, läßt sich meist jedoch dadurch unterscheiden, daß sich seine Mineralien in losen Bändern anordnen (S. 116f.).

Dolerit

Dolerit ist ein Erstarrungsgestein mit mittlerer Korngröße, das in eher kleinmaßstäbigen vulkanischen Erscheinungen wie in Sills, Eruptivgängen, Lakkolithen und Vulkanschloten (S. 56f.) auftritt.

Mineralische Zusammensetzung
Dolerit ist ein basisches Gestein, bestehend aus Olivin und Pyroxen mit vereinzelten Feldspaten und Glimmer. Meist ist auch Apatit vorhanden.

Landschaften und Strukturen
Die kleinmaßstäbigen vulkanischen Strukturen, in denen Dolerit entsteht, können härter oder weicher als das Muttergestein sein, in das das Magma eingedrungen ist. Normalerweise ist Dolerit härter als das Nebengestein und bleibt in der Landschaft stehen, wenn die Umgebung bereits abgetragen wurde. Ein Eruptivgang bildet dann einen vertikalen Gesteinszug, der besonders bei Küstenerosion leicht erkennbar ist. Wo das Muttergestein härter ist, erodiert der Eruptivgang schneller, und es entsteht eine Mulde. Ein Sill erscheint als besonders widerstandsfähige Schicht inmitten anderer sedimentärer Schichten und bildet ein Kliff oder einen Steilhang. Ein Dolerit-Sill kann mehrere hundert Meter mächtig sein und einen flachen Berg bilden. Kontaktmetamorphe Gesteine treten sowohl darunter als auch darüber auf. Die darin enthaltenen Magnesium-Eisen-Mineralien, vor allem Olivin, werden durch Wettereinflüsse chemisch angegriffen. Daher bildet anstehender Dolerit kugelförmige Erosionsformen mit geschuppter Oberfläche.

Berücksichtigen Sie stets die Ausrichtung der Eruptivgänge und achten Sie darauf, ob sie in Schwärmen auftreten.

Oben: Wenn Dolerit als Sill auftritt, ist er meist härter als das Nebengestein. Der Sill erscheint daher in der Landschaft als vorspringendes Kliff, wie dieser Canyon in Wyoming. Hier ist auch eine säulenförmige Absonderung zu erkennen, die durch Klüfte entstanden ist, die sich beim Abkühlen des Sills im rechten Winkel zur Schichtgrenze gebildet haben.

Handstück

Da Dolerit sehr leicht verwittert, muß man ihn aufschlagen, um eine frische Fläche zu gewinnen. Er ist ein dunkles, schweres Gestein mit wenigen hellen Mineralien. Die dunkle Farbe kann einen leichten Grünton annehmen, da bei der Zersetzung von Olivin Serpentin entsteht. Dolerit besitzt keine innere Struktur und zerbricht daher in ungleichmäßige Stücke, zumeist mit flachen Seiten und scharfen Kanten. Als Gestein mit mittlerer Korngröße ist es schwierig, wenn nicht unmöglich, die einzelnen Kristalle mit bloßem Auge zu unterscheiden. Man benötigt dazu eine Lupe.

Zentimeter

Oben: *Eine frische Doleritfläche*

Übliche Anordnung der Feldspate

Feldspat

Olivinkristalle

Serpentin in den Spalten

Dünnschliff

Durch gekreuzte Polarisatoren erscheinen die Magnesium-Eisen-Mineralien in tiefer Rot- und Grünfärbung. Die grauen Feldspatkristalle sind zumeist lang und dünn und von Pyroxenkristallen umgeben, wodurch die sogenannte ophitische Struktur entsteht. Eine Probe aus dem Randbereich einer Intrusion weist durch die feineren Kristalle auf eine schnellere Abkühlung hin. Die darin enthaltenen längeren Feldspatkristalle sind in Fließrichtung angeordnet.

Varietäten

Die Anteile der Magnesium-Eisen-Mineralien variieren stark. Diese Variationen sind jedoch nur anhand von Dünnschliffen erkennbar.

Ähnliche Gesteine

Die intermediäre Entsprechung von Dolerit ist Diorit. Letzteres enthält kein Olivin, hat aber einen größeren Feldspatanteil mit mehr Natrium und Kalzium. Da es kein Olivin enthält, verwittert es nicht so schnell und hat eine hellere Farbe. Es ist Bestandteil kleinmaßstäbiger Intrusivkörper, kommt aber seltener vor.

Basalt

Basalt ist ein basisches Ergußgestein, das breite Lavaströme bildet, vor allem auf Island, Hawaii und den Galapagos-Inseln. Alte Basaltstrukturen sind auf der ganzen Erde zu finden. In Indien erstreckt sich das riesige Hochland des Dekkan, aufgebaut aus etwa 50 Millionen Jahre alten, bis zu 2 km mächtigen basaltischen Lavaströmen, die eine Fläche von 650 000 km² (fast doppelt so groß wie Deutschland) bedecken.

Mineralische Zusammensetzung
Im großen und ganzen ist Basalt so zusammengesetzt wie Dolerit – nur viel feinkörniger.

Landschaften und Strukturen
Basaltische Lava ergießt sich durch Spaltenausbrüche oder bei breiten Schildvulkanen über die Oberfläche und bildet eine lederartige Haut, die wegen der unablässigen Bewegung des darunterliegenden glutflüssigen Materials Falten wirft. Wird diese Masse langsam fest, entsteht sogenannte Stricklava, die Wissenschaftler mit dem hawaiianischen Namen ›Pahoehoe‹ bezeichnen. Ist das Fließen zu turbulent, bricht die lederartige Oberfläche auf und bildet Blocklava oder, auf hawaiianisch, ›Aa‹. Unter der Pahoehoe-Kruste angesammelte Gase können ausbrechen und hüfthohe Trichter, ›Hornitos‹, bilden. Vom Lavastrom umflossene Baumstämme verbrennen zu Asche, aber die sie umgebende Lava bleibt nach dem Abkühlen röhrenartig stehen. Flüssige Lava fließt weiter und hinterläßt eine feste äußere Kruste, die einen Lavatunnel bildet, der teilweise sogar begehbar ist. Tragen Sie in Basaltgebieten immer robustes Schuhwerk. Bruchstücke von Pahoehoe und Aa sind scharf, glasartig und splittrig.

Altes, erodiertes Basaltgestein weist häufig eine säulenförmige Absonderung auf (S. 54). Das obere Material verwittert zu einem Boden, der kugelförmige Bruchstücke des verwitterten Basalts enthält. Da Basalt eine ähnliche mineralische Zusammensetzung hat wie Dolerit, verwittert er auf dieselbe kugelformbildende Art. Untersuchen Sie die Bodenschichten zwischen aufeinanderfolgenden Lavaströmen. Sie könnten hier fossile Reste von Pflanzen finden, die auf der ersten Schicht wuchsen und vom zweiten Lavastrom bedeckt wurden.

Am Meeresboden austretender Basalt kühlt an der Oberfläche schnell ab und bildet eine weiche Haut, bleibt im Inneren jedoch geschmolzen. Die Schmelzmasse bildet schließlich mehrere Klumpen, die sich über den Meeresboden verteilen und später übereinandergelagert fest werden. Die dabei entstehenden Strukturen bezeichnet man als Kissenlava. Schneidet man eine ältere Kissenlava durch, zeigt sie ein konzentrisches Muster, das auf ihre Abkühlung von Außen nach Innen hinweist. In trockenen Gebieten verwittert Basalt zu einer weißlichen Verwitterungsrinde, in feuchten Gebieten dagegen aufgrund des Zerfalls der Eisenmineralien zu rötlichem Material.

Links: Basaltische Lava kann sich über weite Gebiete ausbreiten. Wenn es einen Baum umfließt, wird das Holz verbrannt, aber die Lava um den Baumstamm herum kühlt schnell ab und hinterläßt einen senkrechten Basaltschlot mit dem verbrannten Holz im Inneren. Dieses Beispiel zeigt den basaltischen Rest eines Waldgebietes auf Hawaii.

Handstück

Ein typisches Basalt-Handstück hat eine strickförmige Oberfläche, ist innen jedoch schlackenartig, brüchig und blasig. Fassen Sie Proben von Pahoehoe und Aa wegen der brüchigen, glasartigen Oberfläche immer mit Handschuhen an. Basalt-Handstücke enthalten zumeist Blasen, da sich beim Ausbruch Gase ansammelten, die nicht entweichen konnten, bevor die Lava fest wurde. In altem Basaltgestein können diese Blasen mit Mineralien, z. B. mit Kalkspat, angefüllt sein, die das Grundwasser über Jahrmillionen abgelagert hat.

Als Handstück eignet sich auch eine vulkanische Bombe. Dabei handelt es sich um ein Stück Lava, das bei einem Vulkanausbruch durch den Schlot emporgeschleudert wurde und sich noch in der Luft verfestigte. Häufig sind sie tränen-, band- oder spindelförmig oder auch einfach rund. Manche sind so groß wie ein Auto, andere klein wie Kieselsteine – in diesem Fall werden sie Lapilli genannt.

Fester Basalt ist schwer und schwarz, und die Mineralienkristalle sind so klein, daß man sie nicht einmal mit einer Lupe erkennen kann. Es können jedoch einige größere, hellere Mineralien enthalten sein.

Querschnitt durch Pahoehoe-Lava

Vulkanische Bombe

Varietäten

Die verschiedenen Basaltarten werden aufgrund der verschiedenartigen Magnesium-Eisen-Mineralien sowie der unterschiedlichen Feldspate, wie sie bei mikroskopischen Untersuchungen festgestellt werden, eingeteilt.

Ähnliche Gesteine

Basalte sind in ihrer Zusammensetzung den Doleriten sehr ähnlich, unterscheiden sich nur hinsichtlich Struktur und Ursprungsart.

Dünnschliff

Unter dem Mikroskop erscheint Basalt als eine formlose Masse aus winzigen Feldspatkristallen. Es können auch ausgeprägte Kristalle anderer Silikate wie Pyroxen auftreten, die größer sind als die Feldspate. Das hängt dann mit der früheren Kristallisation der Pyroxene vor dem Ausbruch zusammen. Es kann auch eine ophitische Struktur vorkommen.

Die feinkörnige Grundmasse aus Feldspat zeigt das Fließgefüge.

Die großen Olivinkristalle sind zuerst entstanden.

Rhyolith und Andesit

Rhyolith ist ein saures Ergußgestein und Andesit seine intermediäre Entsprechung. Sie bilden sich aus Lavaergüssen in Gebirgsregionen und auf vulkanischen Inseln. Ihre Entstehung steht in engem Zusammenhang mit dem Abtauchen tektonischer Platten.

Mineralische Zusammensetzung
Rhyolith ist die extrusive Erscheinungsform von Granit, was auch die chemische und mineralische Zusammensetzung widerspiegelt. Andesit enthält weniger Siliziumdioxid und daher auch weniger Quarz.

Landschaften und Strukturen
Saure und intermediäre Lavaströme sind viel zähflüssiger als basaltische. Infolgedessen kommen Rhyolith und Andesit nur in der Nähe der jeweiligen Vulkane vor, die zumeist steil und kegelförmig sind. Ein aktiver Vulkan dieses Typs ist sehr gefährlich, und es ist für Hobby-Geologen nicht ratsam, sich ihm zu nähern.

Die Ausbrüche sind meist explosiv und stoßen unheilbringende Aschewolken aus. Auch wenn die Lava selbst nicht sehr weit fließt, können Asche und Staub in einem Umkreis von vielen tausend Kilometern niedergehen. Die Ascheteilchen können hell und mit zahllosen Gasbläschen durchsetzt sein, was sie leicht genug macht, um auf Wasser zu schwimmen, wo sie sich zu Bimsstein ausbilden.

Hin und wieder treten in basaltischen Gebieten auch saure und intermediäre Eruptionen auf. Auslöser dafür ist ein Prozeß, den man als Fraktionierung bezeichnet. Dabei kristallisieren sich viele der Magnesium-Eisen-Mineralien bereits aus dem Magma heraus, wenn es sich noch im Untergrund befindet. Eine an Kieselsäure reiche Schmelzflüssigkeit bleibt übrig und gelangt dann an die Oberfläche. Ein großer Bereich im basaltischen Island ist von einem gelblichen Teppich bedeckt, den der Vulkan Askja im Jahr 1875 ausstieß. Dort, wo das schwarze Basaltgestein durch die helle Oberfläche tritt, ist die Landschaft besonders reizvoll.

Eine Eruption, bei der solche sauren Lavaarten vorkommen, produziert ein charakteristisches, klingelndes Geräusch, das von den unzähligen glasartig verfestigten Bruchstücken hervorgerufen wird, die den steilen Vulkanhang hinunterprasseln. Der darüber hinaus auftretende schwere, metallene Lärm erinnert manchmal an das Rangieren von Zügen.

Links: Der Niederschlag andesitischer Asche im vorwiegend basaltischen Island zeigt den farblichen Unterschied zwischen dunklem, basischem Ergußgestein und dem helleren, sauren Gesteinsmaterial. Andesitische Vulkane sind meist kegelförmig und steil, da andesitische Lava zähflüssig ist und nicht weit fließt. Eruptionen können daher sehr explosiv sein und katastrophale Folgen haben.

Oben: Eine große ›Brotkrusten-Bombe‹, die ein Vulkan auf den Liparischen Inseln ausgestoßen hat.

Handstück

Rhyolith und Andesit sind aufgrund des relativ geringen Magnesium-Eisen-Mineralgehalts meist ziemlich hell und leicht. Ihr Aussehen erinnert oft an Feuersteine. Sie splittern ab, wenn man sie mit einem Hammer bearbeitet. Häufig weisen sie eine gebänderte Struktur auf, die von der zähflüssigen Lava herrührt. Andesiten können eine porphyrische Struktur besitzen, mit großen Feldspatkristallen, die mit bloßem Auge erkennbar sind.

Saure und intermediäre Bomben sind meist nicht so stromlinienförmig wie basaltische. Bei ihrem Flug durch die Luft kühlt die Oberfläche schnell ab und wird fest, während das Innere noch heiß und flüssig ist. Das führt zu ›Brotkrusten-Bomben‹ mit einer aufgerissenen äußeren Schicht. Beim Niederschlag können heiße Aschenpartikel verschmelzen und sogenannte Agglomerate bilden. Verbinden sich mehrere solcher Agglomerate zu durchgängigem Gestein, bezeichnet man dies als Tuff.

Rhyolith

Andesit

Ähnliche Gesteine

Rhyolith und Andesit sind sich sehr ähnlich, mit dem Unterschied, daß im Rhyolith Quarz enthalten ist. Sie unterscheiden sich jedoch deutlich vom basischen Ergußgestein Basalt.

Zentimeter

Dünnschliff

Der Blick durchs Mikroskop zeigt unzählige winzige Feldspatkristalle. Die Lava kühlt so schnell ab, daß die Kristalle keine Zeit haben, sich auszubilden. So verwandelt sich die ganze Masse in ein amorphes Glas.

Sind deutlich ausgeprägte Hornblende- und Pyroxenkristalle vorhanden, so haben diese sich schon vor dem Ausbruch entwickelt.

Strukturlose Grundmasse aus Feldspaten

Große Feldspat-Mineralien

Glimmer

Hornblendeglimmer (geringe Mengen an Eisen-Magnesium-Mineralien)

Kalkstein

Kalkstein ist ein Sedimentgestein zumeist biogenen oder chemischen Ursprungs. Es entsteht im seichten Wasser von Schelfmeeren und bedeckt daher weite Gebiete.

Mineralische Zusammensetzung

Kalkstein besteht zum größten Teil aus Kalkspat. Da es sich jedoch um ein Sedimentgestein handelt, sind oft andere Mineralien enthalten. So kann z. B. Dolomit – Magnesiumkarbonat – darunter sein, in einigen Fällen sogar den Hauptbestandteil bilden. Weit verbreitet ist sandiger und schieferiger Kalkstein, wobei es schwierig ist, hier bestimmte Grade festzulegen. Aber in der Regel werden alle Gesteine mit über 50 % Karbonatmineralien als Kalkstein angesehen.

Landschaften und Strukturen

Eine Landschaft mit Kalksteinuntergrund ist trocken. Bei massivem Kalkstein, d. h., wenn er in mächtigen Schichten und nicht nur als dünne Schicht zwischen anderen Gesteinen auftritt, bildet er trockene Hochebe-

nen. Wasserläufe verschwinden von der Oberfläche, lösen den Kalkstein und bilden unterirdische Höhlen. Weit verbreitet sind Verwitterungserscheinungen wie Karren (S. 70–73) oder Einsturzerscheinungen wie Schluchten oder Dolinen (S. 78f.).

Alte Kalklandschaften sind häufig von jüngeren Sedimenten bedeckt, und die Erosionsformen sind fossilisiert. Die Trümmer eingestürzter Höhlendecken werden durch umgelagerten Kalkspat zementiert und als Einsturzbrekzie erhalten. Manchmal enthält diese auch die Skelette von Tieren, die in der Höhle lebten.

Im Südwesten Englands wurde Kalkstein aus der Karbonzeit, der sich während des Trias bildete, freigelegt, und in den Spalten sind die Fossilien triassischer Reptilien zu finden. In Belgien bildete derselbe Kalkstein aus dem Karbon zur Kreidezeit einen Gebirgsrücken, und man fand in einer Schlucht die Skelette kreidezeitlicher Dinosaurier.

Dort, wo die unterirdischen Wasserläufe wieder an die Oberfläche gelangen, sind häufig Tuffablagerungen anzutreffen.

Das zerklüftete, wasserlose Erscheinungsbild einer Kalklandschaft geht auf die chemische Verwitterung von Kalkspat, dem Hauptbestandteil des Gesteins, zurück. Karren bilden sich auf flachliegenden Kalksteinschichten aus (*oben*). Eine typische Landschaftsform auf Kalkuntergrund ist der Karst, benannt nach dem gleichnamigen Kalkplateau in Slowenien und Kroatien. Die charakteristischen steilwandigen Schluchten sind durch vertikale Erosion der Flüsse oder durch Einsturz von Höhlen und unterirdischen Wasserwegen entstanden. Die Cevennen am Rand des französischen Zentralmassivs (*rechts*) bieten hierfür eindrucksvolle Beispiele, wie die Gorges du Tarn oder der Gorge de la Jonte.

Handstück

Je nach Art des Kalksteins ist ein Handstück entweder eine reine Masse aus Fossilien oder ein gleichmäßig körniger, heller Stein.

Wenn biologischer Kalkstein verwittert, treten die darin enthaltenen Fossilien reliefartig hervor.

Eine Varietät des chemischen Kalksteins, der Oolith, setzt sich aus winzigen Kügelchen mit etwa 1 mm Durchmesser, den sogenannten Ooiden, zusammen. Bei einer grobkörnigeren Spielart, dem Pisolith, sind die Kügelchen etwa erbsengroß. Sie sind entstanden, als sich Kalkspat auf Sand oder Muschelfragmenten anlagerte und dann über den Meeresboden rollte, wobei sich die Kügelchen schneeballartig aufbauten.

Beim Handstück kann man zwischen Kalkspat und Dolomit unterscheiden, indem man es mit Säure, z. B. mit Essig, benetzt. Kalkspat zischt leicht und bildet Blasen, Dolomit dagegen reagiert gar nicht.

Oolithischer Kalkstein

Zentimeter

Muschelkalk

Varietäten

Es gibt viele Spielarten von Kalkstein. Die Muschelkalke werden normalerweise nach den in ihnen enthaltenen Fossilien unterschieden, beispielsweise Schneckenkalk, Crinoidenkalk (Crinoiden = Stachelhäuter wie Seesterne) oder Korallenkalkstein. Viele Kalksteinarten lassen sich gut polieren, und die Fossilien setzen sich häufig farblich von der Grundsubstanz ab, weshalb das Gestein ein beliebter Baustoff ist. Viele Kalkstein-Varietäten werden von Steinmetzen fälschlich als Marmor bezeichnet, z. B. Purbeck-Marmor (ein Kalkstein aus dem Jura mit fossilen Schnecken) und Forsterly-Marmor (ein Kalkstein aus dem Karbon mit Korallen).

Kalksteinkonglomerat besteht aus zusammengefügten kleinen Kalksteinstückchen, die schon vor seiner Entstehung ausgebildet wurden und von Mineralogen als Intraklaste bezeichnet werden.

Es gibt auch eine Kalksteinart, die aus reinen Kalkspatkügelchen besteht – ähnlich den Ooiden, aber ohne innere Struktur.

Von Bedeutung ist auch die verbindende Zwischensubstanz, der sogenannte Zement. Grobkörniger Zement wird als Sparit bezeichnet, aus feinen Kristallen bestehender hingegen als Mikrit.

Dünnschliff

Fossile Bestandteile sind meist sehr leicht zu erkennen, wobei der bindende Kalkspat als gleichmäßiges Mosaik um sie herum erscheint. In manchen Fällen ist der Kalkspat aus einem schon vorher bestehenden Kalkspatfragment erwachsen, und man erkennt die Form des ursprünglichen Fragments als Gefügerelikt oder ›Geist‹ in einem größeren Kalkspatkristall.

Bei einem Oolithen sind die konzentrischen Formen der einzelnen Ooide gut sichtbar, die auch hier wieder durch ein Kalkspatmosaik verbunden sind.

Mikroskopische Aufnahme von Muschelkalk

Kreide

Kreide ist eine sehr reine Form biogenen Kalksteins. Sie entstand am Ende der Kreidezeit in ausgedehnten, massiven Schichten am Boden breiter, flacher Meere in Kontinentalnähe.

Mineralische Zusammensetzung

Kreide besteht fast völlig aus Kalkspat jeglicher Form und kann bis zu 98 % rein sein. Sie setzt sich aus den Kalkschalen mikroskopisch kleiner Meeresalgen zusammen, die teilweise mit kristallinem Kalkspat gefüllt sind. In der Regel enthält Kreide keinerlei terrestrische Sedimente. Ältere Kreideschichten können jedoch Schlammpartikel aufweisen. Ist deren Anteil so hoch, daß reiner Kalkspat nur noch etwa 80 % des Gesteins ausmacht, wird es Kreidemergel genannt.

Landschaften und Strukturen

Eine Kreidelandschaft weist besondere Eigenschaften auf. Sie läßt welliges Flachland entstehen, wie es für den Südosten Englands und den Nordosten Frankreichs charakteristisch ist. Über dem Kreideuntergrund bildet sich meist Grasland, da Bäume hier schlecht gedeihen. Am ehesten sind Buchen anzutreffen, die lichte Wälder bilden. Wie auch bei anderen Kalklandschaften gibt es nur wenige oberirdische Wasserläufe. Dennoch treten zahlreiche breite, wellige Trockentäler auf – sie entstanden vermutlich während der Eiszeit, als das Grundwasser gefroren war.

An Meeresküsten treten eindrucksvolle weiße Kreideklippen auf, etwa in Dover oder im Norden Rügens. Wegen des regelmäßigen Gesteinsgefüges verlaufen die Klippen senkrecht und glatt. Sie werden gleichmäßig abgetragen, wodurch eine gerade Küstenlinie entsteht.

Das in den ursprünglichen Sedimenten oft vorhandene Siliziumdioxid sammelt sich in bestimmten Lagen an und tritt dann in unregelmäßigen Feuersteinbändern oder in Hornsteinschichten auf.

Das strahlende Weiß des nackten Gesteins bildet einen intensiven farblichen Kontrast mit dem Pflanzenbewuchs. Gruben, in denen Kreide abgebaut wurde, sind schon von weitem zu sehen. In einigen Fällen hat man anstehende Kreide bildhauerisch ausgestaltet und durch Entfernung der Grasnarbe kunstvolle Formen in die Berghänge geschnitten.

Landschaften mit Kreideuntergrund sind wasserarm, denn das Regenwasser versickert durch das poröse Gestein. An den Seiten der Trockentäler ist das Bodenfließen weit verbreitet – eine hangabwärts gerichtete Bewegung von Bodenpartikeln –, wodurch sogenannte Rasenstufen entstehen (*unten*). In Gruben oder an der Küste, wo Kreide abgetragen wird, besticht das Anstehende durch seine strahlend weiße Farbe, wie hier in Sussex, Südengland (*rechts*).

Handstück

Das Gestein zerbricht in unregelmäßige, staubige Stücke, da weder eine innere Struktur noch Schwächezonen vorhanden sind. Die Fossilien sind so fest eingebettet, daß man sie nicht herausbrechen kann. Bei jedem Bruch werden auch die Fossilien durchteilt. Meist wurden sie durch Kieselsäure ersetzt, ebenso sind alle im Gestein auftretenden Gesteinsgänge reich an Kieselsäure. Kreide ist so feinkörnig, daß die einzelnen Bestandteile weder mit bloßem Auge noch mit der Lupe unterscheidbar sind. Durch Schlammpartikel im ursprünglichen Sediment kann ein gräulicher Farbton auftreten. Hin und wieder kommt auch ein grünlicher Farbton vor, den das Eisensilikatmineral Glaukonit hervorruft. Dies geschieht aber nur bei unreiner Kreide.

Zentimeter

Varietäten

Kreide ist ein so reines Gestein, daß schon die leiseste Verunreinigung eine charakteristische Verfärbung hervorruft. Weiße Kreide ist am reinsten. Graue Kreide enthält feinkörnige Schlamm- oder Tonpartikel und rote Kreide Eisenmineralien.

Auf die am Meeresboden entstehende Kreide können Bodenströmungen einwirken, wodurch ihre Struktur gestört und umgeschichtet werden

kann. Die dabei aufgewirbelten Partikel werden wieder verkittet, ein Vorgang, bei dem andere Mineralien untergemischt werden können. Das dabei

entstehende Gestein ist dann als besondere Schicht in der Kreideabfolge zu erkennen.

Dünnschliff

Kreide ist so feinkörnig, daß selbst mikroskopische Untersuchungen wenig Wert haben. Erst nach Erfindung des Elektronenmikroskops im Jahr 1932 konnte man verschiedene Arten winziger Muscheln identifizieren, die im Gestein enthalten sind.

Sandstein

Sandstein ist ein klastisches Sedimentgestein mit einer Korngröße zwischen 0,02 mm und 2 mm. Bei größerem Korn sind es Konglomerate oder Brekzie, bei kleinerem Schluffstein, Tonschiefer, Tonstein oder Letten. Es gibt unterschiedliche Sandsteinarten, je nachdem, ob er in Wüsten, Flüssen oder am Meeresboden entstand.

Mineralische Zusammensetzung

Die mineralische Zusammensetzung von Sandstein hängt vom Ausgangsgestein ab, aus dessen Verwitterungsprodukten sich das Sediment zusammensetzt, und auch von den Bedingungen, unter denen sich das Sediment ablagerte. Normalerweise bleiben als Sandkörner nur die robustesten Mineralien, meist Quarz, übrig. Aber auch andere Mineralien aus dem Muttergestein können erhalten bleiben, falls die Körner vor der Ablagerung nicht zu weit transportiert wurden. Als Zement wirken Kalkspat, Eisenoxid oder Quarz.

Landschaften und Strukturen

Hat sich der Sandstein aus Wüstensand entwickelt, bildet er eine massive Schicht, die ein sehr großes Gebiet bedeckt. Es tritt auch Dünenschichtung auf. Hat das Gestein einen rötlichen Farbton, rührt diese vom Eisenoxid her, das entstanden ist, als der ursprüngliche Sand den Einflüssen der Atmosphäre ausgesetzt war.

Flußsandstein weist dagegen eine feinere Schichtung auf und wird in den meisten Fällen von anderen Gesteinsschichten wie Tonschiefer oder Tonstein unterbrochen. Er tritt sehr selten völlig rein auf, sondern ist von Schiefersandstein oder Kalksandstein durchsetzt. Man findet ihn sowohl in Schrägschichtung als auch in Gleitfaltung, und der rötliche Schimmer des Wüstensandsteins fehlt. Seine Farbe ändert sich je nach Bindemittel: Bei Eisenerz ist er braun, bei Kalkspat grau. Das Gestein kann aber auch ausgelaugt, weiß und voller Wurzelfragmente sein – in diesem Fall war es eine mit Pflanzen bestandene Sandbank oberhalb des Wasserspiegels. Achten Sie auf Auswaschungen, die von zeitweilig aufgetretenen Wasserläufen zeugen, die sich ihren Weg durch eine Sandbank bahnten und ihn mit eigenen Sedimenten auffüllten. Sie erscheinen als trogförmige, mit Sandstein gefüllte Strukturen, wobei der Sandstein eine andere Schichtung aufweist als das Nebengestein.

In flachen Meeren gebildeter Sandstein ist dem Flußsandstein oft sehr ähnlich. In diesem Fall treten anstelle von Schrägschichtung Rippelmarken auf. Es können

Links: Massiver Sandstein – bestehend aus mächtigen Schichten mit wenigen Schichtfugen – erodiert zu senkrechten Felsklippen und zu turmartigen Felsblöcken, besonders wenn er, wie hier in Utah, der Winderosion ausgesetzt ist.

Oben: Sandstein ist porös und kann sehr gut Wasser speichern. In niederschlagsreichen Gebieten, wie hier in Frankreich, ist eine Landschaft mit Sandsteinuntergrund oft üppig bewachsen.

auch sedimentäre Schlote und Vulkane vorhanden sein – widersprüchliche Bezeichnungen, die jedoch beschreiben, was geschieht, wenn Treibsand durch eine darüberliegende Schicht emporschießt. Dies tritt manchmal im Zusammenhang mit einer Gleitfaltung auf.

In tiefen Meeren entstandene Sandsteinarten sind völlig anders. Sie können sehr grobkörnig und stark vermengt sein, oder sie zeigen eine gradierte Schichtung. Das hängt von der Art der Strömung am Meeresboden ab, die bei Bildung des Sediments vorherrschte.

Bei der Untersuchung von Sandsteinen im Gelände ist es sehr wichtig, die Ausrichtung des Streichens und den Winkel der Fallrichtung zu beachten. Man sollte auch die Mächtigkeit der Schichten an unterschiedlichen Punkten messen, um zu sehen, wie regelmäßig die Schichtung verläuft. Falls Schrägschichtung oder Sohlenmarken auftreten, versuchen Sie, die Strömungsrichtung herauszufinden.

Wie bei jeder Schichtenfolge sollten Sie auch hier Faltungen aufzeichnen und diese in der Karte vermerken. Notieren Sie sich auch den Winkel, die Sprunghöhe und die Ausrichtung jeder auftretenden Verwerfung – sie sind leichter in geschichteten Gesteinen zu erkennen als in ungeschichteten. Anhand all dieser Informationen können Sie die Umformungen nachvollziehen, die seit Bildung der Schichten aufgetreten sind.

Handstück

Ein ziemlich kleines Handstück reicht aus, um alle wichtigen Merkmale zu untersuchen, sofern der Aufschluß die bedeutenden Großstrukturen wie z. B. Schrägschichtung erkennen läßt. Gibt es einige deutlich ausgeprägte Merkmale wie Gegenstandsmarken oder fossile Fußabdrücke, ist es am besten, man läßt sie unberührt, damit sie nicht aus ihrem ursprünglichen geologischen Zusammenhang gerissen werden. Verzichten Sie in diesem Fall lieber auf Proben und machen Sie statt dessen einige Fotos. Außerdem kann hier die Rubbing-Technik (S. 59) sehr hilfreich sein, um Ihre Beobachtungen zu vervollständigen.

Die einzelnen Körner im Sandstein sind normalerweise so groß, daß man sie leicht mit einer Lupe identifizieren kann.

Varietäten

Grit oder Grieß ist ein grobkörniger Sandstein mit sehr eckigen Fragmenten, die vermutlich an der Mündung eines schnell fließenden Flusses abgelagert wurden.

Quarzit ist reiner Sandstein und besteht aus Quarzkristallen, die durch Quarz verkittet sind. Der oben beschriebene Wüstensandstein ist ein Beispiel hierfür. Quarzit ist auch die Bezeichnung für ein kontaktmetamorphes Gestein, das aus reinem Quarz besteht.

Grünsande sind grobkörnige Quarzsandsteinarten mit Feldspat und Glimmer, die auch große Kristalle des grünlichen Magnesium-Eisen-Minerals Glaukonit enthalten. Sie sind entstanden, als sich Sand am Meeresboden ablagerte.

Grauwacke ist ein grobkörniger, vermengter Sandstein aus eckigen Quarzfragmenten, Magnesium-Eisen- und anderen Mineralien in einer Grundmasse aus viel feinerem Material wie Ton oder Lehm. Sie entsteht, wenn Sedimente eines Kontinentalschelfs über den Rand eines Kontinentalhangs in tiefere Gewässer stürzen. Daher weist sie Rutschungserscheinungen und gradierte Schichtungen auf.

Arkose ist Sandstein, der durch Verwitterung einer nahegelegenen Granitlandschaft entstanden ist und einen Feldspatanteil von über 25 % aufweist.

Unter kohleführenden Schichten ist oft ein stark von fossilen Wurzelfragmenten durchsetzter Sandstein anzutreffen, der aus einer Sandbank mit Pflanzenbewuchs entstanden ist.

Grauwacke

Grit

Penrith-Sandstein

Dünnschliff

Die mikroskopische Analyse von Sandstein ist eine Wissenschaft für sich. Anhand der Beschaffenheit der einzelnen Körner kann man erkennen, ob der sandsteinbildende Sand aus Erstarrungsgestein, metamorphem Gestein oder aus Sedimentgestein entstanden ist, in welcher Entfernung sich das erodierte Ausgangsgestein befand und unter welchen Bedingungen die Ablagerung stattgefunden hat.

Wüstensandsteine bestehen zumeist aus reinem Quarz. Die Körner sind fast kugelförmig, da sie lange Zeit dem Windschliff ausgesetzt waren. Als Bindemittel tritt normalerweise Eisenoxid auf, manchmal aber auch Quarz. In diesem Fall könnten die ursprünglichen Quarzkristalle weitergewachsen sein, nachdem sie bedeckt wurden. Die Form der ursprünglichen Kristalle kann man noch als schemenhafte Kreise inmitten der nun vorhandenen Kristalle erkennen.

Einzelne Körner aus Feldspat in einem Sandstein lassen folgern, daß der Sand unter trockenen Klimabedingungen und in einer schroffen Landschaft abgelagert wurde, beispielsweise einem Gebirgsfluß in der Wüste. Landschaften mit geringen Höhenunterschieden und feuchtem Klima lassen langsam fließende Flüsse entstehen, in denen der Feldspat meist schon zu Boden sinkt, bevor der Sand abgelagert wird.

Wenn die Quarzpartikel eine gerade Auslöschung zeigen, sind sie wahrscheinlich aus Granit hervorgegangen. Zeigen sie eine undulierende Auslöschung, d. h., verschiedene Bereiche eines einzigen Kristalls erscheinen bei unterschiedlichen Betrachtungswinkeln dunkel, wurden sie gedehnt und entstammen vermutlich einem metamorphen Gestein. Bestehen die Partikel aus mehreren Kristallen mit jeweils gerader Auslöschung, so hat der Quarz seinen Ursprung möglicherweise in der Erosion eines Quarzganges.

Außerdem enthalten Quarzpartikel, die einem Gesteinsgang entstammen, winzige Bläschen. In diesem Fall sind Bruchstücke des Gesteins besonders nützlich, denn diese Partikel bestehen aus mehr als einem Mineral. Sie vermitteln ein direktes Bild vom erodierten Ausgangsgestein.

Rechts: Die Partikel sind ungleichförmig und klar angeordnet. Daran erkennt man, daß sie nicht lange im Wasser transportiert wurden, bevor sie sich abgelagert haben.

Links: Diesen Sandstein kann man als Wüstensandstein erkennen, da die Partikel alle dieselbe Größe aufweisen und gerundet sind. Das läßt darauf schließen, daß sie der Wind lange Zeit abgeschliffen hat.

Eisen-Magnesium-Mineralien zeigen, daß das Sediment nicht weit transportiert wurde.

Rechts: Die unterschiedlichen Korngrößen deuten darauf hin, daß sich die Sedimente dieses Sandsteins schnell abgelagert haben.

Quarz　　　　　*Eisenerz*

Feinkörnige Sedimentgesteine

Die feinsten Sedimentgesteine sind Ton, Tonschiefer und Letten. Es kann sich dabei um klastische oder um chemische Sedimentgesteine handeln, zumeist sind sie jedoch eine Mischung aus beiden.

Mineralische Zusammensetzung

Zu den feinkörnigen Bestandteilen dieser Gesteine können die Bestandteile vorher bestehender Gesteine wie Quarz oder, weniger häufig, Feldspat und Glimmer gehören. Es können auch Anreicherungen seltenerer Mineralien wie Zirkon ($ZrSiO_4$) auftreten.

Bei den meisten Partikeln handelt es sich jedoch um Substanzen, die durch den Zerfall anderer Mineralien entstanden sind. Hierzu gehören die Tonmineralien wie Kaolinit ($Al_2(Si_2O_5)(OH)_4$) – das Mineral, aus dem Porzellanerde besteht – und Mineralien, die Glimmer sehr ähnlich sind. Diese bilden eine amorphe, d. h. formlose Grundmasse, die sich nur sehr schwer analysieren läßt.

Landschaften und Strukturen

Solch feinkörnige Gesteine entstehen in tiefen Ozeanen, Flußbetten oder -mündungen. Jede Entstehungsart hat ein unterschiedliches Erscheinungsbild zur Folge.

Tiefseegesteine bilden meist sehr mächtige Schichtfolgen aus. Sie enthalten häufig Fossilien von Tieren, die in der Tiefsee lebten oder auch nahe der Wasseroberfläche und nach dem Tode zu Boden sanken. Eine weiche, schlammige Oberfläche weist oft Sohl- oder Schleifmarken auf, wo Strömungen große Gesteins-bruchstücke über den Meeresboden transportierten und durch die obere Schlammschicht zogen.

Hin und wieder baut jedes vorkommende kalkhaltige Material nach der Ablagerung gesonderte Schichten auf, die zu einer wechselnden Abfolge von Kalkstein- und Tonschieferschichten führen, wie beispielsweise in Schichten des Schwarzen Jura.

Feinkörnige Sedimente aus seichten Gewässern sind meist mit Sandstein und anderen Sedimentgesteinen zwischengeschichtet, wobei hier oft eine zyklische Abfolge zu beobachten ist (S. 62f.). In solchen Fällen wird das feinkörnige Gestein, das viel weicher ist als Sandstein, zuerst abgetragen, und die härteren Schichten bleiben als emporragende Felsen in der Landschaft zurück. Die Schichten sind reich an Fossilien, die aufgrund der mürben Gesteinsstruktur leicht herausgelöst werden können.

Gelegentlich sind auch Gesteinsknollen vorhanden. Sie entstehen, wenn sich eine chemische Substanz wie Siliziumdioxid, Karbonat oder Pyrit im Sediment zu einer Masse anreichert und einen Klumpen bildet, während sich das Sediment gleichzeitig in Gestein verwandelt. Diese Knollen treten meist als abgeflachte Kugeln im Bereich von Schichtfugen auf. Es lohnt sich, nach sogenannten Septarien zu suchen – Gesteinsknollen mit Kernsprüngen, die wiederum mit einem anderen Mineral angefüllt sind.

Wie bei anderen geschichteten Sedimentgesteinen sollten Sie die Mächtigkeit der Schichten messen sowie die Streichrichtung und den Fallwinkel bestimmen. Achten Sie auch auf Falten oder Verwerfungen.

Rechts: Die feinkörnigen Sedimentgesteine sind im Vergleich zu anderem Gestein in der Umgebung sehr weich. Wo Ton, Tonstein oder Tonschiefer mit Kalkstein abwechseln, bleiben die Kalksteinschichten als Vorsprünge zurück, nachdem das dazwischenliegende, feine Gesteinsmaterial ausgewaschen wurde. Dabei entstehen stufenartige Felswände, die sich jedoch wegen ihrer Instabilität nicht für Klettertouren eignen.

Handstück

Feinkörnige Sedimentgesteine sind so weich, daß man ohne Probleme Gesteinsproben nehmen kann.

Wenn sich ein Gestein leicht in dünne, spröde Platten zerlegen läßt, handelt es sich um Tonschiefer. Zerbricht es in linsenförmige Blättchen, so ist es Tonstein. Wenn es keine innere Struktur aufweist und bei Nässe plastisch und schmierig wird, liegt Letten vor. Konnten Sie den Unterschied nicht feststellen, als Sie dem Gestein das Handstück entnommen haben, versuchen Sie, es mit Hilfe eines Taschenmessers zu spalten.

Sehr wahrscheinlich treten auch Fossilien auf, die am besten in Tonschiefer zu erkennen sind, da er sich entlang der Schichtfugen spalten läßt, wo sich die Fossilien normalerweise befinden. Die Reste von Meerestieren findet man in Tiefseeschiefer; Süßwassermuscheln und Pflanzen treten in Schiefern aus seichten Gewässern auf.

Sehr dunkle marine Tonschiefer sind reich an Kohlenstoff, was zeigt, daß sie in einem sauerstoffarmen Bereich abgelagert wurden (sonst wäre der Kohlenstoff im Kalkstein mit Sauerstoff angereichert oder in Form von Kohlendioxid freigesetzt worden). Die in solchen Schichten eingebetteten Fossilien können von Tieren stammen, die erstickt sind, nachdem sie von Strömungen in diese Bereiche gerissen wurden. Der Sauerstoffmangel führte zur Bildung von Eisenkies, der in Kristallform oder als Austauschmineral in Fossilien vorhanden ist.

Letten

Tonstein

Zentimeter

Tonschiefer

Varietäten

Bei der Unterteilung von Tonschiefer, Tonstein und Letten werden viele verschiedene Arten unterschieden. Ihre Namen basieren zumeist auf deren wirtschaftlicher Bedeutung.

Porzellanerde oder Kaolin ist ein weißer Ton, der durch die Zersetzung von Feldspaten in Granit entstanden ist.

Fullererde ist eine Tonart aus sehr feiner vulkanischer Asche, die zur Entfettung von Wolle herangezogen wird.

Alaunschiefer enthält Mineralien, aus denen man Alaun gewinnt.

Dünnschliff

Die Bestandteile sind so feinkörnig, daß die Technik in diesem Fall nutzlos ist.

Schiefer

Schiefer ist ein schwach metamorphes Gestein, das durch Kontaktmetamorphose feinkörniger Gesteine wie Tonschiefer oder vulkanischer Asche entsteht.

Mineralische Zusammensetzung

Wie bei den meisten metamorphen Gesteinen ist auch bei Schiefer die chemische Zusammensetzung ähnlich der des Ausgangsgesteins, aber die einzelnen Bestandteile haben sich zu anderen Mineralien angeordnet. Die bedeutendsten Mineralien sind diejenigen, die dünne, flache Kristalle wie Glimmer oder Chlorit bilden und aus den ursprünglichen Tonmineralien des Ausgangsgesteins hervorgegangen sind. Ein weiterer wesentlicher Bestandteil ist Quarz.

Landschaften und Strukturen

Da es sich bei Schiefer um kontaktmetamorphes Gestein handelt, ist er meist in Gebirgsregionen anzutreffen. Das Gestein läßt sich aufgrund der gleichmäßigen Ausrichtung seiner Mineralien in dünne Lagen spalten, was auch der Grund für die splitterige bzw. schieferige Verwitterung ist, bei der die Erosionskräfte parallel zur Schieferungsebene Klüfte öffnen.

Verläuft die Schieferung völlig gerade, läßt sich der Schiefer abbauen und zu Dachschiefer oder Billardtischen verarbeiten. Wo der Schiefer in großen Mengen vorkommt, nehmen die Steinbrüche gewaltige Aus-

maße an und fressen ganze Berghänge auf, wie etwa in Nordwales oder in den Appalachen in Nordamerika.

Die Richtung, in der sich Schiefer spalten läßt, hat nichts mit der Schichtung der Ausgangsgesteine zu tun. Bei einigen Schiefern kann man sogar erkennen, wie die ursprüngliche Schichtung durch die Schieferungsebene schneidet. Die Schieferung hängt entweder ganz von der Ausrichtung der Mineralien ab – dann spricht man von Kristallisationsschieferung – oder von der Ausrichtung nahe beieinander liegender, mikroskopisch kleiner Falten, was als S2-Schieferung, Runzelschieferung oder Schubklüftung bezeichnet wird. Die Anordnung entspricht der Richtung des Drucks während der Gesteinsmetamorphose.

Anhand von Deformationsmarken läßt sich manchmal das Ausmaß von Verformungen nachvollziehen. Dabei handelt es sich um leicht erkennbare Objekte wie Fossilien oder Kieselsteine, die von den gesteinsverändernden Kräften verformt wurden.

Da Sie Schiefer zumeist in Gebirgsregionen untersuchen werden, sollten Sie passende Kleidung und Schuhe tragen. Beachten Sie die Richtung der Schieferung und ob diese gerade verläuft – sofern Sie das am Aufschluß erkennen können. Falls die Richtung an verschiedenen Stellen unterschiedlich ist, kann es mehrere Deformationsphasen gegeben haben – wenn z.B. gebirgsbildende Vorgänge das Gestein umwandelten und später weitere gebirgsbildende Vorgänge das metamorphe Gestein verformten.

Rechts: Schiefer ist das Produkt kontaktmetamorpher Prozesse bei der Gebirgsbildung. Das Gestein diente früher als wertvoller Rohstoff für die Industrie, vor allem aber als Material zum Dachdecken, daher sind in Gebieten mit Schiefervorkommen, wie hier in Nordwales, zahlreiche Steinbrüche entstanden. Im Lauf der Zeit und mit der sich wandelnden Wirtschaft wurden viele Steinbrüche aufgegeben und die Siedlungen von den Bewohnern verlassen.

Handstück

Schiefer tritt zumeist in flachen Stücken auf, und aufgrund seiner Feinkörnigkeit reicht schon ein kleines Stück für die weitere Untersuchung aus. Das Gestein ist normalerweise dunkelgrau, kann aber je nach mineralischer Zusammensetzung auch grün, blau oder rötlichbraun erscheinen. Mit Hilfe einer Lupe lassen sich manchmal die Glimmerplättchen erkennen, die dem Gestein seine Spaltbarkeit verleihen, oft sind aber auch sie zu klein, um mit bloßem Auge erkannt zu werden.

Varietäten

Wie bei allen Gesteinen, die von wirtschaftlicher Bedeutung sind, unterscheidet man auch bei Schiefer verschiedene Arten. Je nach mineralischer Zusammensetzung variieren sie in der Farbe, und manchmal enthalten sie auch größere Kristalle, die den Schiefer gesprenkelt erscheinen lassen.

Ähnliche Gesteine

Wenn Schiefer anhaltend den zur Metamorphose führenden Kräften ausgesetzt ist, nimmt der Grad der Metamorphose zu, und es entsteht Phyllit – die nächste Stufe in diesem Prozeß. Phyllit ist dem Schiefer sehr ähnlich, hat aber größere Kristalle, und die glänzenden Glimmerplättchen sind mit bloßem Auge sichtbar. Noch weiter anhaltender Druck führt schließlich zum nächsten Stadium – zu kristallinem Schiefer.

Walisischer Schiefer

Dünnschliff

Beim Blick durch ein Mikroskop kann man leicht erkennen, ob es sich um eine Kristallisationsschieferung oder um eine S2-Schieferung handelt. Erstere zeigt sich durch die gleichmäßige Anordnung der Mineralien, während die zweite eine wellenartige Struktur in der feinen Grundmasse aufweist. Im mikroskopischen Maßstab sind auch Deformationsmarken zu sehen. Winzige, robuste Fragmente und Kristalle, die der Metamorphose widerstanden, sind häufig in der Mitte augenartiger Strukturen zu erkennen. Die Grundmasse scheint vom Fragment in Richtung der Schieferung gezogen worden zu sein, wobei sich die so entstandenen Freiräume mit Chlorid oder Quarz gefüllt haben. Das kann schließlich zur Bildung einer Augenstruktur (S. 54) führen.

Chiastolith – eine seltene Form von Andalusit- (= Aluminium-silikat-)Kristallen in gekreuzter Anordung

Kristalliner Schiefer

Kristalliner Schiefer ist ein mittelstark kontaktmetamorphes Gestein. Es tritt in alten Gesteinsverbänden auf – in Bereichen, wo sich einst Gebirge erhoben, die im Lauf der Zeit abgetragen wurden.

Mineralische Zusammensetzung

Die in kristallinem Schiefer enthaltenen Mineralien variieren sehr stark, je nach Natur des Ausgangsgesteins und den Umständen bei der Metamorphose. Glimmer ist fast immer vorhanden. Ein hoher Glimmeranteil deutet darauf hin, daß das Ausgangsgestein feinkörniger Tonschiefer oder Tonstein war. Weniger Glimmer, aber mehr Quarz und Feldspat deuten auf Sandstein als Ausgangsgestein hin, während das Auftreten von Kalkspat auf Kalkstein als Ausgangsgestein schließen läßt. Und ein Talkanteil schließlich geht auf ein basisches Ergußgestein zurück.

Bei steigender Temperatur und zunehmendem Druck treten neue Mineralien auf. Geologen können sie identifizieren und damit den Grad der Metamorphose bestimmen. Glimmer entsteht bei schwacher Metamorphose; dann tritt Granat in Verbindung mit Glimmer auf; danach Staurolith ($FeAl_4Si_2O_{10}(OH)_2$) – ein gelbliches Mineral, oft mit einem kreuzförmigen Zwillingskristall; darauf Cyanit (Al_2SiO_5), das meist fahlblaue Kristalle bildet. Die letzte Stufe wird durch das Auftreten der farblosen, faserigen Kristalle von Sillimanit (mit derselben chemischen Formel wie Cyanit) angekündigt. Bei weiterer Beanspruchung verwandelt sich das Gestein zu Gneis oder beginnt zu schmelzen.

Landschaften und Strukturen

Eine aus kristallinem Schiefer aufgebaute Landschaft ist zum größten Teil abgetragen. Wenn man anstehenden kristallinen Schiefer entdeckt, kann man davon ausgehen, daß bereits gewaltige Gesteinsmengen erodiert wurden, bevor dieser ans Tageslicht gelangte.

Genau wie Schiefer besteht auch kristalliner Schiefer aus flachen, parallel zueinander angeordneten Mineralien und läßt sich ebenso leicht entlang dieser Flächen spalten, an denen er auch verwittert. Die Spaltflächen von kristallinem Schiefer verlaufen jedoch sehr unregelmäßig, wellig und gedreht. Alle möglichen tektonischen Strukturen, die die Schieferung angreifen können – Sattel, Mulden, Überschiebungen, Verwerfungen – sind hier zu beobachten. Es kann sich auch eine Mullionstruktur (S. 54f.) entwickeln, wo sich um die Außenseite jeder der zylindrischen Strukturen Glimmer bildet. Die Verformungen des Anstehenden verdeutlichen die komplexe Geschichte des Gebietes, mit übereinandergelagerten Phasen der Metamorphose und der Verzerrung. Am besten ist die Richtung der letzten Verzerrung zu erkennen, sie kann sogar alle früheren unkenntlich machen.

Links: Zerklüftete Berggipfel sind typisch für Landschaften mit kristallinem Schiefer im Untergrund. Die durch Glimmerschichten verursachten Schieferungsebenen bewirken, daß das Gestein gegen physikalische Verwitterung anfällig ist und sich leicht spalten läßt. Berge aus kristallinem Schiefer werden schnell vom Frost angegriffen und bilden eindrucksvolle, zerklüftete Formen. Der Glimmer läßt das Gestein im Sonnenlicht glitzern.

Handstück

Schlagen Sie ein kleines Stück aus dem Aufschluß. Es wird entlang der Schieferungsebene absplittern. Das Auftreten einer solchen Spaltbarkeit ist für Schiefer so charakteristisch, daß der Begriff Schieferung bei jedem Gestein angewandt wird, das sich in ähnlicher Form spalten läßt. In den Vereinigten Staaten spricht man in diesem Zusammenhang von Bänderung (›foliation‹), die jedoch in anderen Teilen der Welt die bandartige Anordnung von Mineralien in einem Gestein, z. B. in Gneis, bezeichnet.

Glimmerkristalle lassen die angebrochene Oberfläche eines kristallinen Schiefer-Handstücks im Sonnenlicht glitzern. Die Kristalle sind oft groß genug, um sie mit bloßem Auge zu erkennen, wenn nicht, sieht man sie auf jeden Fall durch eine Lupe. Sie sollten auch die anderen Mineralien beachten, besonders die Leitmineralien, die den Grad der Metamorphose anzeigen. Granat ist an seiner tiefroten Farbe und anderen Eigenschaften (S. 29) zu erkennen, während Cyanit aufgrund seiner fahlblauen Färbung leicht bestimmbar ist. Die anderen Leitmineralien sind ohne Erfahrung schwieriger auszumachen.

Zentimeter

Varietäten

Die vielen Spielarten von kristallinem Schiefer sind das Ergebnis unterschiedlicher Ausgangsgesteine und verschieden starker Metamorphose.

Glimmerschiefer ist am weitesten verbreitet.

Kalkglimmerschiefer mit hohem Kalziumanteil ist das Ergebnis der Metamorphose von Kalkstein.

Grünschiefer mit hohem Anteil des grünen Minerals Chlorit ist aus basischen Erstarrungsgesteinen hervorgegangen.

Quarz-Feldspatschiefer entsteht durch die Metamorphose von Sandstein.

Dünnschliff

Bei einer mikroskopischen Betrachtung von kristallinem Schiefer sollte die Schieferung durch Anordnung der Mineralien, besonders des Glimmers, sichtbar werden. Der Granat ist leicht zu erkennen, wobei die gut ausgebildeten Granatkristalle manchmal in augenförmigen Quarzlinsen eingebettet sind. Ist Staurolith enthalten, so zeigt sich dieser in Form großer, kreuzförmiger Kristalle.

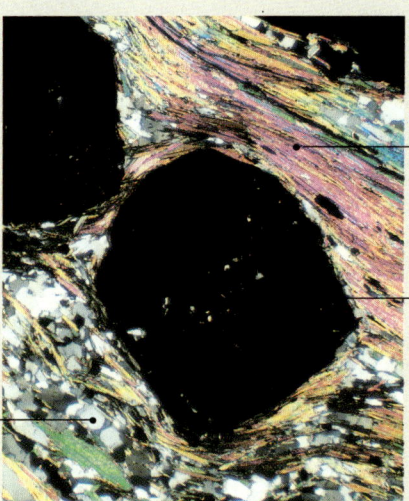

Leuchtend heller Glimmer zeigt die Deformation des Gesteins.

Granat – isotrop und daher unter den gekreuzten Prismen des Polarisationsmikroskops dunkel

Kleine Quarzkörnchen

Gneis

Gneis ist ein grobkörniges, kontaktmetamorphes Gestein. Es ist das am häufigsten vorkommende metamorphe Gestein, bei dessen Entstehung sowohl Hitze als auch hoher Druck mitwirkten. Oft ist es nicht mehr möglich, das Ausgangsgestein festzustellen.

Mineralische Zusammensetzung

In der Regel besteht Gneis aus ähnlichen Mineralien wie sehr stark umgewandelter kristalliner Schiefer. Die Mineralien sind allerdings viel grobkörniger und in bestimmten Bändern angeordnet.

Landschaften und Strukturen

Wie die meisten kontaktmetamorphen Gesteine breitet sich auch Gneis über ein riesiges Gebiet von oft vielen hundert Quadratkilometern aus. Er entsteht nur tief unter den Kontinenten in Bereichen starker Gebirgsbildung, daher deutet sein Vorkommen an der Oberfläche an, daß bereits gewaltige Gesteinsmassen abgetragen wurden. Ein ausgedehntes Gebiet mit Gneisuntergrund wird oft als Grundgebirge betrachtet, da man davon ausgeht, daß es sich um eine Gesteinsart handelt, die unter allen anderen kontinentalen Gesteinen liegt und so das ›Fundament‹ eines Kontinents bildet. Viele der ältesten bekannten Gesteine sind Gneise.

Die auffälligste strukturelle Eigenschaft von Gneis ist die Bänderung der Mineralien. Jedes Mineral hat sich zu einer gesonderten Lage angeordnet, und diese Lagen wurden durch den gesteinsbildenden Druck stark verbogen und verzerrt. Manchmal wurde eine Minerallage in eine Reihe linsenförmiger Strukturen auseinandergerissen. Hier ist ein Teil des Gesteins vermutlich in das Granit eingeschmolzen, und das geschmolzene Material hat sich dann in die Spalten des Nebengesteins gepreßt. Das führte zu Gesteinsgängen aus Quarz und Pegmatit oder zu einer völligen Durchmischung von metamorphem und Erstarrungsgestein – dem Migmatit (›Mischgestein‹). Ein dabei entstandener Quarzgang ist sehr stark gewunden und erinnert in seiner Ausprägung an einen Flußmäander. Anders als bei geschichteten Sedimentgesteinen werden die Schichten hier nicht in verschiedenem Maße abgetragen, weshalb eine anstehende Gneisoberfläche nur sehr wenig Reliefunterschiede aufweist.

Oben: Gneis ist dort anzutreffen, wo alte Gebirgsketten bis zum Grundgebirge abgetragen wurden. Eine Landschaft mit Gneisuntergrund wie auf den schottischen Inseln weist oft gerundete Formen auf. Das liegt nicht nur daran, daß hier die Erosion schon seit langer Zeit tätig ist, sondern ist auch darauf zurückzuführen, daß das Gestein überall ähnlich hart ist und weniger Spaltflächen hat als die anderen kontaktmetamorphen Gesteinsarten.

Handstück

Wenn Sie eine Gesteinsprobe abschlagen, spaltet sie sich normalerweise nicht entlang der Schieferungsebene, wie es bei kristallinem Schiefer der Fall ist. Das Handstück ist daher unregelmäßig und durchschneidet die verschiedenen Bänderungen.

Die im Gneis enthaltenen Mineralien bilden Kristalle, die man mit bloßem Auge erkennen kann. Helle Lagen aus Quarz- und Feldspatkristallen wechseln mit dunkleren glimmerreichen, hornblendereichen und pyroxenreichen Lagen ab. Die Kristalle können so groß sein, daß man sie anhand ihrer physikalischen Eigenschaften (S. 26f.) identifizieren kann. Mitunter erreichen die Mineralienbänder und -strukturen solche Ausmaße, daß man sie leichter direkt im Aufschluß untersuchen kann als an Handstücken.

Zentimeter

Varietäten

Gneis unterscheidet man normalerweise nach dem hauptsächlich enthaltenen Mineral.

Muskovitgneis ist nach der weißen Glimmerart Muskovit benannt. Er zählt zu den am weitesten verbreiteten Gneisarten und ist vermutlich aus Sedimenten hervorgegangen.

Hornblendegneis ist nach dem Mineral Hornblende benannt und hat sich wahrscheinlich aus basischen Erstarrungsgesteinen entwickelt.

Injektionsgneis ist ein anderer Begriff für Migmatitgneis.

Granitgneis ist metamorpher Granit bzw. die Übergangsform von metamorphem und Erstarrungsgestein. Es ist schwer zu bestimmen, wo die extreme Metamorphose aufhört und das teilweise Schmelzen beginnt.

Ähnliche Gesteine

Wie bereits erwähnt, geht Gneis in Granit über, wobei die Grenzen fließend und beide Gesteine schwer auseinanderzuhalten sind. In der Regel weist jedoch Gneis eine Bänderung auf, die bei Granit nicht vorkommt.

Dünnschliff

Einem großen, in Gneis eingebetteten Kristall sieht man an, daß er unter großer Spannung stand – was entweder an der inneren Struktur zu erkennen ist, die gedreht und verzerrt erscheint, oder durch optische Eigenschaften wie veränderte Auslöschungswinkel innerhalb des Kristalls. Große Feldspatkristalle können in ein Mosaik aus feineren Partikeln auseinandergebrochen sein.

Band aus feineren Kristallen – der Kontrast mit dem Quarz verursacht die Bänderung des Gesteins.

Eingeschlossene Quarzpartikel

Geologie im ländlichen Raum

Geologie begleitet uns auf Schritt und Tritt. Achten Sie darauf, wenn Sie durch eine Landschaft wandern: Alles, was Sie sehen, ist von der Geologie beeinflußt – von den Pflanzen am Wegesrand oder in den Wäldern über das Getreide auf den Feldern bis hin zu den Steinen der Häuser. Allein durch die Betrachtung menschlicher Aktivität in einem bestimmten Raum erfahren wir eine Menge über dessen Geologie.

Steinbrüche und Erdarbeiten

Wo Stein abgebaut wird, ist das Landschaftsbild von Steinbrüchen geprägt. Wenn Sie in einem Steinbruch Untersuchungen anstellen, sollten Sie das vorher bei der entsprechenden Leitung anmelden. Meist sind Adresse und Telefonnummer in der Nähe des Eingangs angebracht. Schon der Weg zum Steinbruch kann sehr aufschlußreich sein, da Sie bereits hier gute Gesteinsproben finden können, die während des Transports von der Ladefläche der LKWs fallen. Auch die Abraumhalden alter, bereits aufgegebener Aushube können interessant sein.

Andere Aushubarbeiten treten beim Straßen- und Eisenbahnbau auf. Da Eisenbahnen keine steilen Hänge überwinden können, baut man die Schienenwege so eben wie möglich. Daher werden in Tälern Erddämme aufgeschüttet und durch Berge tiefe Schluchten oder Tunnel gegraben. Da die Eisenbahn in vielen Ländern inzwischen sehr an Bedeutung verloren hat, findet man zahlreiche stillgelegte Bahnstrecken, die in vielen Fällen aufschlußreiche Einblicke in die Geologie eines Gebietes zulassen. Achten Sie aber wie bei jedem Steilhang auch hier auf Steinschlag! Die Trassen für Straßen müssen nicht so eben sein, weshalb die Einschnitte hier weniger tief sind. Zudem werden die Straßenränder meist mit Gras oder Bäumen bepflanzt, die die geologische Struktur bald verdecken. Deshalb eignen sich, wenn man die Geologie bei Straßenbauten untersuchen will, neu angelegte Straßen am besten.

Landwirtschaftsgeologie

Hin und wieder werden auf frisch gepflügten Feldern Fossilien aus dem darunterliegenden Gestein freigelegt. Auch die alten Begrenzungsmauern der Felder, die häufig aus örtlich vorkommendem Gestein beste-

Rechts: Die Pyramiden von Gizeh wurden am Ufer des Nils errichtet. Das dabei hauptsächlich verwendete Baumaterial war lokal abgebauter, an Foraminiferen reicher Kalkstein geringer Qualität. Jede Pyramide hatte eine äußere Hülle aus feineren Kalksteinblöcken, die nilaufwärts abgebaut wurden. Die Kammern und Gänge im Innern sind von Granitblöcken gesäumt, die etwa 800 km flußaufwärts bei Assuan gebrochen wurden. All diese unterschiedlichen Gesteine stammen aus Steinbrüchen in Flußnähe und wurden mit Flößen auf dem Nil transportiert.

Links: Liegt eine alte Siedlung in einem Gebiet, wo sich das lokale Gestein gut als Baumaterial eignet, sind die Gebäude häufig aus diesem Stein erbaut – wie bei diesem Dorf im kalksteinreichen Tal der Dordogne in Frankreich. Ein geringer Teil der Baumaterialien, z. B. die Dachziegel, können aus anderen Gebieten stammen.

hen, sind von geologischem Interesse. Allerdings sind sie häufig mit Moosen und Flechten überzogen, und wenn Sie Proben nehmen wollen, fragen Sie bitte zuvor die Eigner um Erlaubnis.

Gebäude

Alte Städte und Dörfer sind ebenfalls meist aus örtlich vorkommendem Gestein erbaut. Heute ist man darauf zwar nicht mehr angewiesen, aber in manchen Ländern und Gegenden wird nach wie vor lokaler Stein verwendet, um den Charakter des Gebietes zu wahren. Manchmal greifen die Architekten auch beim Bau neuer Gebäude bewußt auf eindrucksvolle Fossilienfunde wie große Ammoniten oder Fußabdrücke von Dinosauriern zurück. Schließlich kann auch für Archäologen die Geologie eines Mauerwerks von großer Bedeutung sein. So sagt etwa die Verwendung bestimmter Steinarten bei alten Gebäuden viel über die Geschichte einer Region aus.

Zusammenarbeit von Archäologen und Geologen

Diese Dorfkirche von Brixworth, Northamptonshire in den englischen Midlands wurde aus vielen unterschiedlichen Steinen errichtet. Geologen, die von Historikern mit der Untersuchung des Baumaterials beauftragt wurden, fanden heraus, daß ein Großteil der ursprünglichen, aus dem 7. und 8. Jahrhundert stammenden Ziegel und Sandsteinblöcke von zerstörten römischen Bauwerken aus Leicester im Norden und Towcester im Süden stammten, was auf mögliche Handelsrouten im Mittelalter schließen läßt. Vor Ort gebrochene Steine wurden nicht

verwendet, was vermuten läßt, daß man es im Mittelalter vorzog, mit alten, wiederverwertbaren Steinen von weither zu bauen statt mit neuem, örtlich vorhandenem Baumaterial. Spätere Anbauten aus dem 11., 12. und 14. Jahrhundert bestehen aus lokalem Sand- und Tuffgestein – offenbar die Folge veränderter wirtschaftlicher Verhältnisse im Hinblick auf die örtlich vorhandenen Rohstoffe.

Stadtgeologie

Die Lage jeder menschlichen Siedlung ist auf bestimmte geographische Bedingungen zurückzuführen, die wiederum vielfach aus der Geologie resultieren. Eine Stadt kann sich etwa als Kommunikationszentrum entwickeln, wenn sich vielleicht eine Ost-West-Route entlang einer Küstenebene mit einer Nord-Süd-Route schneidet, die einem Flußtal durchs Gebirge folgt. Andere Städte blühen auf, da sie an einer Bucht liegen, die sich als natürlicher Hafen eignet, von dem aus z. B. die Produkte einer nahegelegenen Erzgrube verschifft werden. All dies sind geographische Gründe, die aber auch von geologischer Seite betrachtet werden sollten.

Wie in den Dörfern wurde auch in den Städten zunächst mit lokalen Baumaterialien gebaut – was sich meist an den ältesten Häusern einer Stadt noch ablesen läßt. Mit der Entwicklung der Kommunikations- und Transportsysteme verloren die lokalen Materialien für die Architektur jedoch zunehmend an Bedeutung.

Gehen Sie einmal bewußt eine Straße entlang. Sie werden vor allem Beton und Stahl sehen – und deren Grundlagen sind Kalkstein und Eisenerz, die weit entfernt von der Stadt abgebaut werden. Das zu Dekorationszwecken verwendete Material ist dagegen von besonderem geologischem Interesse. Die Fußböden von Banken oder die Wände von Versicherungsgebäuden, die auf die Kunden einen freundlichen Eindruck machen sollen, haben häufig Verblendungen aus attraktiven Steinarten wie Marmor, poliertem Kalkstein (von Bauherren oft als Marmor bezeichnet), glimmerreichem Gneis, porphyrischem Granit und so weiter.

An alten Gebäuden kann man häufig erkennen, wie die verschmutzte Stadtluft das Gestein angegriffen hat. Diese Gebäude werden oft gesäubert, um das Stadtbild zu erhalten. Wenn Sie ein solches Gebäude aus Kalkstein sehen, achten Sie einmal genau auf die Außenfläche: Hier ist die äußerste Schicht vermutlich bereits durch atmosphärische Säure abgetragen, und man kann eventuell reliefartige Fossilien erkennen.

Geologie und Geschichte

Handelsrouten für Mühlsteine

In ihrer Blütezeit herrschten die Römer über den gesamten Mittelmeerraum. Noch heute kann man anhand der Vorkommen von Mühlsteinen ihre Handelsrouten nachvollziehen. Bevorzugtes Material war Blasenlava, da die eingeschlossenen Bläschen immer für eine rauhe Oberfläche sorgten, selbst wenn der Mühlstein schon stark abgenutzt war. Die besten Mühlsteine stammten aus der Nähe von Mulgaria auf Sardinien und aus Orvieto in Italien. Sie wurden bei archäologischen Ausgrabungen in Spanien und Nordafrika entdeckt. Man nimmt an, daß die Römer die Mühlsteine mit Schiffen in die Weizenanbaugebiete Spaniens und Nordafrikas transportierten (die klimatischen Voraussetzungen waren damals noch anders!) und mit Weizenladungen zurückkehrten. Andere Lavaarten – aus Sizilien, Marokko und von den Ägäischen Inseln – wurden eher an Ort und Stelle genutzt. Diese Mühlsteine waren anscheinend nicht wertvoll genug, um sie so weit zu transportieren.

Umgekehrte Kontinentaldrift

Die meisten der alten Sandsteingebäude in New York bestehen aus triassischem Sandstein, der im nahegelegenen Tal des Connecticut River gebrochen wurde. Manche bestehen jedoch aus schottischem Sandstein, der im 19. Jahrhundert aus Dumfriesshire über den Atlantik transportiert wurde. Segelschiffe, die ohne Ladung in die Vereinigten Staaten zurückkehrten, mußten lokales Gestein als Ballast mitnehmen und es wieder abladen, wenn sie in den Hafen einliefen. Heute ist es sehr schwierig, auseinanderzuhalten, aus welchem Sandstein die Gebäude nun bestehen. Beide Arten sind nämlich unter denselben Bedingungen im selben Großraum entstanden. Zur Zeit des Trias erstreckte sich ein Gebirgszug quer über den nördlichen Superkontinent. Gebirgsflüsse transportierten den Schutt aus diesen Bergen in ein Wüstengebiet im Süden, wo er schließlich als Wüstensandstein abgelagert wurde. In den 200 Millionen Jahren nach seiner Ablagerung haben die Vorgänge der Plattentektonik den Atlantischen Ozean entstehen lassen, und heute liegen die zwei Seiten etwa 7000 km auseinander.

Die Menschen haben nun unbeabsichtigt den Sandstein in einer einzigen Stadt wieder zusammengeführt.

Kartierung

Die Wissenschaft der geologischen Kartierung wurde im 19. Jahrhundert vom britischen Geologen Charles Lapworth begründet.

Allerdings zeichnete der englische Kanalbauer William Smith schon etwa 50 Jahre zuvor, im Jahr 1815, die ersten geologischen Karten, auf denen er Gesteine unterschiedlichen Alters mit verschiedenen Farben darstellte. Er identifizierte die Gesteine anhand der in ihnen enthaltenen Fossilien – auch dies ist eine Technik, die er als erster anwandte. Sie hat sich zur Hauptstütze moderner geologischer Datierung entwickelt, und man bezeichnet sie heute als Biostratigraphie. Später verband Lapworth die wissenschaftliche Untersuchung von Gesteinsstrukturen mit der geologischen Kartierung, die sich dadurch unter diesem Namen zu einer Wissenschaft entwickelte, wie wir sie noch heute kennen.

Es ist nicht schwer, eigene geologische Karten zu entwerfen (siehe die nächsten Seiten), doch Berufsgeologen verwenden auch noch andere Karten, deren Inhalte oft spezieller und technischer Natur sind.

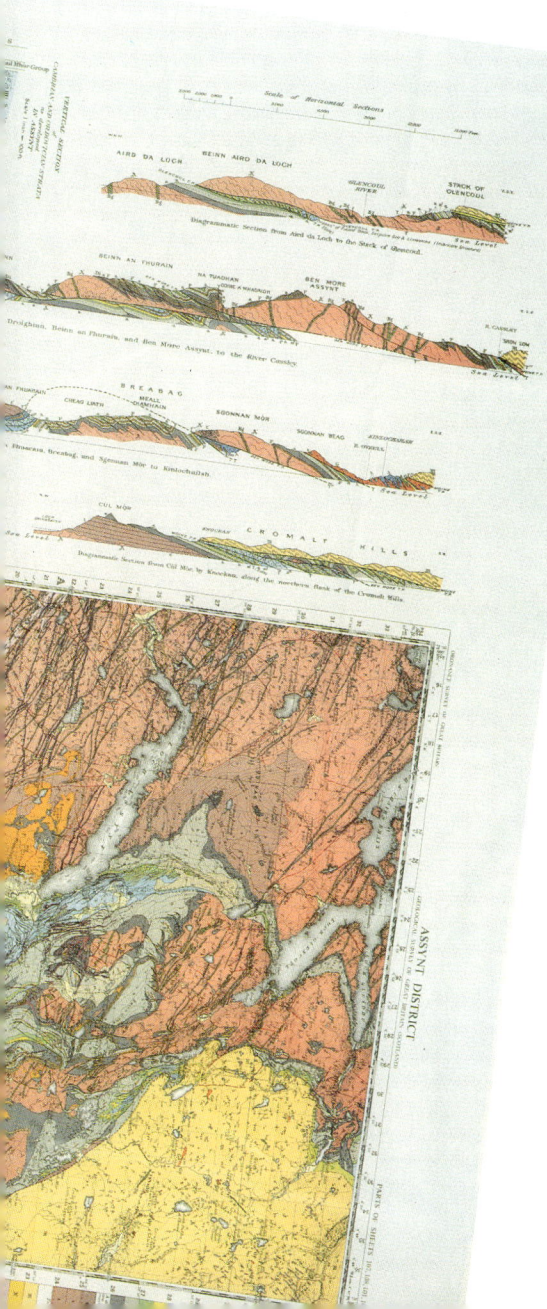

Links: William Smith veröffentlichte die ersten kleinmaßstäbigen geologischen Karten im Jahr 1815 und legte so den Grundstein für die Darstellung verschiedener Gesteinsarten durch unterschiedliche Farben. Heutige geologische Karten – sowohl groß- als auch kleinmaßstäbige – sind zwar viel ausgefeilter als Smiths Karte, arbeiten aber immer noch mit seiner Idee der farblichen Differenzierung.

Tektonische Karten

Oft ist die Struktur eines Gebietes wichtiger als die Gesteine selbst. Sie kann aber so komplex sein, daß eine konventionelle geologische Karte mit allen Informationen viel zu unübersichtlich wäre. Deshalb werden tektonische Karten hergestellt, auf denen nur strukturelle Tendenzen wie Verwerfungslinien oder die Achsen von Mulden und Sätteln eingetragen sind. Wenn die Gesteine bekannt sind, werden sie nur grob eingeteilt – als mesozoisch, triassisch, jurassisch oder kreidezeitlich.

Fazieskarten

Der Begriff Fazies wird von Geologen häufig verwendet, selbst wenn sie ihn nicht genau definieren können. Die Fazies beschreibt den Charakter eines Gesteins – seine Art, Mächtigkeit, Struktur, enthaltene Fossilien, Enstehungsweise, die Art und Weise, wie es sich anfühlt, seinen Geschmack und Geruch, alle Merkmale, die zu einem Gestein gehören.

Eine Fazieskarte beschreibt eine bestimmte Schicht oder einen bestimmten Horizont, die für eine besondere Periode in einem großen Gebiet stehen, und stellt die verschiedenen Gesteinsarten – also die verschiedenen Fazies – in diesem Gebiet dar. Solche Untersuchungen werden häufig etwa bei der Erdölsuche angestellt und sind sehr komplex und technisch ausgefeilt.

Meist stammen die Informationen für die Erstellung einer Fazieskarte aus Bohrlöchern, der betrachtete Horizont kann also nicht in seiner ganzen Ausdehnung erfaßt werden. Doch je mehr Löcher gebohrt werden, desto genauer wird die Karte.

Paläogeographische Karten

Mit Hilfe von Fazieskarten kann man auch paläogeographische Karten entwerfen. Sie enthalten Land- und Meeresgebiete, Gebirgszüge, Flüsse, Seen und andere geographische Merkmale einer bestimmten geologischen Zeit. Sie können sehr realistisch sein, wenn sie alte Sumpflandschaften zeigen, wo Saurier lebten, verschwundene Riffe, wo es von Trilobiten wimmelte, oder versunkene Inseln, die von Pterosauriern bevölkert waren – doch je detaillierter solche Karten sind, desto ungenauer können sie auch sein, denn die Paläogeographie ist eine Wissenschaft, die zum großen Teil auf Annahmen beruht. Eigentlich kann man nichts Genaueres sagen als »hier war ein flaches Meer, in dem sich Kalkstein absetzte, und dort mündete ein Flußdelta ein, in dem sich schräg geschichtete Sande ablagerten und wo später Kohleschichten entstanden sind«. Und selbst dann weiß man noch nicht sicher, ob das alles in ein und derselben geologischen Zeit auftrat.

Kartieren 1

Jede geologische Karte basiert auf einer zuvor hergestellten topographischen Karte, auf der alle Landschaftsmerkmale eingetragen und die Höhen mit Hilfe von Höhenlinien angezeigt sind. Zwar sind diese Karten bei der Orientierung im Gelände sehr hilfreich, Geologen wollen jedoch wissen, welche Oberflächengesteine existieren und was darunter zu finden ist.

Wenn die Geologie eines Gebietes aus ungestörten, horizontal geschichteten Sedimentgesteinen besteht, stellt die Kartierung kein Problem dar. Das Anstehende der einzelnen Schichten verläuft parallel zu den Höhenlinien. Allerdings kommt das relativ selten vor. Selbst völlig unverformte Schichten sind meist geneigt, und das anstehende Gestein tritt in verschiedenen Teilen der Landschaft in unterschiedlichen Höhen zutage.

Von großer Bedeutung ist hierbei die Streichrichtung (S. 46f.), d. h. die Himmelsrichtung einer Schnittlinie der geologischen Schicht mit der Horizontalebene. Den Fallwinkel der Schicht kann man herausfinden, indem man die Streichrichtung in unterschiedlichen Höhen einzeichnet und mit Hilfe dieser Informationen ein Profil konstruiert.

Karte A
Diese Karte zeigt eine gebirgige Landschaft mit einer anstehenden Kohleschicht. Wo diese Schicht auch zutage tritt, es ist immer zwischen denselben Höhenlinien (hier 500–600 m). Daher kann man von einer horizontalen Schichtung ausgehen.

Dies können Sie auch anhand eines Profils herausfinden. Suchen Sie sich zunächst eine passende Linie aus, entlang derer das Profil verlaufen soll – in diesem Fall ist es die Linie A–B. Bereiten Sie ein Gitternetz vor, in das Sie das Profil einzeichnen können, also ein Gitternetz mit den verschiedenen Höhenlinien. Legen Sie dieses Gitternetz am unteren Kartenrand an und übertragen Sie nun die Schnittpunkte der Linie A–B mit den Höhenlinien in das Gitternetz. Verbinden Sie diese Punkte wieder mit einer Linie – dann erhalten Sie das Landschaftsprofil. Machen Sie nun dasselbe mit der anstehenden Kohleschicht, und Sie sehen, daß diese Schicht horizontal verläuft.

Karte B
Nun haben wir die Karte eines gebirgigen Gebietes, wo die Kohleschicht nicht überall in derselben Höhe zutage tritt. Wir suchen den ersten Schnittpunkt der Schicht mit einer bestimmten Höhenlinie, in diesem Fall die 600-m-Linie, und markieren die Stelle mit einem Kreuz. Wir suchen die anderen Schnittpunkte der Schicht mit derselben Höhenlinie und kreuzen auch diese Stellen an. Die Linie, die die Kreuze derselben Höhenlinien miteinander verbindet, bezeichnet man als Streichlinie.

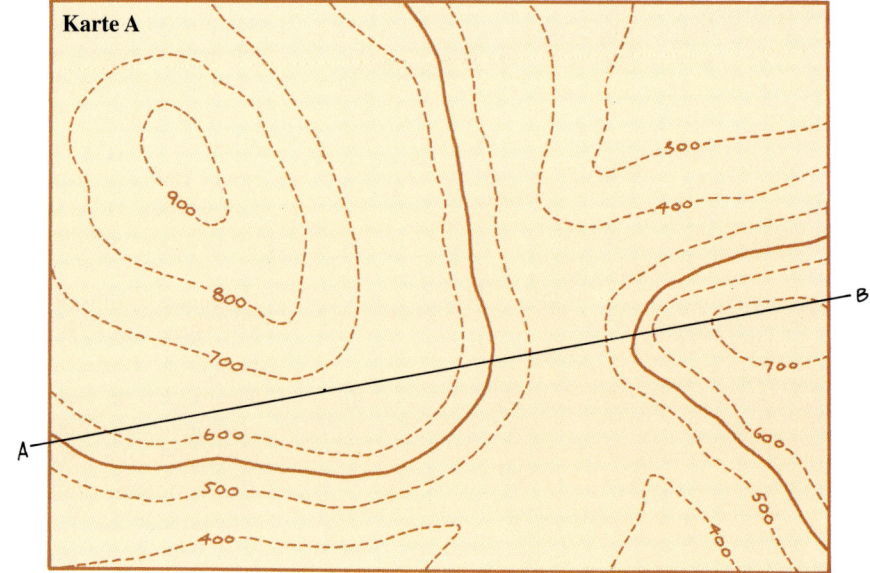

Karte A

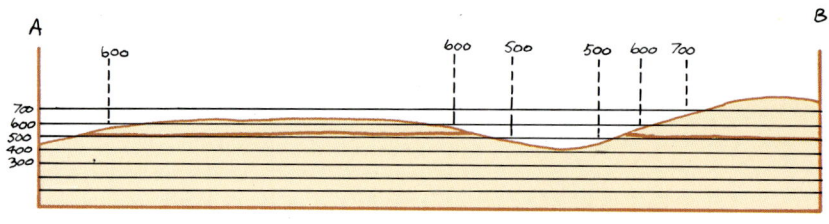

Nachdem Sie diese Streichlinie ermittelt haben, stellen Sie auf dieselbe Weise die für das 500-m- und das 400-m-Niveau her. Wenn man dann das Profil entwirft, zeichnet man es normalerweise im rechten Winkel zu den Streichlinien. Tragen Sie das Landschaftsprofil wie bei Karte A beschrieben ab, markieren Sie dann die Position der jeweiligen Streichlinien und verbinden Sie sie. Auf diese Weise erhalten Sie die Fallrichtung der Schicht.

Beachten Sie aber: Messen Sie nicht den Fallwinkel anhand dieses Profils, ehe Sie sichergestellt haben, daß der vertikale und horizontale Maßstab übereinstimmen!

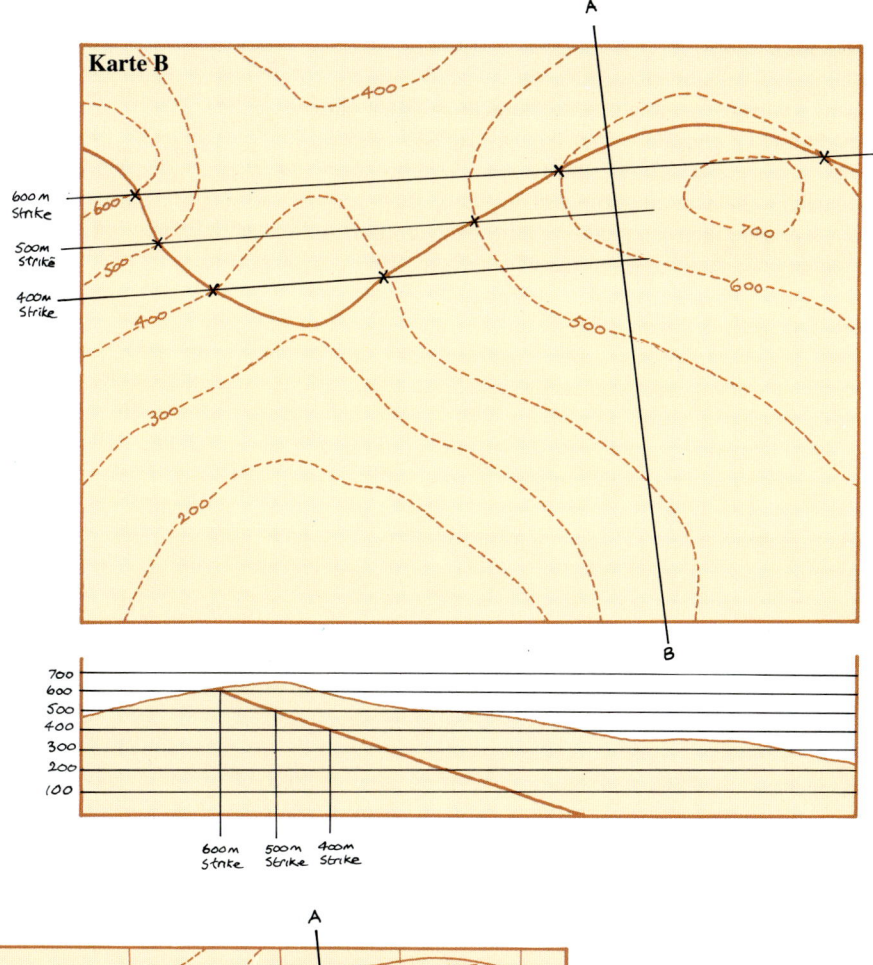

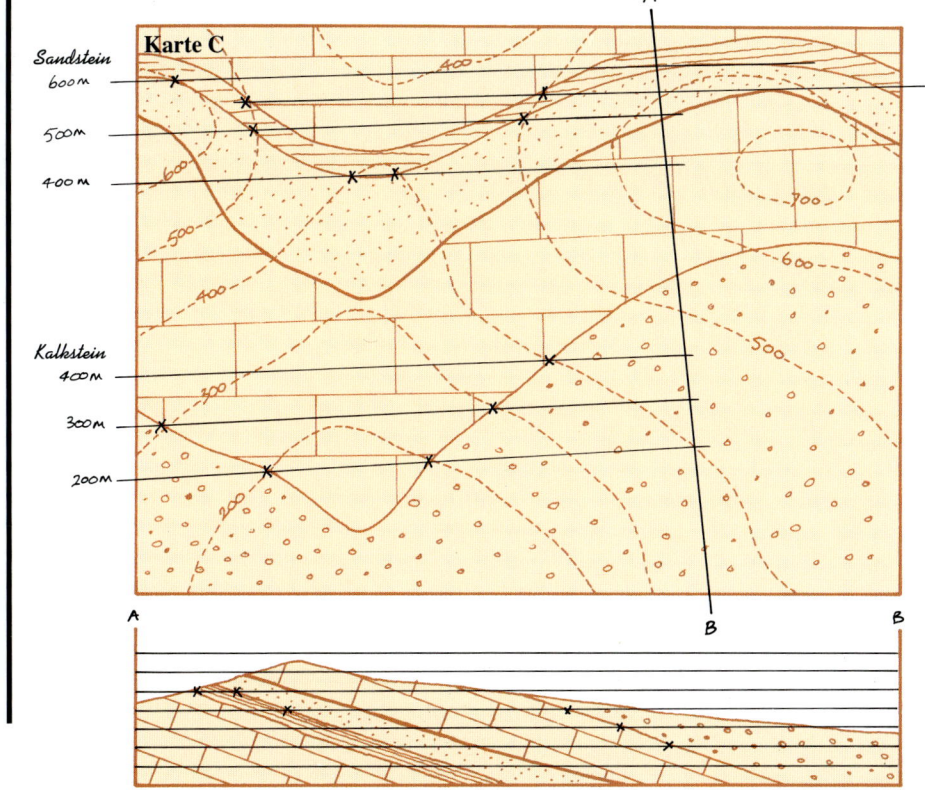

Karte C

Hier sehen Sie wieder dasselbe Gebiet wie bei Karte B, doch diesmal sind auch die Schichten ober- und unterhalb der Kohle dargestellt. Mit Hilfe der Streichlinien für jede dieser Schichten läßt sich ein Profil erstellen, das die gesamte Geologie des Gebietes darstellt.

Kartieren 2

Soweit war es recht einfach – die Schichten hatten eine konstante Neigung und waren ungestört. Oft treten jedoch Falten, Verwerfungen, Intrusionen, Diskordanzen und sonstige Verkomplizierungen auf, die den geologischen Kartographen zur Verzweiflung treiben können. Betrachten wir diese in einer logischen Reihenfolge.

Es mag zwar anfangs mühsam erscheinen, aber mit einiger Übung schärft sich Ihr Blick – dann werden Sie in der Lage sein, sich eine Landschaft dreidimensional vorzustellen und problemlos eine Karte oder ein Profil erstellen.

Hier sind drei Bündel von Streichlinien zu sehen: einmal nach Osten abfallend, das nächste aufsteigend und das dritte wieder fallend. Die Schicht ist demzufolge in eine Mulde und einen Sattel gefaltet.

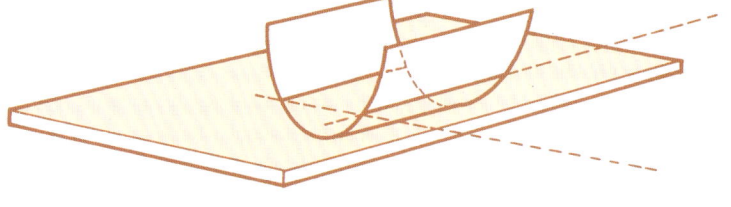

Karte D

Bei einem tiefen Tal tritt an jeder Seite an erhöhter Stelle eine Kalkschicht zutage. Versuchen Sie, die Basis des Kalksteins zu kartieren, um daraus ein Profil zu konstruieren. Das Anstehende scheint unregelmäßig zu sein. So gibt es etwa mehr als eine Streichlinie für das 500-m-Niveau, da die Schichtbasis die 500-m-Höhenlinie in der südwestlichen Ecke mehrmals schneidet: in den Punkten w, x, y und z. Sie könnten nun versuchen, die Streichlinien w-x und y-z zu zeichnen, sehen aber, daß das nicht richtig wäre, da die Basis der Schicht offensichtlich zwischen w und x absackt (und die Streichlinie soll ja die Linie markieren, an der die Schicht horizontal verläuft). Ein weiterer Anhaltspunkt ist der, daß die Linien w-x und y-z nicht parallel zueinander sind, wohingegen dies bei w-y und x-z der Fall ist. Deshalb kann man annehmen, daß sie das wirkliche Streichen darstellen.

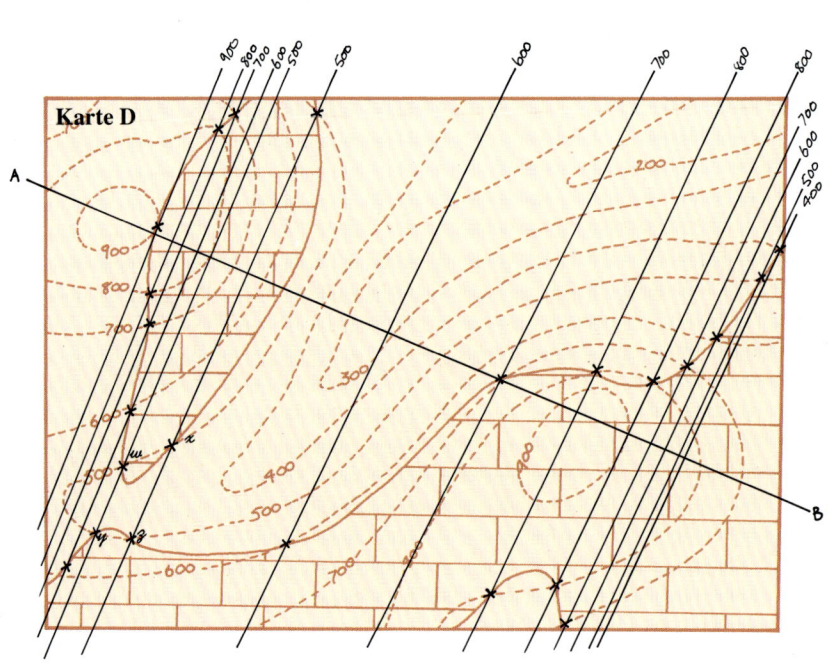

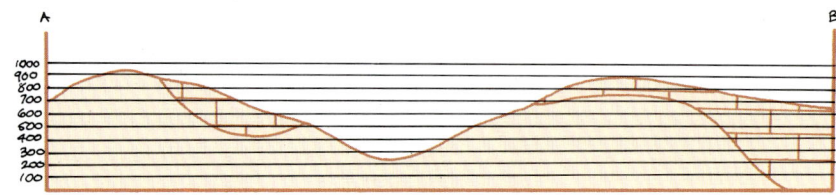

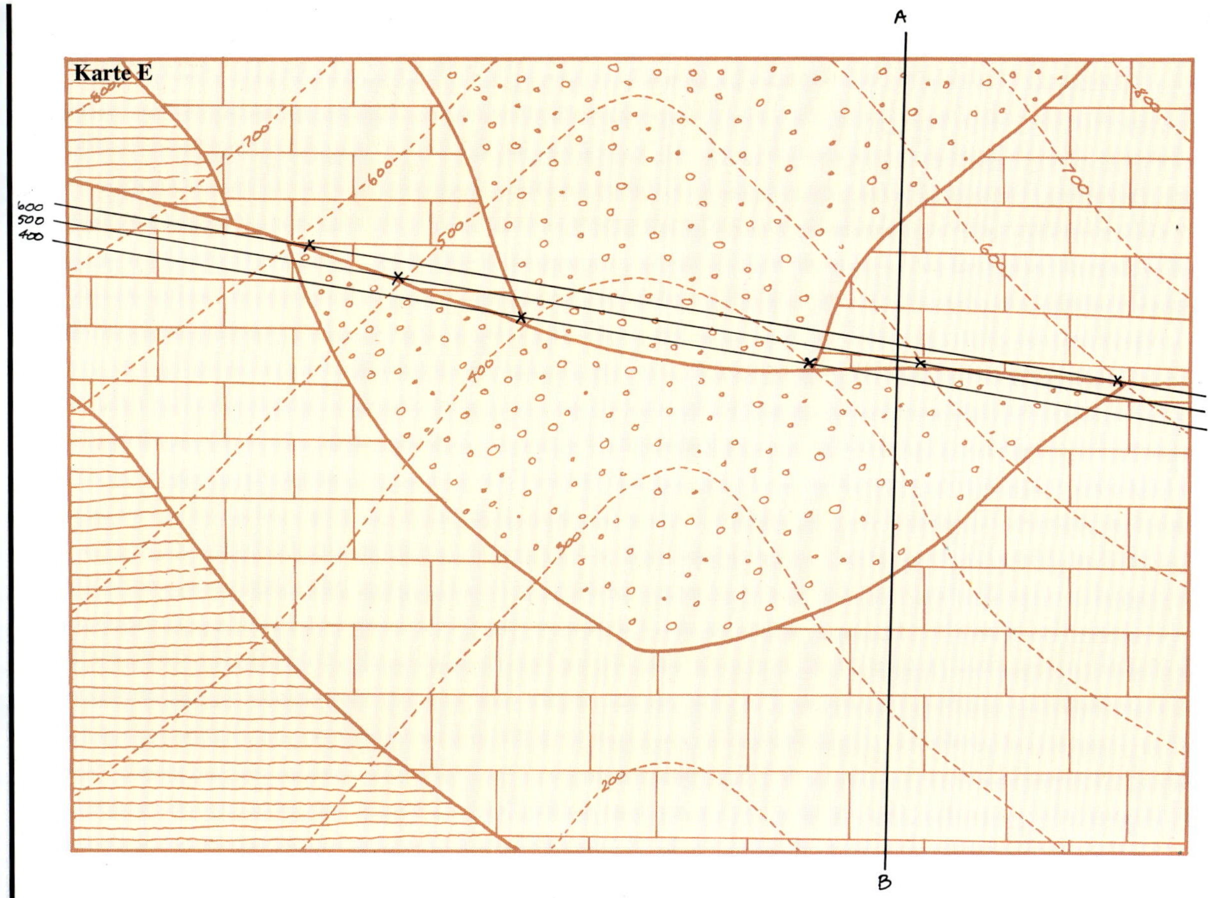

Karte E
A
B
600
500
400
800
700
600
500
400
300
200
800
700
600

A
B
700
600
500
400
300
200
100
Fallwinkel

Karte E
Bei einem Talhang tritt zwischen Sandstein- und Kalksteinschichten Kohle zutage. Durch das ganze Gebiet zieht sich eine Verwerfung und führt zu Verlagerungen der geologischen Schichten.

Zuerst muß man hier die Verwerfung analysieren. Zeichnen Sie Streichlinien für die Verwerfungsfläche und übertragen Sie diese in das Profil. So erhalten Sie den Winkel der Verwerfungsfläche. Dieser kann auch als Neigung der Verwerfungsfläche gegenüber der Horizontalebene ausgedrückt werden – wie die Beschreibung der Fallrichtung sedimentärer Schichten – oder als Fallwinkel, der dann von der Vertikalebene aus gemessen wird.

Ist die Verwerfung einmal aufgezeichnet, kann auch der Rest des Profils vorbereitet werden. Stellen Sie sich vor, Sie hätten hier zwei separate Karten – für jede Seite der Verwerfung eine. Wenn Sie nun die zu untersuchende Schicht, z. B. die Kohleschicht, übertragen, so daß sie auf die übertragene Verwerfungslinie trifft, können Sie die vertikale Sprunghöhe der Verwerfung abschätzen. Bei diesem Beispiel handelt es sich um eine widersinnige Verwerfung mit einer Sprunghöhe von 200 m.

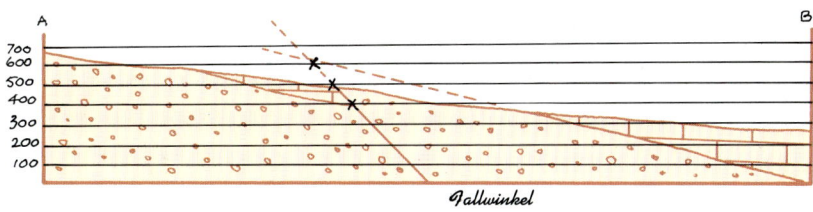

Kartieren 3

Diskordanzen treten auf, wenn eine Abfolge von Gesteinen über den Meeresspiegel gehoben und dann abgetragen wurde. Wenn sie wieder unter dem Meeresspiegel liegen, wird eine neue Schichtenfolge auf den Resten der ersten abgelagert, wobei die alten Schichten diese neuen meist unter einem bestimmten Winkel schneiden. Eine Diskordanz kann auf geologischen Karten deutlich erkennbar sein, wenn einige auf der Karte dargestellte Schichten unter anderen zu verschwinden scheinen.

Karte F
Anstehende Schichten von Sandstein, Tonschiefer, Tonstein und Kalkstein liegen in NO-SW-Richtung zutage, doch in höheren Lagen sind sie alle von einer Schicht aus Konglomeraten und Sandstein bedeckt. Die Kartierung und die Konstruktion eines Profils lassen eine Diskordanz erkennen. Befassen Sie sich, wie schon bei der Verwerfung, zuerst mit der Diskordanz und

übertragen Sie diese in das Profil. Beim Rest können Sie wieder so vorgehen, als handele es sich um zwei Karten. Zur deutlicheren Darstellung sind hier nur die Streichlinien für die Diskordanz eingezeichnet.

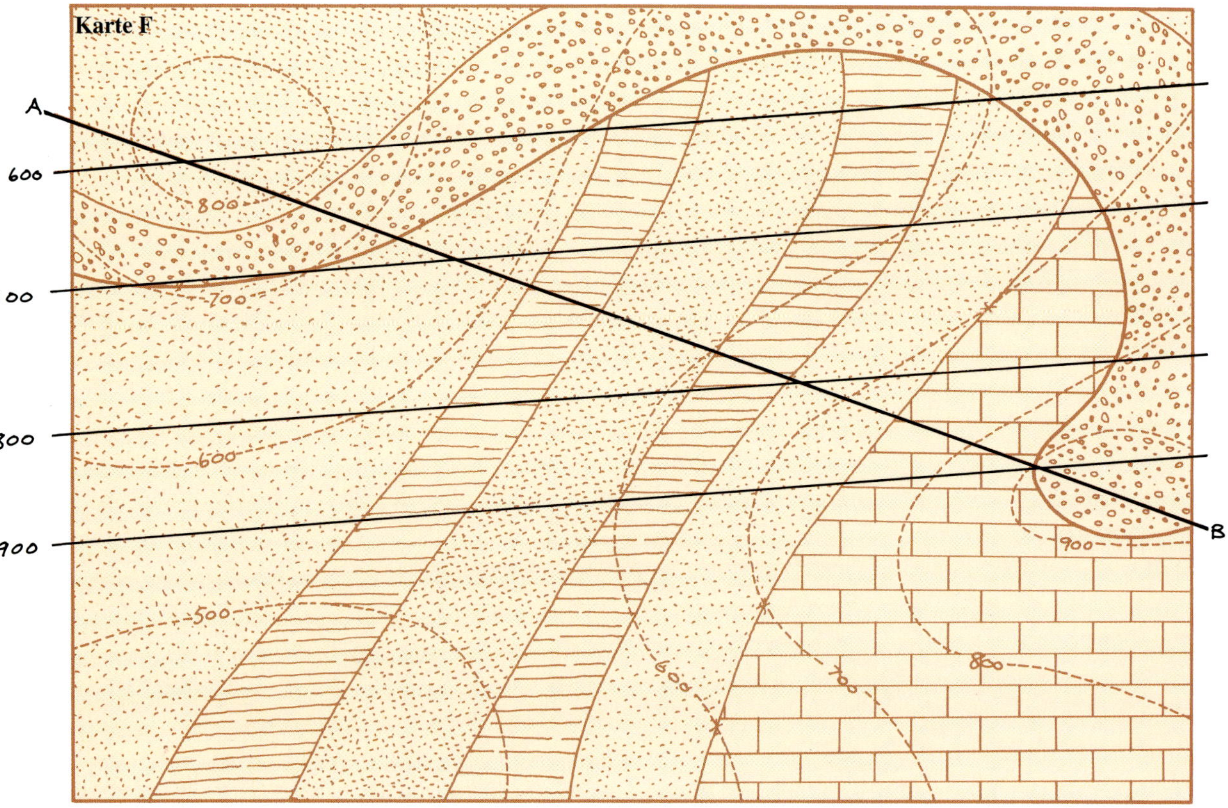

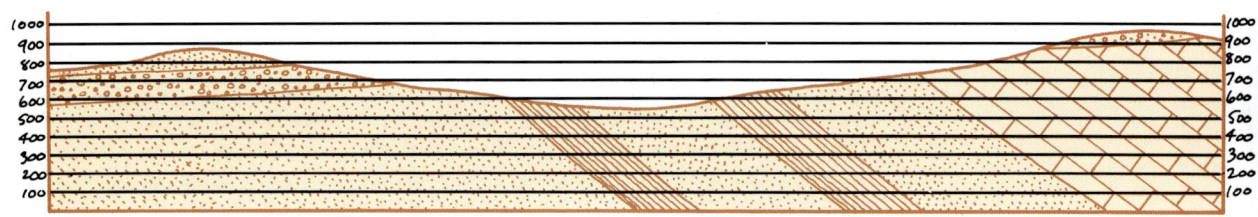

Karte G

Erstarrungsgesteine können alle Schichtungen und Gesteinsformationen durchschneiden, eine Tatsache, die jede Kartierungsarbeit zusätzlich erschwert.

Die Karte zeigt ein Gebiet mit einer Schichtenfolge von Sedimentgesteinen – Kalkstein, Tonschiefer, Sandstein und Tonstein –, es gibt aber auch Anstehendes von Erstarrungsgesteinen – konzentrierte Massen aus Dolerit. Einige scheinen an die vorherrschenden Formationen angepaßt, andere bilden jedoch Strukturen, die das Gelände quer durchschneiden. Beim Entwurf des Profils kann man hier zwei unterschiedliche Intrusionsarten erkennen. Die eine verhält sich wie Sedimentgestein und liegt parallel zu den Sedimentgesteinen der Abfolge. Es handelt sich hier um einen Sill. Die andere durchschneidet die geologischen Strukturen und die Landschaftsformen in geraden Linien. Man kann hier keine Streichlinie ziehen, weshalb sie unter der Erdoberfläche senkrecht verlaufen muß. Es handelt sich um einen Eruptivgang. Die Eruptivgänge sind auf die Schichten unterhalb des Sills beschränkt – im darüberliegenden Tonstein treten sie nicht mehr auf. Man kann deshalb davon ausgehen, daß es sich bei diesen Eruptivgängen um Vulkanschlote handelt, durch die das geschmolzene Material zugeführt wurde, das sich entlang der Schichtungsebene ausbreitete und später einen Sill bildete.

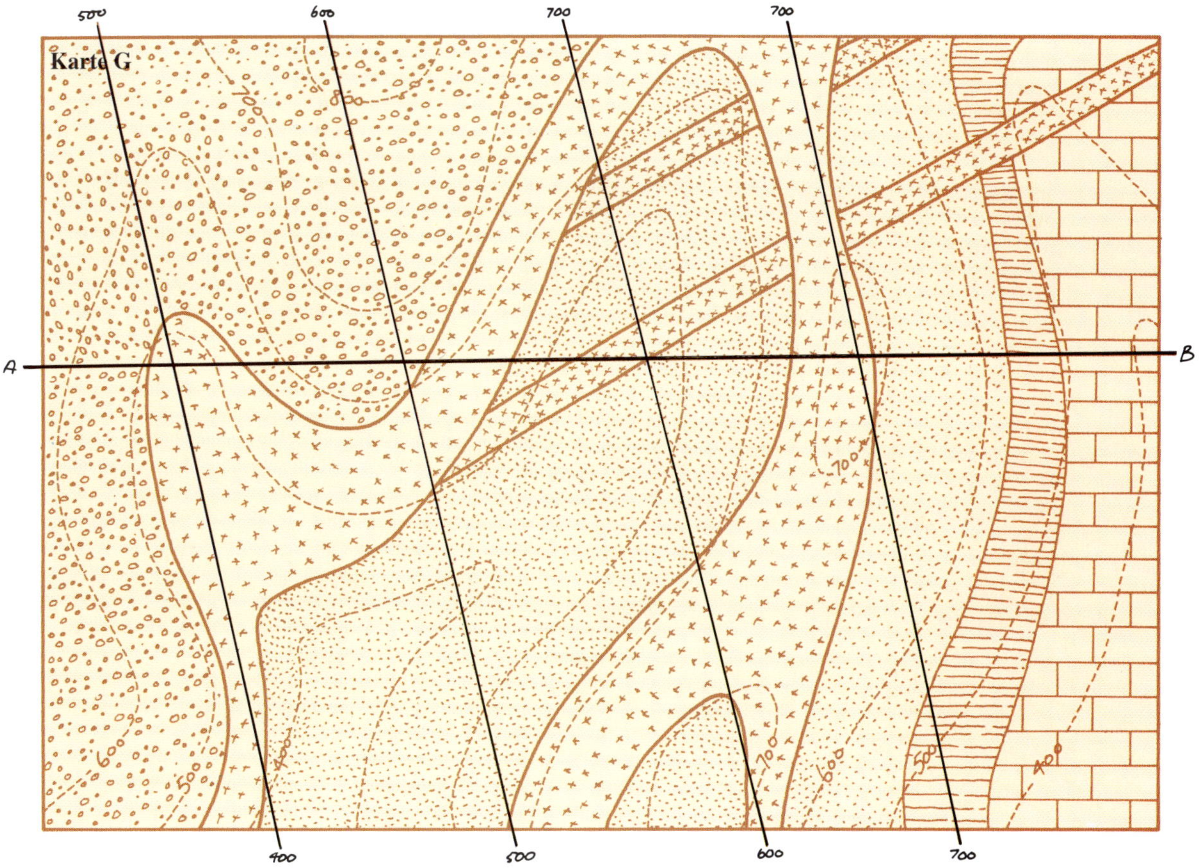

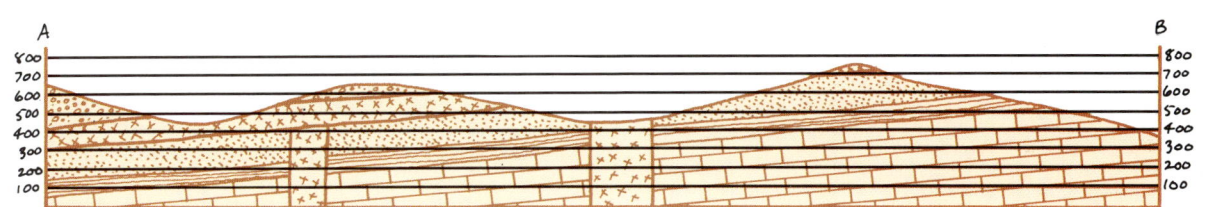

129

Kartieren 4

Die Karten, die wir bisher betrachtet haben, müssen eine Landschaft mit nacktem Gestein zeigen. In jedem Fall ist die ganze Gesteinsabfolge an der Oberfläche sichtbar: der Traum eines Geologen!

Die Wirklichkeit ist jedoch ganz anders. In der Praxis ist nichts mehr so einfach. Gesteine verwittern und stürzen ein, Schutt füllt Hohlräume aus, und abgebrochenes Gesteinsmaterial mischt sich mit vermoderndem Pflanzenmaterial und bildet eine Bodenschicht. Die Landschaft wird mit Häusern und Straßen verbaut. Was am Ende übrigbleibt, sind gelegentliche Aufschlüsse in aufgelassenen Steinbrüchen, Flußbetten und Eisenbahntrassen – und daraus sollen wir eine Karte über das ganze Gebiet erstellen!

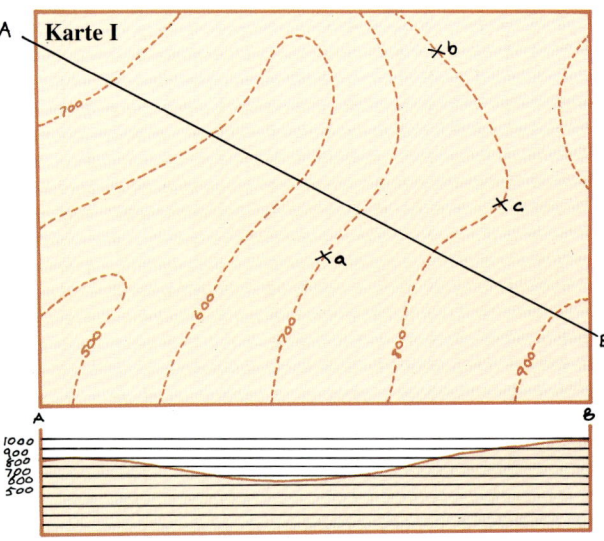

Karte I

Karte H

Eine Kohleschicht (wir gehen in unseren Beispielen von Kohleschichten aus, da sie ziemlich dünn sind und einen gewissen wirtschaftlichen Reiz haben) liegt an einem Berghang bei a, in der Schlucht eines Flusses bei b und in einem aufgelassenen Steinbruch bei c zutage. In diesem Fall haben wir genügend Informationen, um zwei Streichlinien, eine bei 500 m und eine bei 600 m, zu zeichnen. Mit Hilfe dieser Streichlinien können wir das Anstehende dieser Schicht auch dort orten, wo es von einer Bodenschicht bedeckt ist.

Nicht weit unter ihr in der Gesteinsabfolge liegt eine Schicht aus eisenreichem Sandstein. Sie tritt nur im Flußbett bei d zutage. Versuchen Sie, deren Anstehendes für den Rest der Karte zu bestimmen.

Versuchen Sie auch, mit der Ihnen bereits vertrauten Technik ein Profil dieses Gebietes zu erstellen.

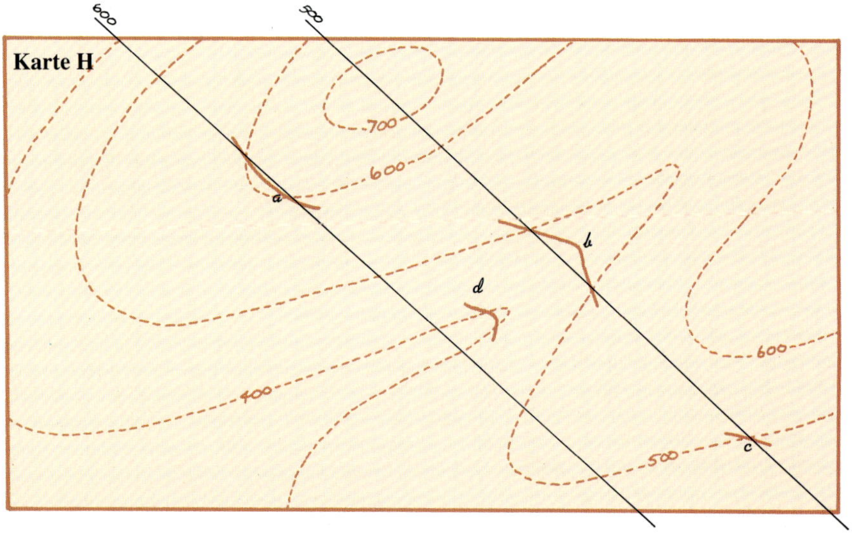

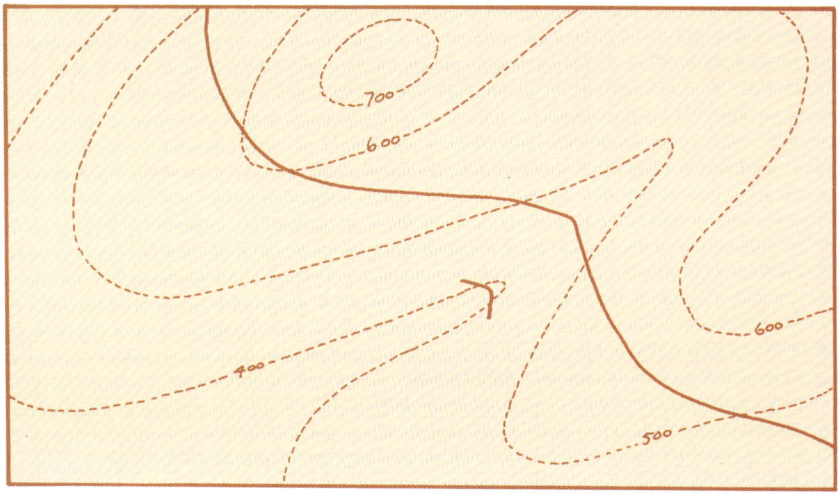

Karte H

Karte I

Manchmal können Geologen nicht auf zutageliegende Schichten zurückgreifen, sondern sind auf die Ergebnisse von Bohrungen angewiesen.

Während der Bohrungsarbeiten treffen die Ingenieure auf eine Kohleschicht, die jedoch an verschiedenen Stellen in unterschiedlicher Tiefe liegt. Bei Bohrloch a befindet sich diese in einer Tiefe von 100 m. Bei Bohrloch b in einer Tiefe von 200 m, und bei Bohrloch c schließlich in einer Tiefe von 300 m. Die Ingenieure wissen, daß es sich um dieselbe Kohleschicht handelt, da die darüberliegende Tonschieferschicht an jeder Stelle dieselben Muschelfossilien enthält.

Finden Sie nun heraus, ob die Schichten irgendwo im kartierten Gebiet zutage treten, und falls ja, zeichnen Sie diese Stellen ein und erstellen Sie ein Profil.

Obwohl das bekannte Kohlevorkommen hier unter der Erde liegt, können Sie dennoch versuchen, Streichlinien zu ziehen. Wenn Sie an den entsprechenden Stellen die Tiefe, in der die Kohle gefunden wurde, von der Meereshöhe des oberen Bohrlochrandes abziehen, kennen Sie die Höhe der Kohleschicht. Danach gehen Sie genauso vor wie beim begrenzten Zutageliegenden in Karte H.

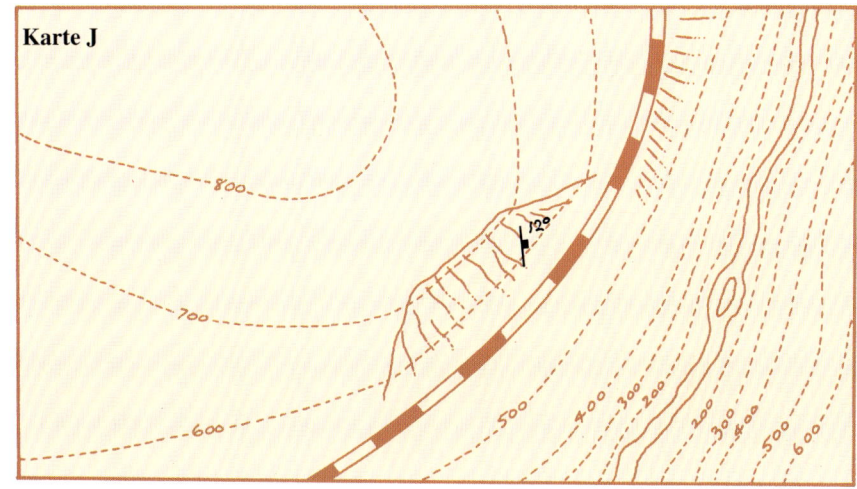

Karte J

Karte J

Es kann vorkommen, daß ein begrenztes Zutageliegendes nicht genügend Informationen liefert, um eine Streichlinie direkt ziehen zu können. Verwenden Sie in diesem Fall einen Neigungsmesser (den Sie, wie auf S. 47 beschrieben, auch selbst herstellen können) und ermitteln Sie damit den Neigungswinkel. Danach können Sie das Fallen der Schicht mit diesem Winkel in das Profil eintragen (achten Sie aber darauf, daß vertikaler und horizontaler Maßstab im Profil übereinstimmen!). Anhand des Profils können Sie nun die Streichlinien bestimmen und sie auf die Karte übertragen, um das Anstehende darzustellen. In diesem Beispiel befindet sich der einzige Aufschluß der uns interessierenden Schicht an einem Eisenbahndamm nahe dem oberen Rand der Schlucht. Die Streichrichtung verläuft von Südost nach Nordwest und fällt um 12° nach Osten ab. Wir kamen hier nur bis zu dem Stadium, an dem die Streichlinien eingezeichnet werden – können Sie das Anstehende in der Schlucht eintragen?

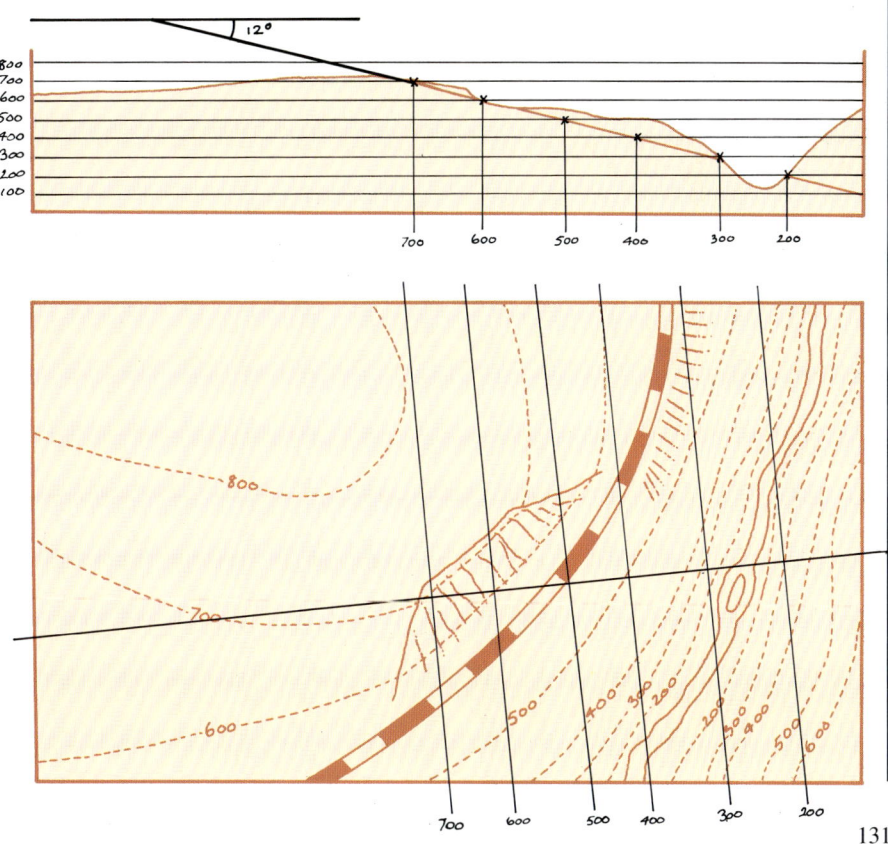

Kartieren 5

Nun kennen Sie sich gut genug aus, um selbst ins Gelände zu gehen und dort genau zu kartieren. Stellen Sie sich die hier gezeigte Landschaft vor. In einem solchen Gebiet können Sie die besten Stellen für Gesteinsaufschlüsse erkennen – die Felshänge, die Flußbetten und die alten Steinbrüche. Skizzieren Sie zuerst die Landschaft und zeichnen Sie so viele Details wie möglich auf.

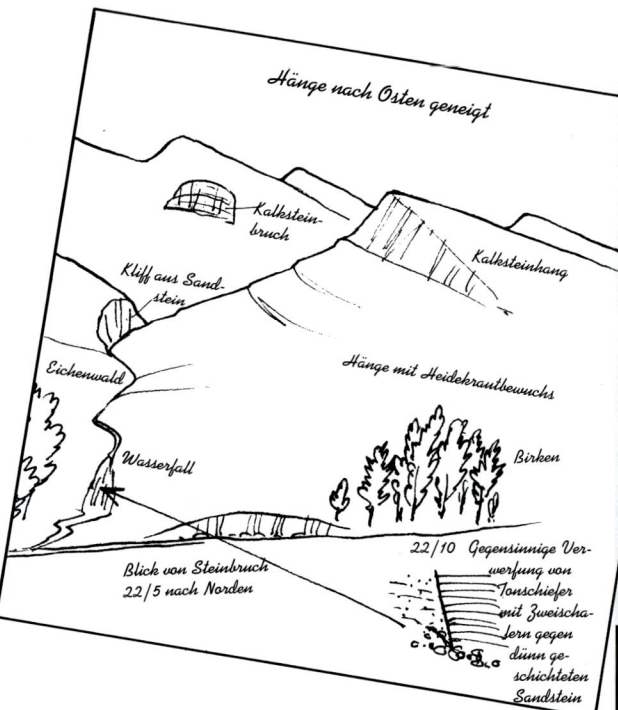

Die Geländeskizze

Eine Geländeskizze zeigt die Beziehungen der unterschiedlichen Landschaftsmerkmale zueinander auf und gibt auch Hinweise auf den geologischen Untergrund. Oft können Sie sehr leicht eine Vorstellung vom geologischen Aufbau bekommen; so ist z. B. bei Hügeln, die eine Steilwand und einen flach geneigten Hang aufweisen, die allgemeine Fallrichtung der Gesteinsschichten offensichtlich. Die Skizze dient auch als Gedächtnisstütze und als Zusatz zu Ihren Aufzeichnungen. Sie können sie in Ihr Geländebuch zeichnen oder auf ein Blatt Papier, das Sie an Ihrem Klemmbrett befestigen. Vielleicht wollen Sie auch Transparentpapier benutzen, um zusätzliche Informationen festzuhalten. Dabei sollten Sie aber darauf achten, daß es immer richtig über der Skizze liegt und nicht verrutscht. Um sicherzugehen, können Sie an zwei Ecken der Skizze ein kleines Kreuz zeichnen, das Sie auch auf das Transparentpapier übertragen – jetzt müssen Sie nur noch darauf achten, daß sich die Kreuze immer decken.

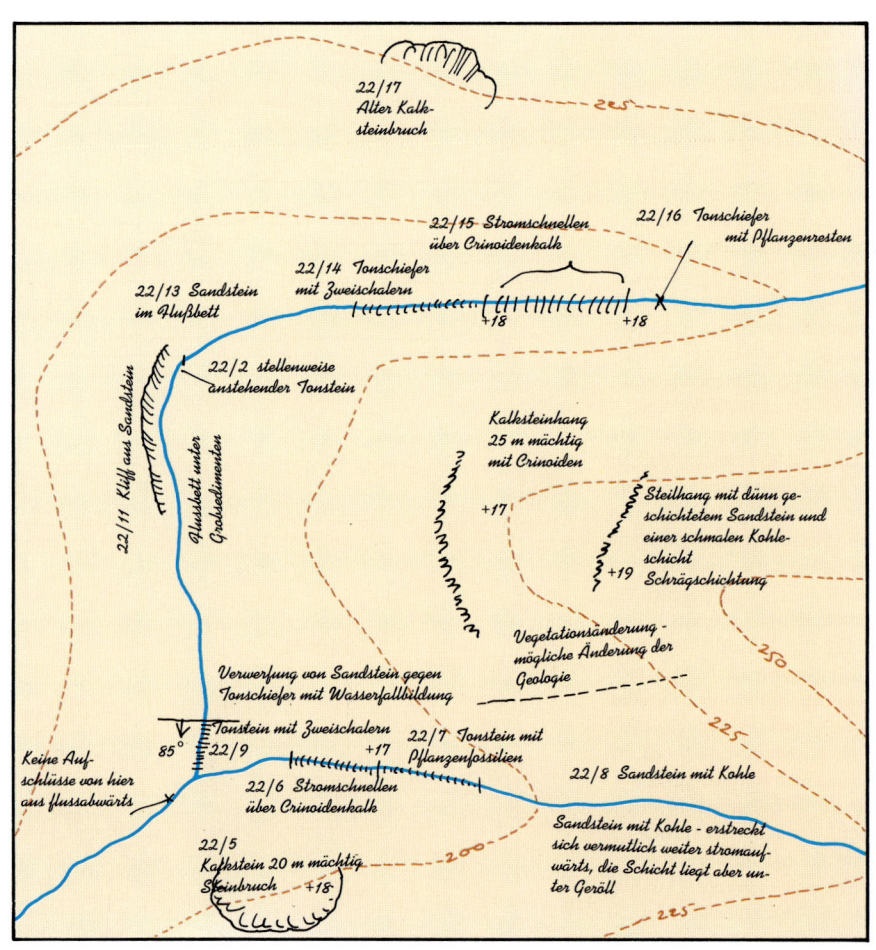

Die Geländekarte

Als Ausgangskarte für Ihre Geländekarte bietet sich eine großmaßstäbige topographische Karte des Untersuchungsgebiets an (z. B. 1:10 000), die Sie im Buchhandel oder direkt vom jeweils zuständigen Landesvermessungsamt beziehen können. Es ist ratsam, mehr als eine Karte mitzunehmen, da das Kartenpapier im Gelände sehr leicht einreißt oder unleserlich wird. Lassen Sie auch eine Karte zu Hause, mit der Sie dann die endgültige geologische Karte entwerfen. Notieren Sie im Gelände soviel wie möglich. Numerieren Sie jeden Aufschluß und weisen Sie ihm dieselbe Nummer im Geländebuch zu. Auch auf den Gesteinsproben sollten diese Nummern vermerkt sein.

Versuchen Sie nun noch, mit Hilfe der Informationen auf unserer Geländeskizze und der Geländekarte die Streichlinien zu ziehen und eine geologische Karte sowie ein Profil vom dargestellten Gebiet zu entwerfen. Wenn Sie das schaffen, wäre Lapworth wirklich stolz auf Sie!

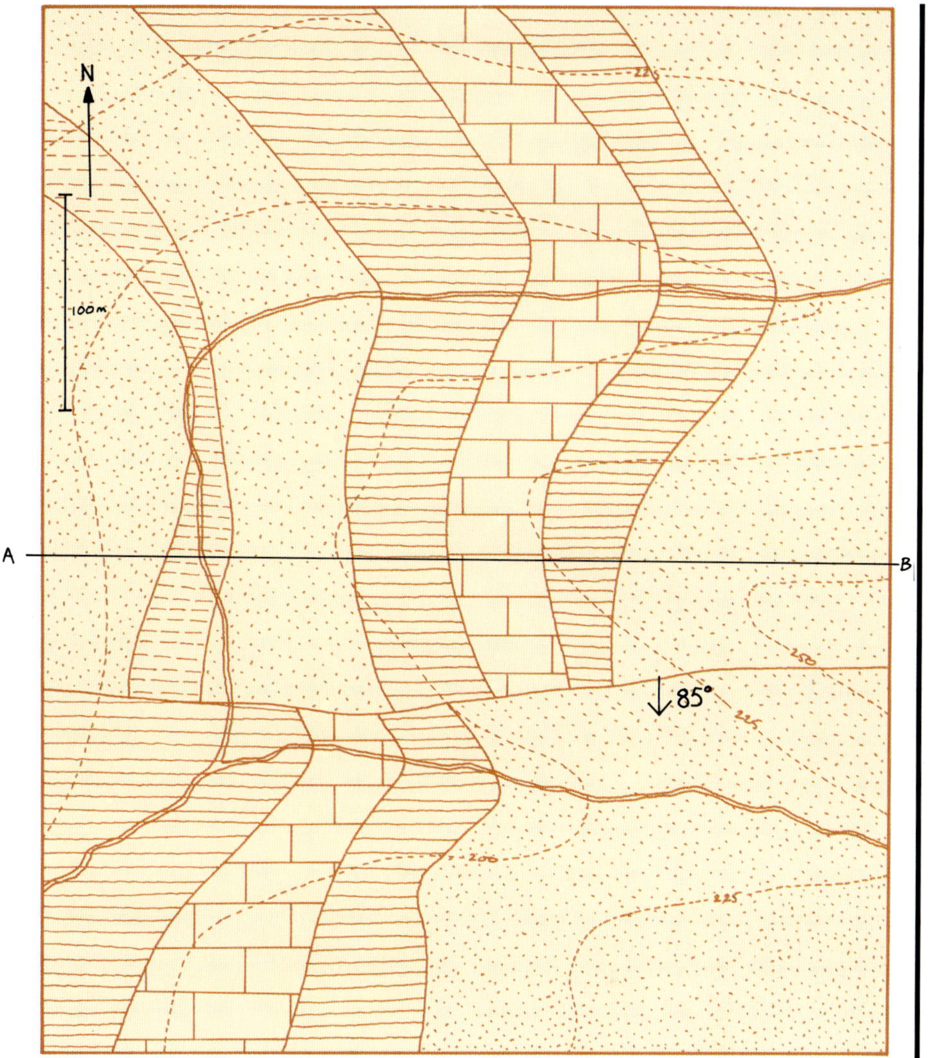

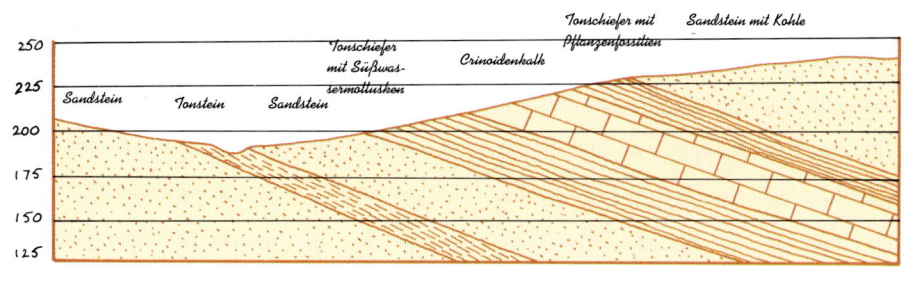

Labels on samples:

NAME/DESCRIPTION
GNEISS
LOCALITY HEBRIDES
DATE 4/9/79 G.R. NZ 010298 REF. NO. 14/37

NAME/DESCRIPTION
HALITE (ROCK SALT)
LOCALITY CHESHIRE G.R. ST 910423
DATE 4/11/... REF. NO. 8/5

NAME/DESCRIPTION
MUSCOVITE M
LOCALITY SHETLAND
DATE 4/3/87 REF

HORIZON
LOCALITY WALES
DATE 2/3/91

Oben und *rechts*: Gesteinsproben sollte man in robusten Kästen aufbewahren; am besten
legt man jedes Gestein einzeln
in Kartoneinsätze hinein. Um
die Proben vor Staub zu schützen, kann man sie in Plastik-
tüten stecken. Jeder Einsatz oder
jede Tüte sollte mit einem Etikett versehen sein, auf dem die
wichtigsten Informationen über
das Stück zusammengefaßt sind,
sowie mit einer Katalognum-
mer, die, für den Fall, daß es
einmal herausgenommen wird,
auch auf dem Gestein vermerkt
sein sollte.

Vorbereitung und Verwaltung von Gesteinsproben

Wenn Sie Geologie betreiben, werden Sie vermutlich auch eine Gesteinssammlung anlegen. Schon nach kurzer Zeit werden Sie schöne Mineralkristalle besitzen oder Gesteinsproben, die geologische Vorgänge eindrucksvoller darstellen, als man es in einem Buch oder Museum finden könnte, oder auch Fossilien, die uns auf einzigartige Weise die wundersamen Kreaturen der Vergangenheit zu neuem Leben erwecken. Anfangs werden diese Prachtstücke noch Fensterbänke schmükken und Besucher beeindrucken, aber auch Staubfänger und bei der Hausarbeit hinderlich sein. Und bald werden Sie so viele Proben besitzen, daß Sie sie in einer gut durchdachten Sammlung aufbewahren möchten.

Vorbereitung

Wenn Sie vom Gelände nach Hause kommen, haben Sie die Gesteinsproben sicher in Zeitungspapier verpackt und mit einer Nummer versehen, die in Ihrem Geländebuch (S. 48f.) und in Ihrer Karte (S. 124–133) eingetragen und erläutert ist. Sortieren Sie dann zuerst alle Gesteinsproben, solange die Erinnerung an das Gelände noch frisch ist.

Katalogisierung

Sobald Sie Ihre Probe identifiziert haben, sollten Sie sie katalogisieren. Malen Sie mit Emailfarbe einen Punkt auf die Probe und tragen Sie darauf mit einem wasserfesten Stift eine Nummer ein. Diese Nummer bezieht sich auf den Eintrag in Ihrem Gesteinsregister – einem Buch, in dem Sie Ihre Sammlung dokumentieren – oder auf einer Karteikarte. Im Register oder auf der Karte tragen Sie alle Details ein: worum es sich bei der Probe handelt, wo sie gefunden wurde, an welchem Tag sie gefunden wurde, welcher Art die Gesteinsumgebung war und alles Weitere, was Sie für wichtig erachten. Auch eine Computer-Datenbank eignet sich für die Speicherung dieser Informationen.

Aufbewahrung

Gesteinsproben sind normalerweise sehr robust, und so ist die Versuchung groß, sie einfach ungeschützt in Regale zu legen oder im Zeitungspapier eingewickelt zu lassen. Das ist nicht ratsam, da sie auf diese Weise verstauben und Staub immer das Aussehen beeinträchtigt. Am besten eignen sich gut verschließbare Kästen oder Schubladen für die Aufbewahrung von Gesteinsproben. Ideal wäre natürlich eine Vitrine, die ein Schreiner nach Ihren Wünschen anfertigt, oder eine der han-

Rechts: Der Besuch eines Geologischen Museums mag zuweilen recht entmutigend sein, da ein Amateur kaum an ähnlich herrliche Fundstücke gelangen und sie so prächtig ausstellen kann. Doch im Lauf der Zeit wird sicher auch Ihre Sammlung immer eindrucksvoller, und von der Darbietung in Museen können Sie sich ruhig inspirieren lassen, um auch Ihre Stücke zu Hause im besten Licht auszustellen. Und früher oder später ist es soweit: Dann werden Sie mindestens ein Stück besitzen, das Sie so noch nie in einem Museum gesehen haben – und werden es bestmöglich aufbewahren und präsentieren.

Der Arbeitsplatz

Optimal wären natürlich eine Werkstatt oder ein Labor. Was Sie aber mindestens benötigen, ist folgendes: einen stabilen Tisch, ein Wasserbecken mit fließendem Wasser und ein Abtropfbrett, eine bewegliche Lampe, eine gute Ausstattung an Werkzeugen wie Zahnarztinstrumente oder dünne Meißel, Siebe für die Untersuchung losen Materials sowie viel Platz zum Lagern.

Außerdem sollte ein Regal für die Literatur, mit der Sie arbeiten, in Reichweite sein.

delsüblichen geologischen Vitrinen, wie man sie aus Schulen oder Universitäten kennt. Sehr gut lassen sich auch breite, etwa 10 cm tiefe Schubladen nutzen. Jede Probe sollte hier in einem eigenen Kartoneinsatz aufbewahrt werden – den man leicht selbst herstellen kann –, damit sie nicht durcheinanderfallen und dabei beschädigt werden. Leicht zerbrechliche Proben sollte man auf weichen Baumwollstoff oder auf Papiertücher legen. In jeden Einsatz gehört ein Zettel oder ein Etikett, auf dem die wichtigsten Informationen über die Probe zusammengefaßt sind.

Auslage
Ihre besten Stücke – etwa eine Platte aus kristallinem Schiefer mit glitzernden Glimmermineralien an der Spaltungsfläche oder erbsengroße Granatmineralien inmitten einer Augenstruktur; ein völlig transparenter

indem man den anhaftenden Tonschiefer mit Zahnarzt-instrumenten entfernt. Manchmal kann man ein größeres Fossil auch aus der Grundmasse herauslösen, indem man es in einen Ofen legt: Wenn Fossil und Gestein aus verschiedenen Materialien bestehen, dehnen sie sich in unterschiedlichem Maße aus und lassen sich so trennen. Einige Fossilien bestehen aus Eisenpyrit, das an der Luft schnell anläuft, was die kubischen Kristalle der Eisenpyrite angreift. Das läßt sich verhindern, indem man das Stück Ammoniak aussetzt und es in einem luftdichten Behälter aufbewahrt. Sie können das Stück aber auch lackieren. Das verändert zwar seine Erscheinung, stoppt aber den Verfall.

Sehr beliebt ist das Polieren von Kieselsteinen. Die Steine werden zusammen mit einem Schleifmittel in eine drehbare Trommel gegeben und einige Wochen darin gelassen. Die danach auf Hochglanz polierten Kieselsteine sind sehr schön und lassen Bestandteile erkennen, die sonst nicht zum Vorschein kämen. Nach dem Polieren kann man auch die unterschiedlichen Korngrößen in einem Porphyr oder den Kontrast zwischen dem weißen Kalkspat eines Fossils und dem dunklen Kalkspat der Kalksteingrundmasse erkennen. Auch Handstücke, deren Seiten mit einer Schleifscheibe bearbeitet wurden, zeigen diese Merkmale. Lassen Sie sich aber nicht dazu verleiten, die polierten Flächen zu lackieren – die ganze natürliche Schönheit ginge dabei verloren.

Es gibt Sammler, die kleine Fundstücke in Gießharz einbetten und so feste, transparente Blöcke mit einem Mineralienkristall in der Mitte erhalten. Diese Technik eignet sich vor allem für biologische Fundstücke, da organisches Material vor dem Verfall geschützt werden muß, ist aber für geologisches Material nicht zu empfehlen. Die natürliche Schönheit und charakteristische Tastempfindung einer Gesteinsprobe geht durch eine solche Behandlung verloren.

Systematik

Geologen, sowohl Amateure als auch Berufsgeologen, sind häufig Spezialisten. Sie persönlich mögen ein besonderes Interesse an den unterschiedlichen Formen von Granit, der Abfolge von Gesteinen und Fossilien im Jura oder an den Mineralien metamorpher Gesteine haben. Wenn das so ist, lassen Sie es auch an Ihrer Sammlung erkennen. Sie könnte eines Tages so umfangreich werden, daß sie in Ihrem speziellen Interessensgebiet zu den umfassendsten ihrer Art gehört und damit auch für die Wissenschaft von Bedeutung ist. Denken Sie daher immer an diese Möglichkeit, wenn Sie an Ihrer Sammlung arbeiten!

Quarzkristall in Walnußgröße, den Sie mit akribischer Sorgfalt aus dem Hohlraum eines Gesteinsgangs oder einem Granithärtling herausgelöst haben; ein vollkommen erhaltenes Ammonitenfossil, bei dem noch alle Schalenkammern zu erkennen sind –, all diese Kostbarkeiten wollen Sie natürlich auch herzeigen.

Hierzu eignet sich ein Behälter aus Glas oder durchsichtigem Plastik. Das Auslagestück kann man dann auf schwarzen Samt, farbige Seide, auf Fell oder was immer gefällt legen. Auch aus bestimmten Winkeln einfallendes Licht kann Wunder wirken. Wenn das Stück von allen Seiten sichtbar sein soll, bietet sich ein Spiegel an der Rückseite des Behälters an.

Gesteinsproben sind meist ziemlich fest verbunden, doch es gibt bestimmte Stücke, die eine besondere Behandlung erfordern. Hierzu gehören beispielsweise in Tonschiefer eingebettete Fossilien, die man herauslöst,

Der Bericht

Den Abschluß der geologischen Arbeit bildet das Verfassen eines Berichtes. Darin präsentiert der Geologe der Öffentlichkeit, was er untersucht hat, wie er dabei vorging und welche Ergebnisse er erzielte. Der Bericht muß detailliert und anschaulich und außerdem für alle verständlich sein, die mit ihm arbeiten wollen – seien es andere Geologen, Besitzer von Steinbrüchen oder Ingenieure.

Einleitung

Die Einleitung gibt bereits eine kurze Übersicht über das Thema. Sie geht immer dem Bericht voraus, so daß jeder, der sich mit dem Thema auseinandersetzt, sofort erkennen kann, ob der Bericht für seine Arbeit interessant ist. Sie sollte daher auch ziemlich knapp gehalten sein. Schreiben Sie aber nicht: »Die Geologie des XY-Tales wurde untersucht, die Abfolge der Gesteinsarten beschrieben und die Mineralien wurden identifiziert. Die Ausrichtung der Streich- und Fallinien wurde aufgezeichnet …«, da das vom Bericht erwartet wird. Schreiben Sie besser: »Das XY-Tal ist von Schiefer durchschnitten, der aus metamorphen ordovizischen Tonschiefern besteht. Im Steinbruch treten fossilführende Schichten mit verformten Graptolithen auf. Der Mctamorphosegrad ist größtenteils recht niedrig, erreicht im Nordwesten jedoch den Grad von Granat, wo gut ausgebildete Granatproben gesichtet und gesammelt wurden. Die Ausrichtung der Schieferung variiert zwischen 35° und 50° und ist nach Südost um 70°–80° geneigt …«

Bei dieser Beschreibung tritt nicht die Vorgehensweise in den Vordergrund, sondern das Ergebnis der Untersuchungen, das den Leser ja vor allem interessiert. Ein Rat: Schreiben Sie die Einleitung erst, wenn Sie mit dem Bericht fertig sind, denn dann überblicken Sie das Thema am besten und können Ihre Zielsetzung optimal formulieren.

Hauptteil

Im Haupttext Ihres Berichtes sollten Sie zuerst das Untersuchungsgebiet vorstellen und dann die Vorgehensweise erläutern. Man muß die einzelnen Stellen nicht in der Reihenfolge schildern, in der man sie aufgesucht hat. Es ist sinnvoller, wenn man mit dem ältesten Gestein beginnt und beschreibt, wo es überall vorkommt, und dann chronologisch fortfährt.

Machen Sie sich auch die Mühe, Ihre Gesteinsproben so detailliert wie möglich zu erläutern und darauf hinzuweisen, wie man Sie in Ihrer Sammlung finden kann.

Illustrationen

Gute Berichte sind auch immer gut illustriert. Beginnen Sie mit einer Skizze Ihres Untersuchungsgebietes. Ist das Gebiet abgelegen oder unbekannt, sollten Sie eine Übersichtskarte mit kleinerem Maßstab beifügen, in der Sie es markieren.

Versehen Sie die Fotos mit passenden Erläuterungen und beschreiben Sie nicht nur, was man auf den ersten Blick erkennt. Beschriften Sie die Fotos selbst mit einem passenden Stift oder ziehen Sie eine durchsichtige Folie darüber und kennzeichnen Sie darauf die beachtenswerten Punkte.

Rechts: Ein geologischer Bericht basiert auf einem Geländebuch, in dem sich alle Aufzeichnungen und Skizzen aus dem Gelände befinden. Die Arbeiten im Labor können dann anhand der mitgebrachten Gesteinsproben und der im Gelände gesammelten Eindrücke durchgeführt werden. Im Bericht sind schließlich alle Beobachtungen im Gelände, die Ergebnisse der Laborarbeit und die aus beiden gewonnenen Erkenntnisse zusammengefaßt.

Sedimentäre Abfolgen stellt man meist in Form von Säulendiagrammen dar, wobei jede Gesteinsschicht maßstabsgetreu wiedergegeben und zur besseren Unterscheidung mit den kartographischen Symbolen (S. 65) gekennzeichnet wird. Haben Sie dieselbe Schichtenabfolge an unterschiedlichen Aufschlüssen gefunden, zeichnen Sie mehrere Säulen nebeneinander und verbinden Sie die sich entsprechenden Schichten durch gestrichelte Linien miteinander.

Die Profilkarte ist fast immer das Herzstück eines Berichtes und wird häufig als große Faltkarte beigelegt. Die zutageliegenden Schichten können mit Filzstift, Buntstift oder auch mit Wasserfarbe koloriert werden, ebenso die vermuteten, nicht zutageliegenden Schichten. Es muß aber klar sein, welche Schichten zutageliegen und welche nicht.

Schlußbetrachtung

Die Schlußbetrachtung kann der Einleitung ziemlich ähnlich sein. Wenn Sie etwas nachweisen wollten, geben Sie an, ob es Ihnen gelungen ist oder nicht. Sind die Ergebnisse nicht schlüssig, stellen Sie sie trotzdem so genau wie möglich dar, damit jeder, der in Ihre Fußstapfen treten will, sie nutzen kann.

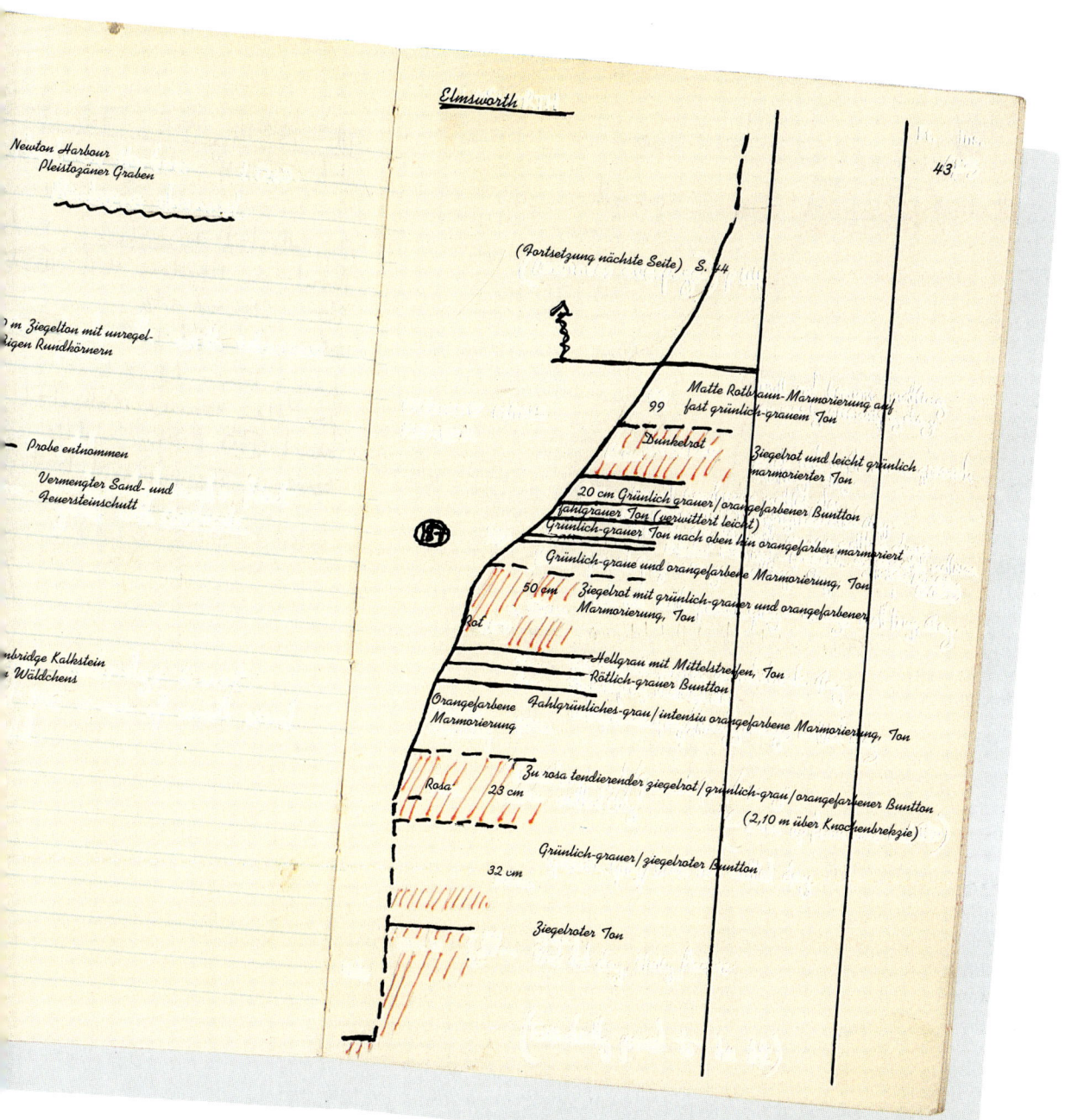

Die Geologie der Kontinente

Es ist schwierig, die Geologie eines Gebietes umfassend zu beschreiben – und gar unmöglich, wenn es sich dabei um ein Gebiet von der Größe eines Kontinents handelt. Dennoch vermittelt ein kurzer Überblick über die geologische Geschichte jedes Kontinents eine Vorstellung davon, wo besondere Gesteine auftreten und warum diese gerade dort zu finden sind. Auf den folgenden Seiten finden Sie einen solchen kurzen geologischen Überblick über die Kontinente der Erde.

Australien

Australiens älteste Gesteine befinden sich im Yilgarnschild im äußersten Westen des Kontinents. Der Mineralienreichtum dieser alten Gesteine führte zum Ausbau der Goldminen von Coolgardie. Späte präkambrische Gesteine im Trog von Adelaide setzen sich aus Flachwasserablagerungen wie Sandstein zusammen. Sie enthalten die sogenannte Ediacara-Fauna – eine einzigartige Ansammlung präkambrischer Fossilien aus wurm- und muschelartigen Lebewesen.

Hebung der Berge im Osten

Die Region in der Nähe von Adelaide stellte nicht nur die östliche Grenze Australiens, sondern sogar die östliche Grenze des Gondwanalandes – des einstigen Superkontinents – dar. Östlich davon breitete sich die Tiefsee aus, und während des Kambriums entwickelte

sich hier eine abtauchende Plattengrenze. Hier fand der normale Prozeß kontinentaler Wachstumsanlagerungen statt – Inselbögen und Vulkane, gefolgt von kontinentalen Randgebirgsketten, die später abgetragen und von neuen Gebirgsketten an der Küste ersetzt wurden. Nach dem Paläozoikum verschob sich die gebirgsbildende Aktivität von der Region um Adelaide zur heutigen Küstenlinie.

Als sich die Gebirge im Osten hoben, blieb ein Großteil des Kontinents über dem Meeresspiegel. Riesige Flächen von Binnenablagerungen im Kambrium ließen bis zu 6 km mächtige Sandsteine entstehen. Die einzigen Überbleibsel davon sind die eindrucksvollen Aufschlüsse des Ayers Rock und der Olgas in den Northern Territories. Der Nord- und Westrand des Kontinents wurde immer wieder von flachen Meeren überflutet. Im Devongestein Nordaustraliens liegt das Canning Basin. Hier befindet sich eine 350 km lange Kalksteinmasse, die ein großes Barriereriff darstellt. Es ähnelt dem heutigen Großen Barriereriff an der Ostküste, nur daß es aus Algen statt aus Korallen gebildet wurde.

Im Süden sind zahlreiche Tillite – fossile Moränen – zu finden, die aus der Eiszeit des Perm stammen.

Überflutung des Kontinents

Bis zur Kreidezeit blieb der Kontinent größtenteils über Wasser. Die Landschaft, die heute als Großes Artesisches Becken bekannt ist, füllte sich im Jura mit kontinentalen Ablagerungen auf, als sich hier Seen und kohlebildende Sümpfe ausbreiteten. Zu Beginn der Kreidezeit überflutete das Meer schließlich weite Teile des Kontinents, weshalb fast ein Drittel des australischen Oberflächengesteins aus Gesteinen der Kreidezeit besteht. Am Ende dieses Zeitalters zog sich das Meer wieder zurück, und im Großen Artesischen Becken lagerten sich wieder Flußsedimente ab.

Loslösung von der Antarktis

Im frühen Tertiär bildeten sich zwischen Australien und der Antarktis Spalten aus. Die ganze australische Landmasse bewegte sich vom übrigen Gondwanaland fort und begann, nordwärts zu wandern. Der Grund für diese Bewegung war die Norddrift der Australischen Platte. Diese Platte wurde entlang des Javagrabens zerstört, den heute auch der australische Kontinent fast schon erreicht hat. Während des Tertiär war Australien ein fast völlig trockenes Land, und der Kontinent und seine Tierwelt waren während dieser gesamten Zeitspanne von allen anderen Landmassen isoliert. Daher überlebten hier die Beuteltiere, eine archaische Unterklasse der Säugetiere, die auf den anderen Kontinenten fast überall ausgestorben sind.

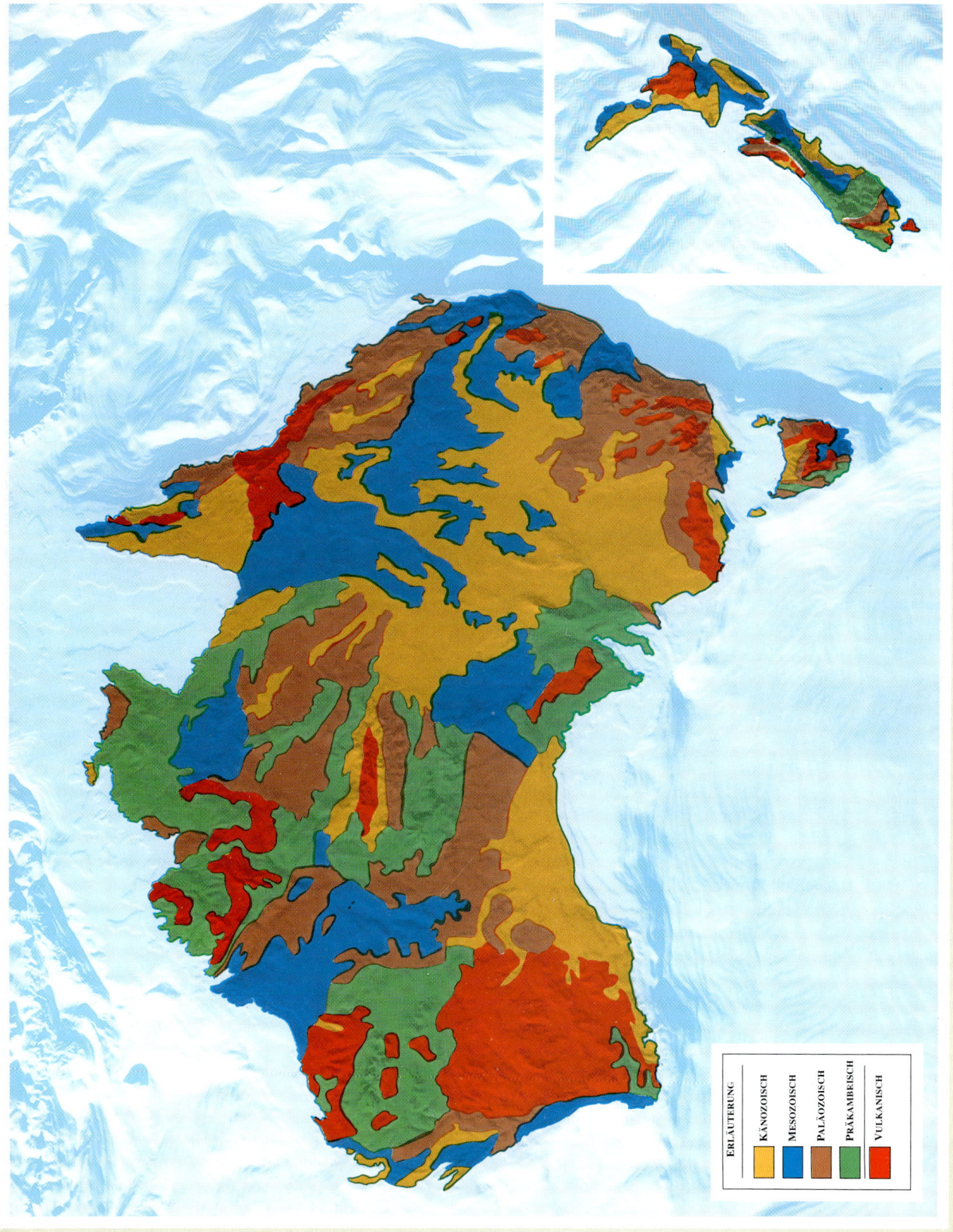

ERLÄUTERUNG

KÄNOZOISCH
MESOZOISCH
PALÄOZOISCH
PRÄKAMBRISCH
VULKANISCH

Asien

Die riesige Landmasse des heutigen asiatischen Kontinents ist in gewisser Hinsicht das Produkt einer Verschmelzung. Den größten Anteil an alter Substanz hat die Sibirische Masse (Angaramasse), die den Untergrund der tiefliegenden Regionen im Norden einnimmt. Weitere alte Massen befinden sich in China und Kasachstan, die noch zu Beginn des Kambrium einzelne Landmassen bildeten, sowie in Indien. Ein Großteil davon erstreckte sich um den Äquator; daher bestehen die kambrischen Ablagerungen zumeist aus tropischen Kalksteinen. Es ist noch nicht klar, wann sich diese Einzelteile zum heutigen asiatischen Kontinent vereinigten. Indien war sehr lange Teil von Gondwanaland, die anderen dagegen könnten schon seit dem frühen Paläozoikum zusammengehören, oder sie blieben bis zum späten Karbon getrennt, als sich Sibirien mit Europa vereinte und einen Teil des Superkontinents Pangäa bildete.

Der Nordosten Pangäas

Die gesamte Landmasse von Europa und Asien bildete den nordöstlichen Teil Pangäas, der vom südlichen Teil, dem Gondwanaland, durch das Tethys-Meer getrennt wurde. Entlang der Tethysküste Südasiens entstanden Faltengebirge, deren Reste heute in zentralasiatischen Gebirgen nördlich der Wüste Gobi liegen. Der Plattenrand Südostasiens hat eine komplexe Geschichte: Im Bereich von Japan und Korea sind seit dem Trias immer wieder neue Inseln aufgetaucht und wieder untergegangen.

Zur Zeit des Jura stieg der Meeresspiegel an und bedeckte weite Teile Nordsibiriens. Weite Gebiete Chinas, Malaysias und Indonesiens ragten als trockener Kontinent heraus. Im Verlauf des Jura dehnte sich das flache Meer im Norden südwärts bis in das Gebiet des Ob aus. Schließlich breitete sich das Meer so weit aus, daß das Tethys-Meer in das damalige Nordpolarmeer überging. Eine Hebung in der Kreidezeit hatte zur Folge, daß weite Teile Asiens seit jener Zeit trockenliegen.

Während der Kreidezeit brach die alte Landmasse Pangäas auseinander, und die heutigen Kontinente drifteten auseinander. Das wiederum führte zu einer zunehmenden Aktivität der destruktiven Plattengrenzen (Subduktionszonen) entlang der Ostküste des Kontinents – ein Vorgang, der bis zum heutigen Tag an den Vulkanausbrüchen und Erdbeben von Japan, den Philippinen und auf Neuguinea erkennbar ist.

Zusammenstoß mit Indien

Als das Gondwanaland auseinanderrückte, brach zwischen Afrika und der Antarktis eine dreieckige Landmasse heraus. Aus dieser entwickelte sich der Indische Subkontinent. In einem einzigartigen Fall von Kontinentaldrift löste sich der Subkontinent von der alten Landmasse, wanderte durch das Tethys-Meer und stieß mit dem Südrand Asiens zusammen. Eine destruktive Plattengrenze entlang dieses Südrandes zog die indische Masse nach Norden, wobei sich die üblichen Erscheinungsformen von Ozeangräben und vulkanischen Inselbögen herausbildeten. Als es im frühen Tertiär zur Kollision kam, wurden diese Tiefseesedimente und Erstarrungsgesteine zu einem gewaltigen Gebirge – dem Himalaya – aufgefaltet. Der östliche Teil dieser destruktiven Plattengrenze ist noch heute aktiv, und hier entstehen die Ozeangräben und vulkanischen Inselbögen Ostindiens. Während der Bewegung wanderte Indien über eine Stelle mit intensiver Magmaströmung tief im Mantel, wie sie heute unter Hawaii auftritt und Vulkanausbrüche hervorruft. Auch in Indien ergoß sich das Magma in Form von Lava auf die Erdoberfläche und bildete die mächtigen Abfolgen basaltischer Lava – heute das Dekkan-Hochland im Westen.

Verschwinden des Tethys-Meeres

All dies führte zum Verschwinden des Tethys-Meeres. Auch Afrika driftete nach Norden immer näher an Europa heran, und die Saudi-Arabische Platte stieß auf den heutigen Iran, was zur Bildung der von Nordwest nach Südost verlaufenden Gebirgsketten führte. Das Tethys-Meer wurde regelrecht zerquetscht. Zurück blieben nur Restmeere – Paratethys und altes Mittelmeer. Aus dem Paratethys entwickelten sich später das Schwarze und das Kaspische Meer sowie der Aralsee.

Während des Tertiär überflutete das Meer die tiefliegenden Gebiete im hohen Norden. Der Meeresarm, der ins Becken des Ob hineinragte und dabei die Meere im Norden und Süden miteinander verband, öffnete und schloß sich mehrere Male.

Aufgrund zahlreicher Probleme bei der Datierung von Gesteinen des Himalaya wird es noch einige Zeit dauern, eine eindeutige Chronologie der Geschichte dieses Gebietes zu erarbeiten.

Die Entstehung einer neuen Spalte

Als einen letzten Hinweis, daß noch immer eine Kontinentalbewegung stattfindet, kann man den Baikalsee betrachten, der, in einem Grabenbruch gelegen, einen Ozean im Embryonalstadium darstellt. So könnte sich der Osten Asiens möglicherweise als ein neuer Kontinent abspalten.

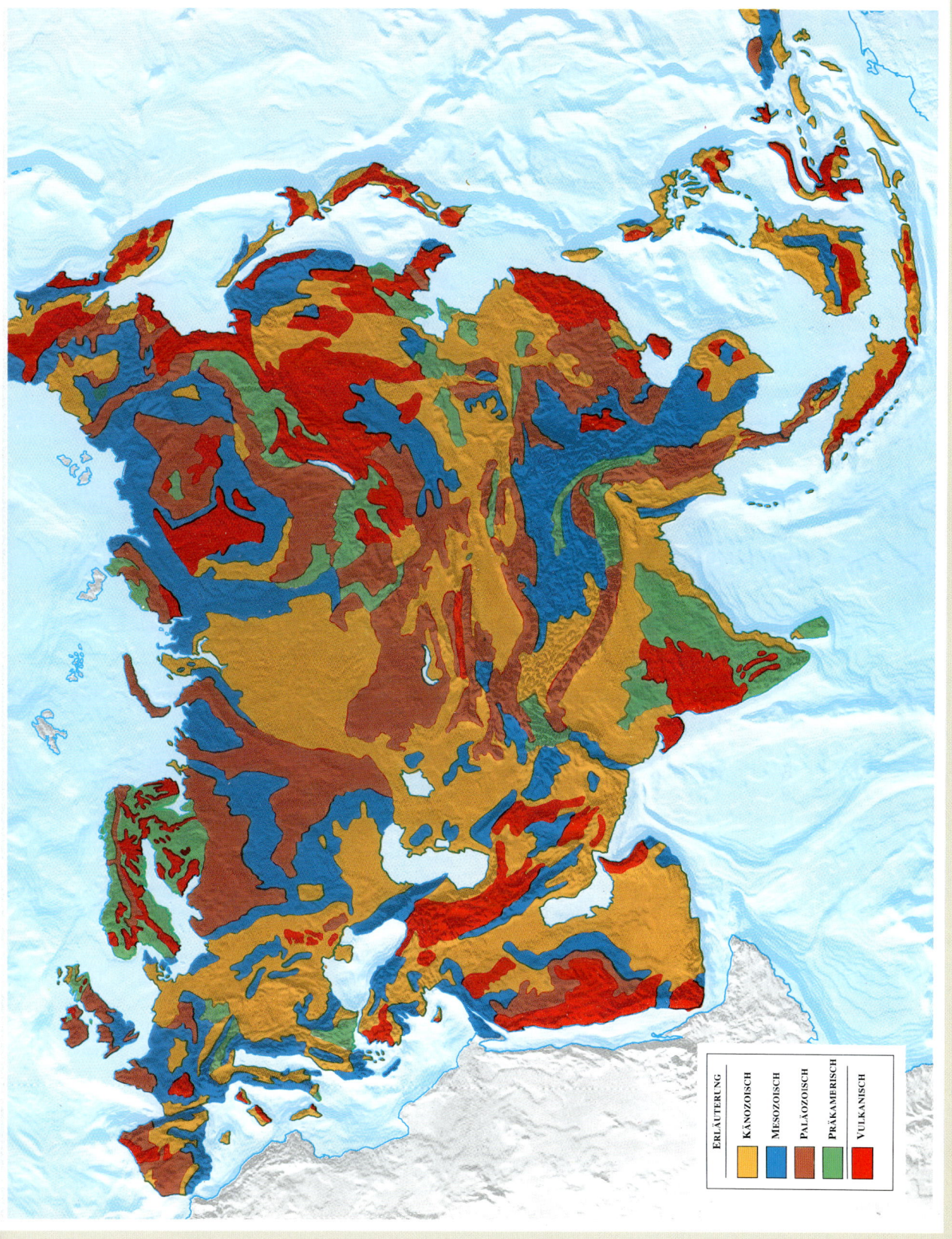

ERLÄUTERUNG
KÄNOZOISCH MESOZOISCH PALÄOZOISCH PRÄKAMBRISCH VULKANISCH

143

Europa

Die Geologie Europas ist viel komplexer als die von Afrika oder Südamerika, denn hier wurden die geologischen Schichten durch zahlreiche tektonische Kollisionen stark verformt. Europa besteht aus den Bruchstücken einer präkambrischen Grundmasse, die sich aus verschiedenen Quellen bildete und von Sedimenten jeder geologischen Epoche umgeben ist, die ihrerseits zu Gebirgsketten aufgeschoben und in metamorphe Massen verwandelt wurden.

Die bedeutendste präkambrische Masse ist der Baltische Schild, der heute in den tiefliegenden Gebieten Skandinaviens ansteht, im Süden und Osten aber von jüngeren Sedimentgesteinen bedeckt ist. Ein weiterer Teil der präkambrischen Masse befindet sich im Nordwesten Schottlands. Er bildete einst einen Teil des Kanadischen Schilds und ist mit einer dicken Schicht aus Wüstensandstein bedeckt. Das Material, aus dem sich Südeuropa entwickelte, war vermutlich Teil des Gondwanalandes.

Kollision mit Amerika

Das erste Ereignis nach dem Präkambrium, das den Grundstein für die heutige Gestalt Europas legte, war die Kollision des nordamerikanischen Kontinents mit der Landmasse, die auf dem Baltischen Schild basierte. Während Kambrium, Ordovizium und Silur verschwand der dazwischenliegende Ozean, und die darin gebildeten Tonschiefer und Kalksteine wurden emporgedrückt. Die Kontinente stießen im Devon zusammen und falteten diese Sedimente zu einer gewaltigen Gebirgskette auf, die sich von den heutigen Appalachen über Nordschottland bis nach Norwegen erstreckte. Die Reste sind noch heute in den Hochländern dieser Gebiete zu erkennen.

Diese Gebirge waren natürlich der Erosion ausgesetzt, und so breiteten sich Fluß- und Wüstensande von hier nach Süden aus. Sie bildeten mächtige Sandsteinschichten aus, die heute in Polen und Schottland zutage treten. Weiter südlich, im Gebiet Deutschlands, wurden diese Schichten von flachen Meeren überflutet, was zu Ablagerungen von Devon-Kalkstein führte.

Gondwana schließt sich an

Später, während des Karbon, stieß der Superkontinent mit Gondwanaland zusammen, und die Gebiete, aus denen sich Südeuropa entwickelte, schlossen sich an. Die Verbindungsstelle war von Gebirgen gekennzeichnet, deren tiefreichende Batholithen heute im Nordwesten Frankreichs, im Südwesten Englands, in der westlichen Hälfte der Iberischen Halbinsel sowie in Süddeutschland liegen. Zwischen diesen Gebirgen und den älteren im Norden lagen flache Meere, in die damals weite, mit Sumpfwäldern bestandene Deltas hineingriffen. Sie bildeten die Grundlage für die Kohlenfelder Deutschlands, Polens und Großbritanniens.

Zusammenstoß mit Asien

Noch später, während des Perm, näherte sich ein weiterer Kontinent, dessen Zusammenstoß mit dem Ostrand Europas zur Bildung des Uralgebirges führte. Diese Zeit war von Wüsten geprägt, und es kam zur Ablagerung von Sandstein, dennoch konnten auch flache Meere in Deutschland und Nordostengland ihre Spuren in Form von Kalkstein, Dolomit und Evaporit hinterlassen. Die trockenen Bedingungen hielten noch bis zum Trias an, und in vielen Gebieten zeugen Wüstensandsteine – das Rotliegende – noch heute davon.

Obwohl bis dahin noch alle Kontinente in einem einzigen Superkontinent, Pangäa genannt, vereint waren, bildete der Ozean schon eine riesige Einbuchtung zwischen dem östlichen Gondwanaland und dem eurasischen Abschnitt im Norden. In den Untiefen am Nordrand dieses Ozeans – als Tethys-Meer bezeichnet – lagen im Bereich Südeuropas Riffe und Inseln. Schlamm des Tethys-Meeres findet man als Tonschiefer in Norditalien und in den Karpaten. Das Tethys-Meer breitete sich auch über das restliche Europa aus und ließ den englischen und mitteleuropäischen Jurakalk entstehen. In den Untiefen im Bereich des heutigen Bayern entstand ein so feiner Kalkstein, daß hier sogar die Federn von Vögeln des Jura fossilierten.

Als sich der nordamerikanische Kontinent in der Kreidezeit abspaltete, lagen weite Teile Europas unter flachen Meeren. Damals wurden die gewaltigen Kreideschichten abgelagert, die die Landschaft Nordfrankreichs und Südenglands prägen. Die Bruchspaltenbildung des nördlichen Atlantik ließ Basaltplateaus entstehen, die heute den Untergrund von Nordirland und der schottischen Inseln bilden.

Das Mittelmeer – Puffer zu Afrika

Das Tethys-Meer schloß sich in der ersten Hälfte des Tertiär. Afrika stieß mit Südeuropa zusammen und verschob seinen Kontinentalrand nach Osten. Die Iberische Halbinsel drehte sich entgegen dem Uhrzeigersinn. Korsika und Sardinien lösten sich von der französischen Landmasse. Das nordafrikanische Atlasgebirge und die Alpen wurden aufgefaltet und dann zusammen mit Sizilien und Italien zu einer S-Form verdreht.

Schließlich schufen die Eiszeiten während der letzten 2 Millionen Jahre tiefe Täler und bedeckten weite Teile des Nordeuropäischen Tieflandes mit Glazialschutt.

ERLÄUTERUNG — KÄNOZOISCH — MESOZOISCH — PALÄOZOISCH — PRÄKAMBRISCH — VULKANISCH

Afrika

Afrika ist das Überbleibsel des zentralen Gondwanalandes. Der Kontinent erstreckt sich um drei präkambrische Schilde herum. Das sind zum einen der Mauretanische Schild im Nordwesten (der, geologisch gesehen, in den Guyana-Schild Südamerikas übergeht), zum anderen der Kongo-Schild im zentralen Afrika und der Kalahari-Schild im Süden. Außer bei einigen Faltengebirgen im äußersten Nordwesten und im Süden sowie dem jüngsten Grabensystem im Osten blieb der Kontinent in seiner langen Geschichte ziemlich stabil.

Als Afrika noch einen Teil des Gondwanalandes bildete, war nur der Norden zum Meer hin offen. Hier lag die Küste eines breiten Meeres, das gemeinhin als Tethys-Meer bezeichnet wird und das Gondwanaland von den kontinentalen Landmassen im Norden trennte. Auch die Südspitze lag frei und bildete von Zeit zu Zeit den Teil einer labilen Zone, die man als Samfrau bezeichnet.

Frühe Eiszeiten

Die während des Ordovizium auftretende Vereisung Südamerikas betraf auch die nördlichen Bereiche Afrikas. Im Nordwesten der Sahara und in der Südwestecke der Arabischen Halbinsel sind noch Tilliten (fossile Moränen) anzutreffen. Als Afrika noch Teil des Gondwanalandes war, lag es fast die ganze Zeit über dem Meeresspiegel, weshalb hier kaum Sedimentgesteine aus der Zeit nach dem Präkambrium vorhanden sind.

Zur Zeit des Karbon stieß Nordamerika mit Nordwestafrika zusammen, wobei ein Gebirge entstand, das heute den Westteil des Atlasgebirges darstellt und damals eine Einheit mit den Appalachen bildete. Sedimente aus diesem Gebirge ließen im Gebiet des heutigen Algerien fruchtbare Böden und kohlebildende Sümpfe entstehen. Weiter im Osten wurde der Nordrand des Kontinents von Meerwasser überspült, das später verdunstete und riesige Salzablagerungen zurückließ, die heute inmitten der Sahara liegen.

Von der Vereisung zur Zeit des Permokarbon sind weitere Tillite in der Südhälfte des Kontinents erhalten. Diese sogenannten Dwyka-Tillite treten vor allem in Südafrika, wo sie größtenteils von späteren Gesteinen bedeckt sind, und in Uganda zutage.

Im Süden des Kontinents folgt diesen Tilliten das Karru-System, eine Abfolge von permischen, triassischen und jurassischen Seeablagerungen sowie von Deltasandsteinen und Wüstensedimenten. In den Seeablagerungen sind Fossilien des schwimmenden Reptils Mesosaurus enthalten, die man auch in Südamerika gefunden hat. Außerdem treten auch Fossilien des säugetierähnlichen Reptils Lystrosaurus auf, die auch in Indien und in der Antarktis vorhanden sind – ein weiterer Beweis für die Kontinentaldrift.

Spannungsgeladene Zeit

Über dem Karru-System liegt eine Abfolge von Basalten, die teilweise über einen Kilometer mächtig ist. Diese bilden heute die Drakensberge und andere Hochländer. Sie ergossen sich aus Vulkanen, die im Zusammenhang mit der Spaltenbildung auftraten, die wiederum zur Teilung des Gondwanalandes und somit auch von Afrika und der Antarktis führte.

Diese Teilung fand nicht vor der Kreidezeit statt, als auch Südamerika nach Westen abdriftete. Wenn Sie eine dünne Tonplatte nehmen und von unten Druck ausüben, entstehen normalerweise drei strahlenförmige Risse. Nach diesem Muster entstanden meist auch die Grabensenken, nachdem die Kontinente auseinandergebrochen waren. Im Fall von Südamerika und Afrika erstreckte sich eine Grabensenke vom Gebiet des heutigen Nigeria nach Süden und eine nach Westen – zusammen bilden sie den heutigen Kontinentalrand. Die dritte reicht nordostwärts und ist immer noch an einer Reihe von Vulkanen in Kamerun zu erkennen.

Während der späten Kreidezeit kam es zu einem weltweiten Anstieg des Meeresspiegels. Weite Teile im Norden waren überflutet, und ein Meeresarm erstreckte sich quer über den Kontinent und schnitt den Westteil ab. Er blieb bis zum Tertiär erhalten, als das Tethys-Meer verschwand und Europa an die afrikanische Nordküste stieß. Der Rest des Atlasgebirges wurde angehoben, ein Prozeß, der bis heute anhält.

Im frühen Tertiär setzte im Osten des Kontinents eine neue Bruchspaltenbildung ein, und im Bereich von Äthiopien bildete sich ein neuer dreifacher Riß. Aus einem Arm entwickelte sich das Rote Meer, der zweite dehnte sich in den Indischen Ozean aus, und der dritte erstreckte sich südwärts und führte zur Bildung des Ostafrikanischen Grabens. Vielleicht spaltet sich hier in Zukunft ein neuer Kontinent ab und driftet in den Indischen Ozean.

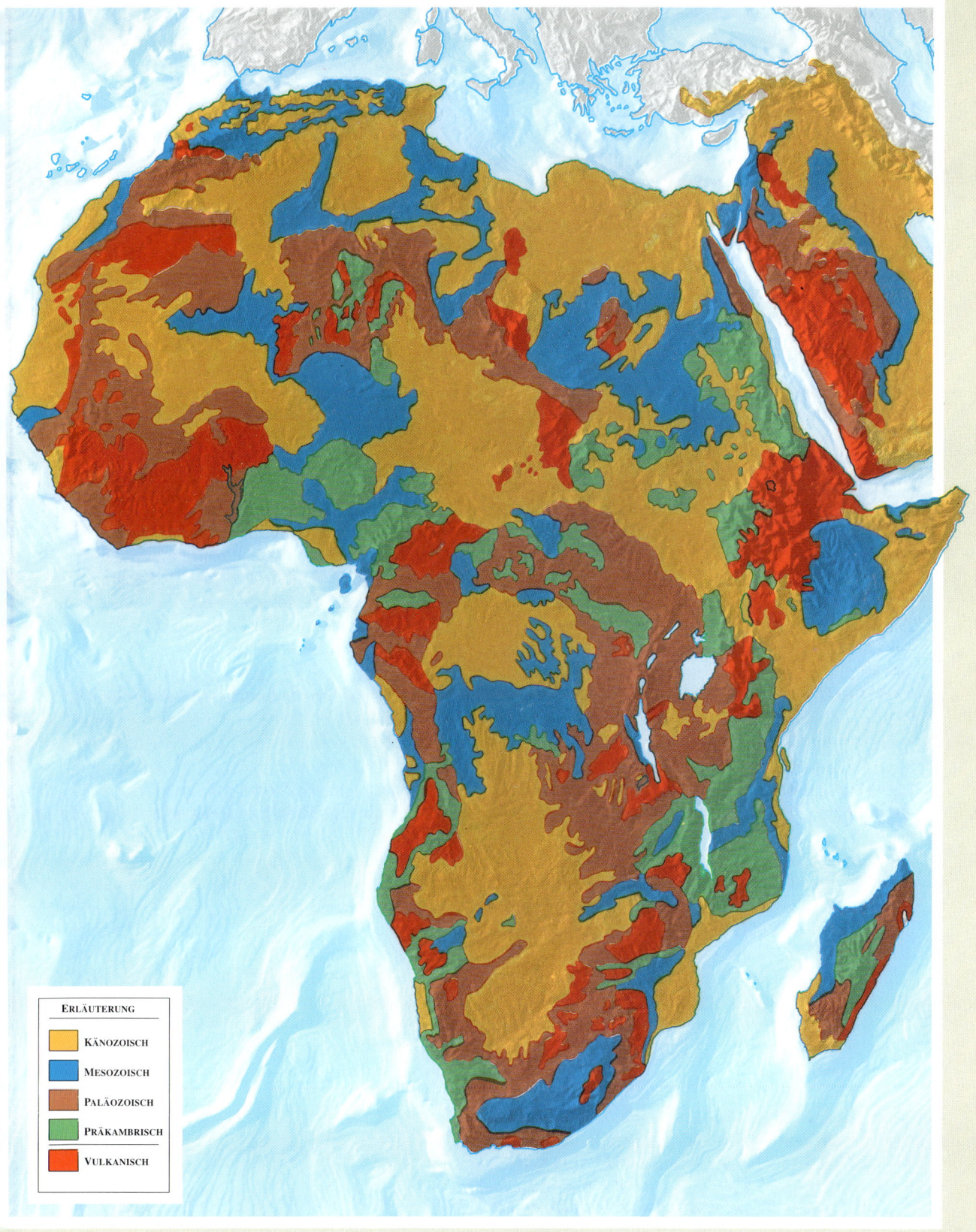

ERLÄUTERUNG

- Känozoisch
- Mesozoisch
- Paläozoisch
- Präkambrisch
- Vulkanisch

Südamerika

Bis zur späten Kreidezeit war Südamerika der westlichste Teil des großen Südkontinents Gondwanaland. Das läßt sich daran erkennen, daß die Ostküste Südamerikas wie ein Puzzlestück genau zur Westküste Afrikas paßt. Außerdem setzen sich viele Gesteinsformationen und Gebirgsketten, die vor der Kreidezeit entstanden, über dem Südatlantik fort. Wie bei anderen Kontinenten bilden auch in Südamerika die präkambrischen Schilde das älteste Gestein. Es sind zwei Hauptschilde vorhanden – der Guyana-Schild im Norden und der Brasilianische Schild, der den größten Teil der nördlichen Hälfte des Kontinents einnimmt. Südlich davon liegen drei kleinere Schilde.

Die älteste aktive Vulkankette

Die Westküste Südamerikas wird von den Anden beherrscht, der längsten durchgehenden Gebirgskette der Erde. Sie bildete bereits die Westküste des Gondwanalandes. Eine destruktive Plattengrenze (Subduktionszone) ließ hier im frühen Paläozoikum Ozeangräben und vulkanische Inselketten entstehen. Die destruktive Grenze verlief entlang der ganzen Küste des Gondwanalandes, von Südamerika über Afrika und die Antarktis bis nach Australien und Neuguinea. Diese labile Zone wird häufig als ›Samfrau‹ bezeichnet – ein Name, der sich aus den Kontinenten **Sü**damerika, **Af**rika und **Au**stralien zusammensetzt.

Im frühen Paläozoikum driftete dieser Teil des Gondwanalandes von den äquatorialen Breiten südwärts Richtung Pol. Im späten Ordovizium und frühen Silur herrschte im Süden des Kontinents eine Eiszeit. Der Geschiebemergel – das Gemisch aus Ton und glazialem Schutt (S. 80f.) – wurde fest und bildete sogenannte Tillite; heute findet man Tillite aus dem Silur in Argentinien und Bolivien.

Fast während ihrer ganzen Geschichte lagen die Schilde über dem Meeresspiegel; daher haben sich hier nur sehr wenige Sedimentgesteine gebildet. Zwischen dem Guyana- und dem Brasilianischen Schild traten während des Paläozoikums periodische Transgressionen des Meeres auf. Infolgedessen entstand hier eine Abfolge von Sedimentgesteinen, die weicher waren als die umgebenden Schilde, so daß sich hier der Amazonas einschneiden konnte.

Bestätigung für das Gondwanaland

Gegen Ende des Paläozoikum – während der Kreidezeit und im Perm – lag der Kontinent nahe am Südpol. Es trat eine weitere Eiszeit auf, deren Tillite man im Bereich der Schilde im Süden des Kontinents findet. Fossile Rutschstreifen und andere auf Eis zurückzuführende Merkmale deuten darauf hin, daß das Eis aus der Richtung von Afrika kam, wo dieselben glazialen Merkmale zu finden sind. Dies war eines der ersten Anzeichen für die Richtigkeit der Theorie der Kontinentaldrift.

Ein weiteres Anzeichen ist im Perm zu finden. Nach der Eiszeit kam eine gemäßigtere Periode, die in Brasilien Kohlewälder gedeihen ließ. In den zu dieser Zeit abgelagerten Süßwasser-Tonschiefern entdeckte man die Fossilien eines Süßwasserreptils, des Mesosaurus. Genau das gleiche Tier wurde in ähnlichen Tonschiefern in Südafrika gefunden – auf der anderen Seite des Atlantik. In jener Zeit bildete Gondwanaland mit den nördlichen Kontinenten den Superkontinent Pangäa, und Nordamerika schloß sich übergangslos im Norden an.

Auch die Anden waren zu jener Zeit schon ausgebildet; es kam häufig zu Eruptionen der typischen andesitischen Vulkane, und im Inneren des Kontinents lagerten sich Sedimente aus dem Gebirge ab. Die tief reichenden Magmakammern, die das glutflüssige Gesteinsmaterial für die mesozoischen Vulkane lieferten, lagen nun als Granitbatholithen entlang der Gebirgskette zutage. Der südliche ›Schweif‹ Südamerikas begann, sich zu entwickeln, und so erstreckt sich im Osten der Anden südlich von Bolivien ein breiter Streifen aus jurassischem Gestein.

Die Superkontinente brechen auseinander

Im späten Jura entfernte sich Südamerika immer weiter von Nordamerika, wobei sich Teile der kontinentalen Kruste abspalteten, die später Mittelamerika und Westindien bildeten. Von Afrika trennte sich Südamerika erst ab der späten Kreidezeit. Dies belegt die Tatsache, daß ab dieser Zeit völlig neue Arten von Dinosauriern auftraten – ähnlich wie in Australien, wo die isolierte Tierwelt sich ebenfalls von der Fauna im Rest der Welt unterscheidet.

Während des Tertiär war Südamerika immer noch eine Insel, und die Landbrücke nach Nordamerika wurde erst vor etwa drei Millionen Jahren geschlossen. Von der letzten Eiszeit war Südamerika mehr betroffen als die anderen südlichen Kontinente. Die südliche Andenkette war völlig von Eiskappen und Gletschern bedeckt, die den Gesteinsschutt in die umgebenden Tiefländer transportierten.

ERLÄUTERUNG

KÄNOZOISCH

MESOZOISCH

PALÄOZOISCH

PRÄKAMBRISCH

VULKANISCH

Nordamerika

Der nordamerikanische Kontinent kommt der Idealstruktur eines Kontinents sehr nahe. Den Zentralteil bildet ein Schild – ein flacher Bereich mit metamorphem Grundgestein aus dem Präkambrium. Teilweise ist es anstehend, aber weite Teile sind auch mit jüngeren Sedimentgesteinen bedeckt. Die umgebenden Gebirgsketten werden zur Küste hin immer jünger. Wie kam es zu dieser Struktur?

Der alte Kern

Gegen Ende des Präkambrium bestand der Kontinent fast nur aus dem Kanadischen Schild, der heute zum großen Teil in Kanada ansteht und unter den Sedimenten im Mittelwesten der Vereinigten Staaten liegt. Im Nordosten erstreckten sich breite Kontinentalschelfs, von denen heute ein Teil jenseits von Grönland in Nordeuropa liegt, aber darauf kommen wir später zurück.

Im einsetzenden Kambrium war der Rand des Schilds von flachen Meeren bedeckt, was an der Küste zu Sandablagerungen, vor der Küste zu Schlammanhäufung und in tieferen Gewässern zu Kalksteinbildung führte. Dort, wo das Schelf in den tiefen Ozean eintauchte, bildeten sich diverse Tonschiefer. Hierzu gehört auch der berühmte Burgess-Tonschiefer von British Columbia, der eine Reihe hervorragend erhaltener kambrischer Fossilien enthält.

Entlang der West- und Südostküste haben sich im Verlauf des Ordovizium und Silur destruktive Plattengrenzen entwickelt. Entlang dieser Küsten sind Gebirgsketten und Inselbögen entstanden, während fast das gesamte Innere des Kontinents von seichten Gewässern bedeckt war. Zu den Gesteinen aus jener Zeit gehören Sandsteine in den Appalachen, deren Hebung damals einsetzte, sowie Kalksteine im Bereich der Großen Seen.

Die Kontinente stoßen zusammen

Das bedeutendste Ereignis im Devon war die Kollision von Nordamerika mit Europa (dem Skandinavischen Schild), wobei eine dem Himalaya ähnliche Gebirgskette aufgefaltet wurde. Die Reste dieser Gebirgskette liegen in den nördlichen Appalachen sowie – jenseits des Atlantik – in Schottland und Norwegen. Von dieser Gebirgskette abgetragene Sande bilden den Old-Red-Sandstein von New York, Pennsylvania und West Virginia. Der westlich gelegene Kanadische Schild war weiterhin von flachen Gewässern bedeckt, wodurch sich in vielen Gebieten Kalkstein entwickelte, wie das Alexandra-Riff in Alberta und der Chattanooga Shale in Tennessee.

Im nun folgenden Karbon stieß die vereinte nordamerikanische und nordeuropäische Landmasse mit den vereinten Südkontinenten, dem sogenannten Gondwanaland, zusammen und bildete nun den Superkontinent Pangäa. Dabei wurde der Rest der Appalachen aufgefaltet. Die Sümpfe am Fuße des Gebirges bildeten die Grundlage für spätere Kohlelager. Zu den Kalksteinen, die sich nun im flachen Wasser in vielen Bereichen des Kontinents entwickelten, gehören der Redwall-Kalkstein im Grand Canyon sowie der Madison-Kalkstein etwas nördlich davon. Ganz im Westen erhob sich am Rand der Kontinentalmasse ein neues Gebirge – die alten Rocky Mountains.

Später dann, im Perm, zog sich das Meer aus weiten Teilen des Kontinents zurück, und Wüsten breiteten sich aus. Das Meer wich weit nach Süden zurück, und die Riffablagerungen, die sich damals bildeten, sind heute die Guadalupe Mountains in Texas und New Mexico.

Das Gebirge zwischen Nordamerika und Europa wurde während des Trias weiter abgetragen, wobei die eisenhaltigen Sandsteine von Connecticut entstanden. Der Rest des Kontinents war trockenes Land, dessen Vegetation im Petrified Forest in Arizona erhalten ist. Etwas jünger ist der Navajo-Wüstensandstein im Zion-Nationalpark. An der Westküste entwickelte sich das Gebirge ähnlich wie die Anden in Südamerika.

Zur Zeit des Jura drang das Meer in eine Niederung des westlichen Gebirges vor und überschwemmte große Teile des Mittelwestens. Aus den Ablagerungen entwickelte sich die Morrison Formation, die sich am Fuße der heutigen Rocky Mountains von New Mexico nach Montana erstreckt und für ihren Reichtum an Dinosaurierfossilien berühmt ist.

Bruch mit Europa

Das bedeutendste geographische Ereignis der Kreidezeit war die Aufteilung des Superkontinents, als sich zwischen Nordamerika und der Landmasse von Afrika und Europa Risse bildeten, Nordamerika westwärts wanderte und sich der Atlantische Ozean bildete. Die Rocky Mountains waren bereits fertig ausgebildet, und westlich von ihnen erhob sich schon ein neues Küstengebirge. Südlich der Arktis breitete sich ein riesiges Flachmeer aus, in dem sich Kalkablagerungen bildeten, wie man sie besonders in Kansas antrifft. Im Süden und an der jungen Ostküste haben sich Kalksteine abgelagert.

Im Tertiär und Quartär hielten die Hebungen im Westen an, und der Kontinent hat sich so geformt, wie wir ihn heute kennen.

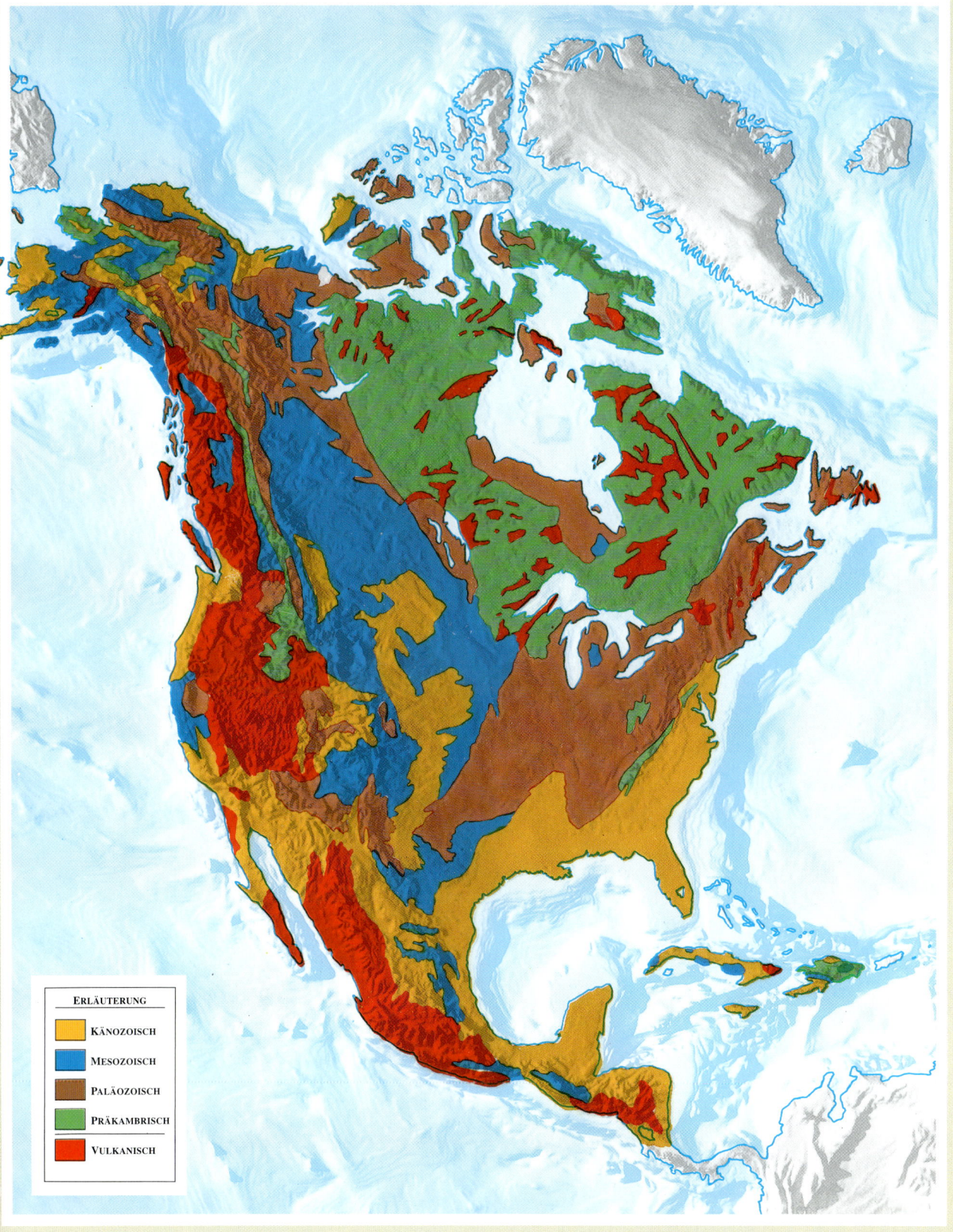

ERLÄUTERUNG

🟧	KÄNOZOISCH
🟦	MESOZOISCH
🟫	PALÄOZOISCH
🟩	PRÄKAMBRISCH
🟥	VULKANISCH

Die geologischen Erdzeitalter

Im 19. und frühen 20. Jahrhundert basierten die Schätzungen über das Alter der Erde noch auf Gegebenheiten wie die Zeit, die nötig wäre, die Erdmasse auf die heutige Temperatur abzukühlen. Neuere Schätzungen basieren dagegen auf Radioaktivität. Radioaktive Elemente

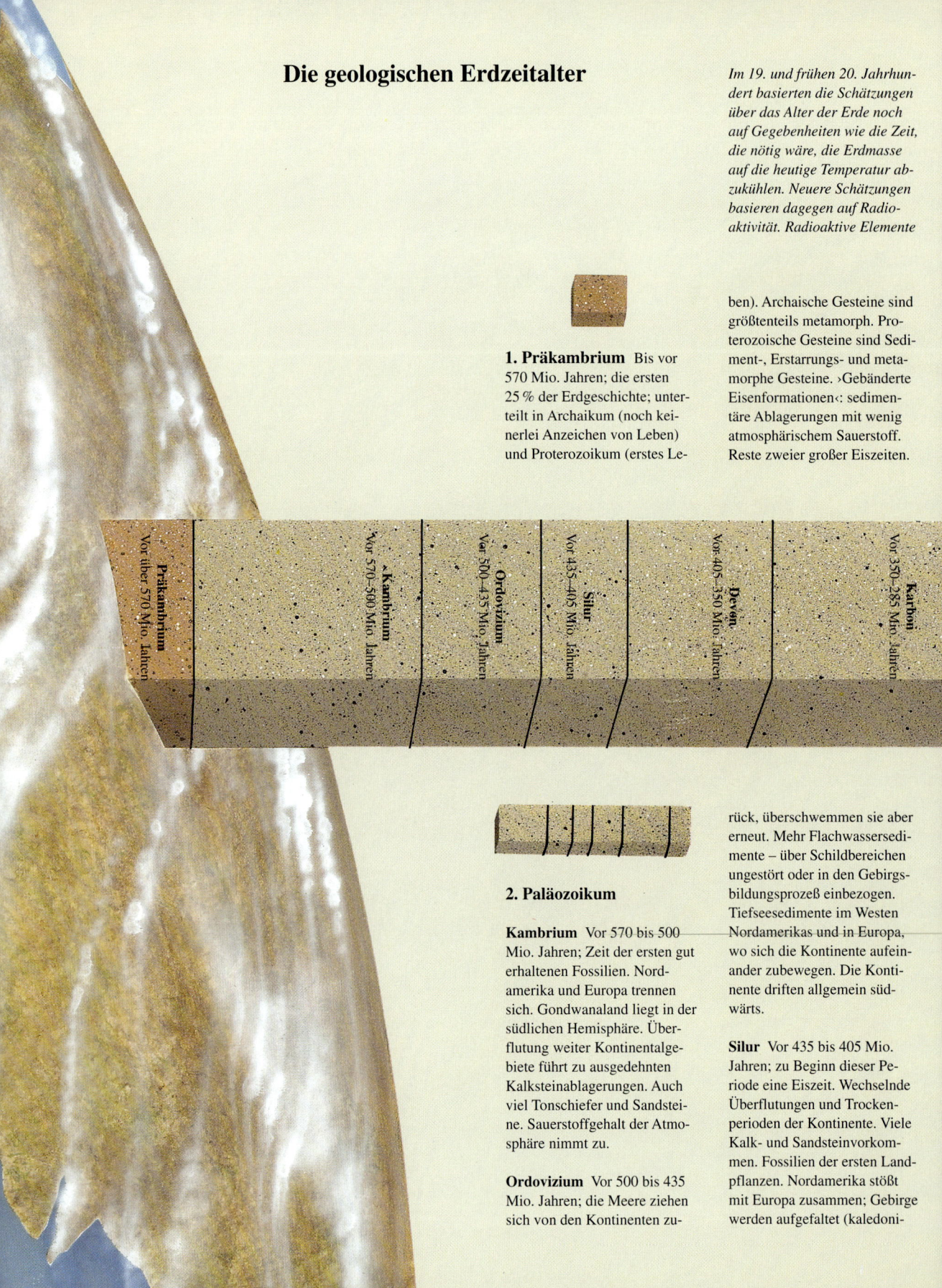

1. Präkambrium Bis vor 570 Mio. Jahren; die ersten 25 % der Erdgeschichte; unterteilt in Archaikum (noch keinerlei Anzeichen von Leben) und Proterozoikum (erstes Le-

ben). Archaische Gesteine sind größtenteils metamorph. Proterozoische Gesteine sind Sediment-, Erstarrungs- und metamorphe Gesteine. ›Gebänderte Eisenformationen‹: sedimentäre Ablagerungen mit wenig atmosphärischem Sauerstoff. Reste zweier großer Eiszeiten.

Präkambrium
Vor über 570 Mio. Jahren

Kambrium
Vor 570–500 Mio. Jahren

Ordovizium
Var 500–435 Mio. Jahren

Silur
Vor 435–405 Mio. Jahren

Devon
Vor 405–350 Mio. Jahren

Karbon
Vor 350–285 Mio. Jahren

2. Paläozoikum

Kambrium Vor 570 bis 500 Mio. Jahren; Zeit der ersten gut erhaltenen Fossilien. Nordamerika und Europa trennen sich. Gondwanaland liegt in der südlichen Hemisphäre. Überflutung weiter Kontinentalgebiete führt zu ausgedehnten Kalksteinablagerungen. Auch viel Tonschiefer und Sandsteine. Sauerstoffgehalt der Atmosphäre nimmt zu.

Ordovizium Vor 500 bis 435 Mio. Jahren; die Meere ziehen sich von den Kontinenten zu-

rück, überschwemmen sie aber erneut. Mehr Flachwassersedimente – über Schildbereichen ungestört oder in den Gebirgsbildungsprozeß einbezogen. Tiefseesedimente im Westen Nordamerikas und in Europa, wo sich die Kontinente aufeinander zubewegen. Die Kontinente driften allgemein südwärts.

Silur Vor 435 bis 405 Mio. Jahren; zu Beginn dieser Periode eine Eiszeit. Wechselnde Überflutungen und Trockenperioden der Kontinente. Viele Kalk- und Sandsteinvorkommen. Fossilien der ersten Landpflanzen. Nordamerika stößt mit Europa zusammen; Gebirge werden aufgefaltet (kaledoni-

zerfallen in einer bekannten Zeit von einer Form (Isotop) in eine andere. Durch Messungen der relativen Häufigkeit radioaktiver Isotope sowie deren Zerfallsprodukte in einem bestimmten Gestein kann man bestimmen, wann dieses Gestein entstanden ist. So zerfällt bei-

spielsweise das Uranisotop ^{238}U (die Zahl bezieht sich auf die Zahl der Teilchen im Atomkern) in 4510 Mio. Jahren in sein Zerfallsprodukt, das Bleiisotop ^{206}Pb. Diese Zeit nennt man die Halbwertszeit des Isotops. Die Halbwertszeit des Thorium-Isotops ^{232}Th, das zu

Blei ^{208}Pb zerfällt, beträgt 13,9 Mio. Jahre. Daher können beide Elemente zur Datierung von Steinen herangezogen werden, die mehrere Zehnmillionen Jahre alt sind. Kohlenstoff ^{14}C, das zu Stickstoff ^{14}N zerfällt, hat jedoch eine Halbwertszeit von nur 5570 Jahren, daher wird es

im Rahmen der sogenannten Radiocarbondatierung nur zur Altersbestimmung jüngeren Materials, etwa von Menschen geschaffener Gegenstände, herangezogen.

3. Mesozoikum

Trias Vor 225 bis 208 Mio. Jahren; immer noch Wüstensandsteine. Kompletter Wandel der Tierfossilien seit Ende des

Perm. Die letzten Kontinentalmassen vereinigen sich mit dem Superkontinent und bilden Pangäa. Vulkanische Aktivität läßt riesige Basaltebenen in Sibirien und Südafrika entstehen.

Jura Vor 208 bis 140 Mio. Jahren; der einzige Superkontinent Pangäa spaltet sich in ein-

zelne Kontinente auf. Den Anfang macht Nordamerika, das sich von Afrika und Europa löst. In die entstandenen Zwischenräume dringt Meerwasser ein. Es bilden sich Tonschiefer, Tone, Kalk- und Sandsteine. Kontinentale Ablagerungen zeugen von feuchten, sumpfigen Bedingungen, die für Dinosaurier wie geschaffen sind.

Kreide Vor 140 bis 65 Mio. Jahren; der Superkontinent ist fast völlig auseinandergebrochen. Wenige Meeressedimente aus der Frühzeit dieser Periode, dafür aber riesige Gebiete – besonders aus Kalk – in der ausgehenden Kreidezeit, als die Meere die Kontinentalränder überspülen. Das Klima ist ausgeglichen und mild.

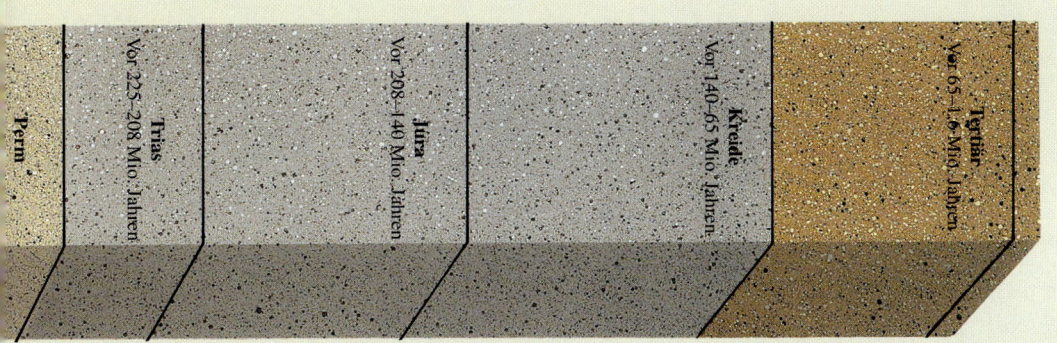

sche Gebirgsbildung). Gondwanaland bedeckt das Südpolargebiet.

Devon Vor 405 bis 350 Mio. Jahren; die Kontinente bewegen sich aufeinander zu, es entstehen Riesenkontinente mit Wüstensandsteinen und Flußablagerungen. Europa und Nordamerika sind im südlichen Tropengürtel. Erster geologischer Beweis für Landtiere in kontinentalen Gesteinen. Mannigfache Meeressedimente an den Kontinentalrändern.

Karbon Vor 350 bis 285 Mio. Jahren; Kontinente bewegen sich weiterhin aufeinander zu. Gondwanaland driftet in Richtung Europa, und es kommt zur

Gebirgsbildung (variskische Faltung). Die erste Zeit ist durch in flachem Wasser entstandene Kalksteine geprägt, die jüngere Zeit durch Deltasedimente und kohleführende Schichten. Nordamerika und Europa unter tropischen Bedingungen am Äquator. Eiszeit in der südlichen Hemisphäre gegen Ende der Periode.

Perm Vor 285 bis 225 Mio. Jahren; Asien kollidiert mit Europa; das Uralgebirge entsteht. Die Meere ziehen sich wieder vom Superkontinent zurück und geben den Weg für die Ablagerung von Wüstensandstein frei.

4. Känozoikum

Tertiär Vor 65 bis 1,6 Mio. Jahren; jüngere Erdgeschichte. Die meisten Sedimente sind nicht verfestigt und bestehen aus Sanden und Schlammpartikeln, die sich noch nicht in festes Gestein verwandelt haben. Nochmaliger völliger Wechsel in der Fossilfolge, mit Tieren und Pflanzen, die den heute lebenden sehr ähnlich sind. Gewaltige Ablagerungen von Basalt im Zusammenhang mit der Öffnung des Atlantischen Ozeans. Südamerika

vom Norden isoliert – die Anden entstehen an der Westküste. Indien bricht aus dem Gondwanaland aus und schiebt sich auf Asien, was den Himalaya formt. Mittelmeer und Alpen entstehen durch die Kollision von Afrika und Europa.

Quartär Vor 1,6 Mio. Jahren bis heute; die Periode der großen Eiszeiten und der milden Zwischeneiszeiten. Die bedeutendsten Gesteinsarten sind die durch Gletscheraktivitäten entstandenen Moränen und Geschiebemergel.

Glossar

Abrasion Prozeß, bei dem Gesteins- und Sandkörner durch eine Strömung abgetragen werden.

Achsenebene Die Ebene, die die Scheitel aufeinander folgender Schichten bei einer Faltung verbindet, so daß die Schichten auf jeder Seite mehr oder weniger symmetrisch sind.

Anomalie Jeder Wert, der vom erwarteten Wert abweicht. So zeigt z. B. die Schwereanomalie an einem bestimmten Ort, daß ein Gestein mit abweichender Dichte im Untergrund vorherrscht.

Anstehendes Gestein Am Ort der Entstehung befindliches, durch Verwitterungs- und Massenbewegung noch nicht verändertes Gestein.

Antiklinale Sattel einer Falte.

Ästuar Unter Einfluß der Gezeiten trichterförmig erweiterte Flußmündung, z. B. der Elbe, Weser und Themse.

Aufschluß Stelle, an der die Lagerung der Gesteine und des Verwitterungsmaterials der Beobachtung zugänglich ist.

Aureole Kontakthof; der Bereich im Umfeld eines Erstarrungsgesteins, in dem das Muttergestein durch Kontaktmetamorphose umgewandelt wurde.

Bänderung Die Anordnung von Mineralien in bestimmten Bändern oder Schichten, besonders in metamorphen Gesteinen.

Basisches Gestein Ein Erstarrungsgestein mit 45 bis 52 % Kieselsäureanteil.

Becken Eine geologische Strukturform, bei der die Schichten von allen Seiten einfallen. Gegenteil: Kuppel.

Becke-Linie In der mikroskopischen Mineralogie eine Lichtlinie an den Innenrändern eines Minerals, die durch Brechung des durchscheinenden Lichts erzeugt wird.

Bimsstein Erstarrte Lava mit so vielen eingeschlossenen Luftblasen, daß sie auf Wasser schwimmt.

Biogen Sedimentgestein, das sich aus Partikeln von Lebewesen zusammensetzt, z. B. Muschelkalk oder Kohle.

Blastoporphyrisch Bezeichnung für ein metamorphosiertes, porphyrisches Erstarrungsgestein, bei dem die ursprüngliche porphyrische Struktur immer noch sichtbar ist.

Blattverschiebung Eine Verwerfung, bei der die Bewegung der Gesteine horizontal verläuft.

Boden Die oberste Verwitterungsschicht der Erdoberfläche, bestehend aus Gesteinsfragmenten und vermodernder Pflanzenmaterie.

Brechungsindex Wert, der angibt, in welchem Maß das Licht gebrochen wird, wenn es einen bestimmten Stoff durchdringt. Ein Mineral mit hohem Brechungsindex bricht das Licht stärker als ein Mineral mit niedrigem Brechungsindex.

Bruch In der Mineralogie die Erscheinungsform der Oberfläche, die zurückbleibt, wenn ein Stück eines Minerals abgebrochen wird.

Chemisch Sedimentgestein, das sich aus gelösten Stoffen zusammensetzt, wie z. B. Steinsalz.

Damm Erhöhung entlang eines Flußufers, die durch Ablagerung von Flußmaterial bei Hochwasser entstanden ist.

Delta Bereich einer Flußmündung, der aus Kanälen und kleinen Inseln besteht, die durch Ablagerungen des im Wasser transportierten Materials entstanden sind.

Dendritisch Verästelte Erscheinungen, z. B. ein Flußsystem oder ein Kristall.

Einfallen Der Winkel einer Verwerfung, gemessen an der Vertikalebene.

Erdbeben Die plötzliche, oft zerstörerische Bewegung der Erdoberfläche, die im Zusammenhang mit den Gesteinsbewegungen entlang einer Verwerfung auftreten.

Eruptivgang Ein Gebilde aus Erstarrungsgesteinen, das aus geschmolzenem Material entsteht, das sich durch Risse und Spalten an die Oberfläche drückt.

Erz Ein Mineral, aus dem Metalle gewonnen werden können.

Fallen Die Neigung einer Gesteinsschicht. In Fallrichtung erfolgt der Wasserabfluß. Der Fallwinkel ist der Winkel zur Horizontalebene.

Fazies Gesamterscheinungsbild eines Gesteins – nach mineralischer Zusammensetzung, Fossiliengehalt und vielen anderen Merkmalen.

Fraktionierung Die Absonderung verschiedener Mineralien in unterschiedlichen Phasen der Abkühlung und Erstarrung vulkanischer Materialien.

Geomorphologie Untersuchung und Beschreibung von Landschaftsformen.

Geophon Gerät zum Erkennen von Schwingungen in der Erdkruste.

Gestein Allgemeiner Begriff für alle Substanzen, aus denen die Erde besteht.

Gesteinsgang Mit mineralischem Material gefüllte Kluft im Gestein.

Gesteinskreislauf Der immer wiederkehrende Prozeß der Gesteinsbildung und -umwandlung, vom Erstarrungsgestein über Sedimentgestein zu metamorphem Gestein, das schließlich wieder schmilzt und erneut Erstarrungsgestein bildet.

Glanz In der Mineralogie die Art, wie ein Mineral das Licht aufnimmt und reflektiert; wird besonders als Identifikationshilfe herangezogen.

Gondwanaland Name eines Superkontinents, der einst alle Kontinente der heutigen Südhemisphäre umfaßte.

Graben Strukturform, bei der eine Scholle zwischen zwei anderen Schollen abgesunken ist.

Grabensenke Tal, das durch Senkung einer längeren Strecke zwischen Verwerfungslinien entstanden ist.

Gravimeter Gerät zur Messung von Schwereanomalien.

Grundgebirge Eine Masse aus metamorphem Gestein, die zutage tritt, nachdem die darüberliegenden Gebirge abgetragen wurden.

Grundmasse In der Mineralogie die Substanz, in der ein bestimmtes Mineral eingebettet ist.

Grundwasser Im Boden versickertes Wasser, das sich über einer wasserundurchlässigen Gesteinsschicht im Untergrund ansammelt.

Härtling Ein aus der Landschaft herausragender Granitfelsen, der durch Verwitterung entlang von Klüften in rechteckige Gesteinsblöcke geteilt wurde.

Horst Das Gegenteil eines Grabens: eine Scholle, die im Vergleich zu den Nachbarschollen emporgehoben wurde bzw. deren Nachbarschollen abgesunken sind.

Inkompetente Schicht Eine Gesteinsschicht, die sich unter Druck verformen und biegen läßt.

Inselberg Inselartige Gesteinsmassen, die durch schnelle Abtragung des Nebengesteins isoliert aus der Ebene emporragen.

Karren Bei Kalksteinuntergrund auftretende Verwitterungsform. Dabei entstehen aufrecht stehende Gesteinsrippen, die durch Rinnen voneinander getrennt sind.

Klastisches Gestein Sedimentgestein, das aus den Bruchstücken vorher existierender Gesteine besteht, z. B. Sandstein.

Kluft Gesteinsspalte, die, anders als bei einer Verwerfung, keine Gesteinsbewegungen nach sich zieht.

Knolle Mineralbrocken mit zumeist unregelmäßiger Form.

Kompetente Schicht Schicht, die sich nicht biegen läßt, sondern bei Faltungen aufbricht.

Kontinentaldrift Die Theorie, daß die Kontinente im Lauf ihrer Geschichte ihren Standort wechselten und nicht immer so angeordnet waren wie heute. Diese Vorstellung wird heute mit Hilfe der Plattentektonik erklärt.

Korrasion Die Abtragung, die durch Steine oder Schutt in einem Flußbett oder am Meeresboden erfolgt bzw. durch Sand- und andere Partikel, die der Wind mit sich trägt.

Kuppel Eine geologische Strukturform, bei der alle Schichten vom Zentrum aus abfallen. Gegenteil: Becken.

Lagune Flachwasserbereich, der durch eine Sandbank oder ein Riff vom Meer abgetrennt ist.

Laurasia Der nördliche Superkontinent, der aus den heutigen Kontinenten Europa, Asien und Nordamerika bestand.

Lithifikation Vorgang, der zur Verfestigung loser Sedimente und somit zur Gesteinsbildung führt.

Massives Gestein Sedimentgestein, das keine Schichtung aufweist.

Metamorphes Gestein Durch Metamorphose entstandene Gesteine, z. B. Gneis, Marmor, Quarzit u. a.

Metamorphose Gesteinsumwandlungen im Inneren der Erdkruste in Folge von Temperatur- und Druckveränderungen. Die neu entstehenden Gesteine erleiden bei der Umwandlung eine Veränderung des Gefüges, manchmal zusätzlich des Mineralbestandes.

Mikrofotografie Durch ein Mikroskop aufgenommene Fotografie.

Mullionstruktur Zylindrische Strukturen in metamorphem Gestein, die entstehen, wenn kompetente Schichten aufbrechen und sich durch Drehbewegungen gegenseitig abschleifen.

Ozeanischer Graben Ein langgezogener Graben am Rande eines Meeres, wo eine tektonische Platte unter eine andere abtaucht.

Ozeanischer Rücken Ein Gebirgsrücken am Meeresboden, der entsteht, wenn geschmolzenes Material am Rand einer tektonischen Platte emporsteigt.

Paläogeographie Die Untersuchung vergangener Landschaftsformen mit Hilfe von Sedimenten und anderen geologischen Erscheinungen.

Paläontologie Die Wissenschaft von Fossilien und dem Leben in der Vergangenheit.

Pangäa Der Superkontinent, der einst alle Landmassen in sich vereinigte.

Pegmatit Gestein, das in Gesteinsgängen vorkommt und aus sehr groben Kristallen besteht.

Permafrost Dauerfrost in der Tundra, wo die Böden immer gefroren sind, selbst wenn die oberste Schicht im Sommer für kurze Zeit auftaut.

Petrologie Wissenschaft von den Gesteinen.

Plattentektonik Neuere Hypothese zum Bewegungsbild der Erdkruste. Ozeanische Krustenplatten dehnen sich vom mittelozeanischen Rücken aus und unterfahren die Ränder der kontinentalen Platten, wobei es zu Gebirgsbildungen kommt.

Porphyrisch Eine bei Erstarrungsgesteinen vorkommende Struktur, bei der große Kristalle in eine feinere Grundmasse eingebettet sind.

Reflexion Das Zurückwerfen von Licht-, Ton- oder anderen Wellen an einer Oberfläche.

Refraktion Die Ablenkung (Brechung) von Licht-, Ton- oder anderen Wellen, wenn sie von einem Material in ein anderes übergehen.

Regression Der Rückzug des Meeres von einer Landfläche, sei es durch Absinken des Meeresspiegels oder durch Hebung des Landes. Gegenteil: Transgression.

Runzeln Kleine Falten im Bereich einer größeren Falte.

Rutschfläche Durch die Bewegung von Schollen an der Verwerfungsebene hervorgerufene Schrammen.

Saures Gestein Erstarrungsgestein mit über 66 % Kieselsäureanteil.

Schieferung Spaltbarkeit; die Tendenz eines Minerals oder eines Gesteins, sich in eine bestimmte Richtung aufzuspalten.

Schild Ein großes Gebiet aus altem, metamorphem Gestein, das den Kern eines Kontinents bildet.

Schlotgang Zylindrische Erstarrungsform, die entsteht, wenn geschmolzenes Gestein in einem Vulkanschlot erstarrt.

Schnurlot Eine mit einem Gewicht versehene Schnur zur Feststellung der Senkrechten.

Schutthalde Ein mit Gesteinsbruchstücken verschütteter Hang, wobei die Fragmente durch Frosteinwirkung aus dem Anstehenden herausgesprengt wurden.

Seafloor Spreading ›Spreizbewegung des Meeresbodens‹; in der Plattentektonik die Entstehung neuen Plattenmaterials durch die Anlagerung an den ozeanischen Rücken, was zu Seitwärtsbewegungen der Platten führt.

Sediment Loses Material, das sich durch natürliche Kräfte ablagert.

Seismisch Erdbeben betreffend.

Sonnenwind Beständige Teilchenstrahlung von der Sonne.

Sprunghöhe Der Betrag einer senkrechten Verschiebung bei einer Verwerfung.

Stratigraphie Die Untersuchung der geologischen Geschichte eines Gebietes anhand der Gesteinsschichten und der darin enthaltenen Fossilien. Wird manchmal auch mit der historischen Geologie gleichgesetzt.

Streichen Die horizontale Ausrichtung einer geneigten Schicht.

Streichlinie In der geologischen Kartierung eine Linie, die anzeigt, wo eine bestimmte Schicht auf eine bestimmte Höhenlinie trifft.

Strich Die Spur, die ein Mineral hinterläßt, wenn man es über eine harte, rauhe Oberfläche zieht. Sie dient zur Bestimmung von Mineralien.

Strömungsmarken Reliefartige Strukturen an der Unterseite einer Sedimentschicht, entstanden durch das Auffüllen von Hohlräumen, die durch Strömungen am Meeresboden hervorgerufen wurden.

Subduktionszone Der Bereich am Rand einer tektonischen Platte, wo diese unter eine andere Platte abtaucht und somit zerstört wird. Sie wird meist von einem ozeanischen Graben und einem Inselbogen begleitet.

Superpositionsprinzip Regel, die besagt, daß bei jeder ungestörten Gesteinsabfolge die ältesten Gesteine zuunterst liegen.

Synklinale Mulde einer Falte.

Tektonische Karte Karte, in die die geologische Struktur eines Gebietes eingetragen ist, aber nicht die Gesteinsarten.

Tethys-Meer Name eines Meeres, das einst die Superkontinente Gondwanaland und Laurasia trennte.

Transgression Das Vordringen des Meeres auf eine Landfläche. Gegenteil: Regression.

Treibhauseffekt Die Erwärmung der Erdatmosphäre, die durch Anreicherung mit Kohlendioxid, Methan und Wasserdampf in der Luft hervorgerufen wird. Diese Stoffe lassen zwar Sonnenwärme zur Erde gelangen, verhindern aber die Freisetzung ins All, so daß es zu einem allgemeinen Temperaturanstieg und schließlich zu Klimaveränderungen kommt.

Trübestrom Wolkenähnliche Masse aus Gesteinsfragmenten und Sand, die im Wasser von einer Strömung transportiert wird.

Überschiebung Eine durch Druck entstandene Verwerfung.

Ultrabasisches Gestein Erstarrungsgestein mit weniger als 45 % Kieselsäureanteil.

Verwerfung Riß im Gestein, entlang dessen sich das Gestein in unterschiedliche Richtungen zueinander bewegt.

Zyklische Abfolge Abfolge sedimentärer Schichten, die sich selbst wiederholt, was auf immer wiederkehrende Ereignisse hinweist.

Register

Nützliche Kontakte

Um mehr über die Geologie in Ihrer eigenen Region oder in der Gegend, die Sie erkunden wollen, herauszufinden, können Sie folgendes tun:

* Suchen Sie im Telefonbuch nach Geologischen Museen, Gesellschaften und Projekten. Schlagen Sie auch unter Bergwerksgesellschaften nach.

* Gehen Sie in die öffentlichen Bibliotheken in der Nähe der Gegend, für die Sie sich entschieden haben, und suchen Sie auf dem Schwarzen Brett nach Aushängen, die über lokale Projekte informieren. Fragen Sie nach einer Liste der regionalen Organisationen. Auch beim örtlichen Buchhändler finden Sie vielleicht ein solches Schwarzes Brett. Zumindest verkauft er sicher die wichtigen Führer für die betreffende Region.

* Nehmen Sie Kontakt mit der Geologischen Fakultät der nächstgelegenen Universität auf.

* Oder fragen Sie beim Fremdenverkehrsamt der Region nach.

Bildnachweise

AA Picture Library: 119u
©Bundesanstalt für Geowissenschaften und Rohstoffe/Unesco 1971. Reproduktion mit Genehmigung der Bundesanstalt für Geowissenschaften und Rohstoffe und Unesco: 122
Nick Clark: 118, 121
Moira Clinch: 119o
Crown Copyright: 123
A.P. Currant, Natural History Museum: 139
Diamond Information Centre: 17
Dougal Dixon: 62, 63, 71r, 99ur, 100l
Earth Satellite Corporation: 72 (Hauptbild)
Paul Forrester: 13, 22, 39, 69
Paul Forrester/Geo Supplies Ltd., 16 Station Road, Chapeltown, Sheffield, S30 4XH: 31o, 45 (und Phil Gilderdale), 46, 47, 97M, 99ol, 101o+M, 103o, 105o, 108, 111o+u, 113o, 115o, 117o, 134, 135
GeoScience Features Picture Library: 24o, 26, 27, 30, 31M, 32, 33, 34o, 35l, 44, 50, 52, 59, 60, 61, 65, 72 (eingeklinktes Bild), 73, 77u, 79, 80, 82, 84, 85, 86, 87, 94, 95, 97o+u, 98, 99u, 100r, 102, 103u, 104, 105u, 106, 109M+u, 110, 113u, 114, 117, 136, 137
R. Beighton/GeoScience Features Picture Library: 90
Basil Booth/GeoScience Features Picture Library: 21o+M, 23, 24u, 25o, 29Ml+u, 31u, 34u, 37, 54u, 55o, 67l, 68, 71o+l, 88, 93, 96, 99or, 103M, 107, 111M, 116
D. Boyd/GeoScience Features Picture Library: 67r
A. Fisher/GeoScience Features Picture Library: 21u, 25u, 28, 29o+Mr
W. Higgs/GeoScience Features Picture Library: 54o, 77o
M. Hobbs/GeoScience Features Picture Library: 101u, 109o, 112, 115u
The Guardian: 42r
The Independent: 42l
Institute of Geological Sciences: 9
The Mansell Collection Ltd.: 8
NASA: 12/13
Reproduktion mit Genehmigung der Open University: 41
©Trails Illustrated, A division of Ponderosa Publishing Company: 49or
Copyright 1989, USA Today. Abdruck mit Genehmigung: 42M

Besonderer Dank gilt der Firma Geo Supplies Ltd. in Sheffield, UK, für die Bereitstellung der geologischen Ausrüstung und der Handstücke.